Manfred Meyer

Elektrische Antriebstechnik

Band 2
Stromrichtergespeiste Gleichstrom-
maschinen und voll umrichtergespeiste
Drehstrommaschinen

Mit 173 Abbildungen und 8 Tabellen

Springer-Verlag
Berlin Heidelberg New York Tokyo 1987

Dr.-Ing. **Manfred Meyer**

Ordinarius des Elektrotechnischen Institutes der
Universität Karlsruhe

ISBN 978-3-540-17022-8   ISBN 978-3-642-86543-5 (eBook)
DOI 10.1007/978-3-642-86543-5

CIP-Kurztitelaufnahme der Deutschen Bibliothek:
Meyer, Manfred: Elektrische Antriebstechnik / Manfred Meyer.
– Berlin; Heidelberg; New York; Tokyo: Springer
Bd. 2. Meyer, Manfred: Stromrichtergespeiste Gleichstrommaschinen und voll umrichtergespeiste Drehstrom-
strommaschinen. – 1987
Meyer, Manfred: Stromrichtergespeiste Gleichstrommaschinen und voll umrichtergespeiste Drehstrom-
maschinen / Manfred Meyer. – Berlin; Heidelberg; New York; Tokyo: Springer, 1987
(Elektrische Antriebstechnik / Manfred Meyer; Bd. 2)

Texterfassung: Mit einem System der Springer Produktions-Gesellschaft, Berlin;
Datenkonvertierung: Brühlsche Universitätsdruckerei, Gießen;

2160/3020-543210

Vorwort

Die elektrische Antriebstechnik, über deren gegenwärtigen Stand in diesem zweibändigen Werk berichtet wird, befindet sich in einer stürmischen Entwicklung. Während die Anpassung der elektrischen Maschinen an die Anforderungen der modernen Antriebstechnik in evolutionären Bahnen verläuft, werden die Fortschritte auf den Gebieten „Umformung elektrischer Energie (Leistungselektronik)" sowie „Steuer-, Regel-, Meß- und Überwachungstechnik" durch Innovationen bei den elektrischen Bauelementen geprägt. Technische Fortschritte ermöglichen immer wieder neue, bessere Lösungen für die an ein Antriebssystem gestellten Forderungen bezüglich Regeldynamik, Pendelmomenten, Wirkungsgrad, Netzrückwirkungen, Geräuschabstrahlung und Betriebssicherheit.

Im vorliegenden Band 2 werden geregelte elektrische Antriebe behandelt. Zunächst wird der heute am weitesten verbreitete geregelte elektrische Antrieb, die stromrichtergespeiste Gleichstrom-Kommutatormaschine, eingehend beschrieben. Es wird gezeigt, daß dieser Antrieb neben vielen Vorteilen einen großen Nachteil hat, den mechanischen Kommutator; dieser bedarf einerseits der Wartung, andererseits bestimmt er die Grenzleistung in Abhängigkeit von der Drehzahl. In den letzten fünfundzwanzig Jahren wurden vielfältige Antriebslösungen in Form von geregelten stromrichtergespeisten Drehstrommaschinen erarbeitet, mit denen die durch den mechanischen Kommutator gegebenen Einschränkungen überwunden werden konnten. Ich habe versucht, die vielen heute auf dem Markt angebotenen Antriebsvarianten, die sich sowohl hinsichtlich der Art der eingesetzten elektrischen Maschinen als auch der verwendeten Stromrichter und der angewandten Steuer- und Regelverfahren unterscheiden, systematisch zu gliedern. An ausgesuchten Beispielen werden Funktion und Wirkungsweise dieser Antriebe eingehend erklärt.

Dabei habe ich mich bemüht, den Stoff möglichst anschaulich darzustellen. Auf die Ableitung der die Betriebsweise der Antriebe beschreibenden Gleichungen wurde weitgehend verzichtet; der stärker an der Theorie der elektrischen Antriebstechnik interessierte Leser wird mittels eines umfangreichen Literaturverzeichnisses auf vertiefende Veröffentlichungen hingewiesen. Die Kenntnis der Grundlagen der Elektrotechnik und Grundkenntnisse über das stationäre und das dynamische Verhalten elektrischer Maschinen, über Stromrichterschaltungs- und der Stromrichtersteuerungstechnik sowie über die Regelungstechnik wurden vorausgesetzt.

Das zweibändige Werk will und kann keinen Anspruch auf Vollständigkeit erheben. Antriebssysteme mit Universalmotoren, Elektro-Kleinstmotoren und Drehstrom-Kommutatormaschinen wurden wegen ihrer relativ geringen gesamtwirtschaftlichen Bedeutung bewußt ausgeklammert. Aber auch bei den behandelten Antriebsgruppen wurde nicht der Versuch unternommen, eine vollständige Übersicht über die

heute im Einsatz und in der Entwicklung befindlichen Varianten zu geben. Ich bin auf
die Antriebsarten ausführlich eingegangen, die heute eine wirtschaftliche Bedeutung
besitzen und auf jene, von denen ich annehme, daß sie noch eine bekommen werden.
Die beiden Bände „Elektrische Antriebstechnik" sind aus dem Manuskript einer
zweisemestrigen Vorlesung hervorgegangen, die ich für Studenten des siebten und
achten Semesters an der Universität Karlsruhe halte. Sie wenden sich deshalb zunächst
an Studierende der Universitäten, der wissenschaftlichen Hochschulen und der
Fachhochschulen, soweit sie sich mit der elektrischen Antriebstechnik befassen.
Darüber hinaus sollen aber auch in der industriellen Praxis mit Antriebsaufgaben
befaßte Ingenieure angesprochen werden, denen ein aktueller Überblick über die
wichtigsten elektrischen Antriebe mit ihren Vor- und Nachteilen geboten wird.

Das Manuskript wurde von Frau A.Krisch und von Frau M.Zimmer mit großer
Ausdauer und Sorgfalt geschrieben. Frau L.Huber und Frau B.Bohn erstellten die
Bildvorlagen mit Geduld und Präzision. Die Herren Dr.-Ing. F.Bauer, Dr.-Ing. G.Clos
und Dr.-Ing. H.Vogelmann prüften kritisch Teile des Manuskriptes, Herr Dr.-Ing.
W.Fetscher sah mit Akribie das gesamte Manuskript durch; ihre bei der Diskussion des
Stoffes vorgetragenen Änderungsvorschläge trugen zu Verbesserungen bei. Allen
vorstehend genannten gilt mein herzlicher Dank. Beim Springer-Verlag bedanke ich
mich für die gute und angenehme Zusammenarbeit. Nicht zuletzt danke ich meiner
Frau für die Geduld, mit der sie die Arbeit an diesem Werk tolerierte.

Karlsruhe, im Oktober 1986   Manfred Meyer

Inhaltsverzeichnis

Inhalt des Bandes 1:

**Asynchronmaschinen im Netzbetrieb und
drehzahlgeregelte Schleifringläufermaschinen**

1   Einführung

2   Elektrische Antriebe ohne kontinuierliche Drehlzahlsteuerung, dargestellt am Beispiel der
    Asynchronmaschine mit Käfigläufer

3   Verfahren zur Drehzahlbeeinflussung mit geringem Aufwand

4   Stromrichterkaskaden für gegenläufigen, untersynchronen und übersynchronen Betrieb

Formelzeichen, Indizes und Schaltplanzeichen

1. Formelzeichen

A Flächeninhalt

C Proportionalitätskonstante, Faktor
c Proportionalitätskonstante, Faktor
C Kapazität eines Kondensators
C_g Glättungskapazität

D Spannungsänderung, Spannungsfall
d bezogene Spannungsänderung, bezogener Spannungsfall
D_r ohmscher Spannungsfall
D_x induktive Spannungsänderung
D Verzerrungsleistung

f Frequenz
f_N Nennfrequenz
f_R Frequenz der Rotorgrößen
f_S Frequenz der Statorgrößen
f_{st} Steuerfrequenz
$f(x)$ Funktion von x

I Strom allgemein, Effektivwert des Stroms
i Zeitwert des Stroms I
$\underline{I}$ Zeitzeiger des Stroms I
$\underline{i}$ Raumzeiger des Stroms I
i Regelgröße des Stroms I
i_w Führungsgröße des Stroms I
I_A Ankerstrom
I_{Kr} Kreisstrom
I_L Leiterstrom
I_R Rotorstrom
I'_R auf die Statorseite bezogener Rotorstrom
I_S Statorstrom
I_U Strom über die Klemme U, Strom im Strang U
I_V Strom über die Klemme V, Strom im Strang V
I_W Strom über die Klemme W, Strom im Strang W
I_d Gleichstrom (Mittelwert)
I_f Erregerstrom
I'_f auf die Statorseite bezogener Erregerstrom
I_0 Ankerstrom, der sich bei stillstehender mit dem Drehmoment M_0 belasteter Maschine einstellt
I_μ Magnetisierungsstrom allgemein
I'_μ Magnetisierungsstrom des Rotorflusses Ψ'_R

I_v Strom der v. Oberschwingung
I_1 Strom der Grundschwingung

J Trägheitsmoment
j imaginäre Einheit

K Proportionalitätskonstante, Faktor
k Proportionalitätskonstante, Faktor

L Induktivität
$L'_{R\sigma}$ auf die Statorseite bezogene Streuinduktivität der Rotorwicklung
L_{Sh} auf die Statorseite bezogene Hauptinduktivität
$L_{S\sigma}$ Streuinduktivität der Statorwicklung
L_g Glättungsinduktivität
L_k Kommutierungsinduktivität

M Drehmoment allgemein, Mittelwert des Drehmoments
m Zeitwert des Drehmoments M
m Regelgröße des Drehmoments M
m_w Führungsgröße des Drehmoments M
M_A Anfahrmoment, Losbrechmoment
M_G Gegenmoment der Arbeitsmaschine
M_K Kippmoment
M_M Drehmoment der elektrischen Maschine
M_b Beschleunigungsmoment
M_0 Stillstandsmoment
$\hat{m}$ Größe des Maschinendrehmoments m_M bei $\varepsilon = \pi/2$
$\bar{m}_M$ Verlauf des Maschinendrehmoments bei Vernachlässigung der pulsfrequenten
                Anteile
m Phasenzahl eines Wechselstromsystems

n Drehzahl, Regelgröße der Drehzahl
n_w Führungsgröße der Drehzahl
n_g Grunddrehzahl
n_0 Leerlaufdrehzahl

P Leistung allgemein, zeitlicher Mittelwert der Leistung
p Zeitwert der Leistung P
P_d gleichstromseitige Stromrichterleistung
P_{el} elektrische Leistung
P_{gr} Grenzleistung
P_i innere Leistung
P_{mech} mechanische Leistung
P_L Netzanschlußleistung eines Stromrichters
P_N Nennleistung
P_V Verlustleistung
p Pulszahl
p Polpaarzahl

Q Blindleistung
Q_1 Grundschwingungsblindleistung
Q Kurzschlußleistung

R ohmscher Widerstand allgemein
R_A Widerstand des Ankerkreises
R_D Dämpfungswiderstand
R_R Rotorwiderstand

R'_R auf die Statorseite bezogener Rotorwiderstand
R_S Statorwiderstand
R_f Widerstand des Erregerkreises
R_m magnetischer Widerstand

S Scheinleistung
S_1 Grundschwingungsscheinleistung
s Schlupf

t Zeit allgemein
T Zeitabschnitt, Zeitkonstante
T Periodendauer
T_A Zeitkonstante des Ankerkreises
T_H Hochlaufzeit
T_I Integrierzeit
T_{IA} Integrierzeit eines Antriebs
T_{IR} Integrierzeit eines Reglers
T_{IV} Integrierzeit eines Verstärkers
T_R Rotorzeitkonstante
t_T mittlere Totzeit des Stromrichters
t_{an} Anregelzeit
t_{aus} Ausregelzeit
T_e Einschaltdauer
t_g Glättungszeitkonstante
T_n Nachstellzeit eines Reglers

U Spannung allgemein, Effektivwert der Spannung
u Zeitwert der Spannung U
$\underline{U}$ Zeitzeiger der Spannung U
$\underline{u}$ Raumzeiger der Spannung U
u Regelgröße der Spannung U
u_w Führungsgröße der Spannung U
U_A Ankerspannung
U_{Kr} Kreisspannung
U_L Leiterspannung
U_N Nennspannung
U_a Ausgangsspannung
U_d Gleichspannung, Mittelwert der Gleichspannung
U_e Eingangsspannung eines Reglers
U_f Erregerspannung
U_i innere Spannung
U_n Netzspannung
U_{st} Steuerspannung
U_{vst} Vorsteuerspannung
U_v Spannung der v. Oberschwingung
U_1 Spannung der Grundschwingung
u Überlappungswinkel eines Stromrichters
u_0 Anfangsüberlappungswinkel bei $\alpha = 0°$

V Verstärkung, Verstärkungsfaktor
V_A Verstärkungsfaktor des Ankerkreises
V_R Proportionalverstärkung eines Reglers
V_S Verstärkungsfaktor einer offenen Regelstrecke

w Führungsgröße
w Welligkeit
w Windungszahl

X	Reaktanz, Blindwiderstand
$X'_{R\sigma}$	auf die Statorseite bezogene Streureaktanz der Rotorwicklung
X_{Sh}	auf die Statorseite bezogene Hauptreaktanz
$X_{S\sigma}$	Streureaktanz der Statorwicklung
x	Regelgröße
z	Störgröße
α	Steuerwinkel eines Stromrichters
α_g	kleinster Steuerwinkel an der Gleichrichtertrittgrenze
α_w	größter Steuerwinkel an der Wechselrichtertrittgrenze
γ	Löschwinkel eines Stromrichters
γ	Winkel zwischen den Zeigern $\underline{i}_\mu$ und $\underline{u}_S$
γ'	Winkel zwischen den Zeigern $\underline{\Psi}'_R$ und $\underline{u}_S$
$\Delta\varepsilon'$	Winkelfehler
$\Delta\omega_{mech}$	Schwankungsbreite der mechanischen Winkelgeschwindigkeit infolge von Pendelmomenten
δ	Länge des Luftspalts
δ	Winkel zwischen den Zeigern $\underline{i}_\mu$ und $\underline{i}_S$
ε	Winkel zwischen den Zeigern $\underline{i}_A$ und $\underline{i}_f$ bez. $\underline{i}_S$ und $\underline{i}_f$
$\bar\varepsilon$	Mittelwert des Winkels zwischen den Zeigern $\underline{i}_S$ und $\underline{i}_f$
ε'	Winkel zwischen den Zeigern $\underline{\Psi}'_R$ und $\underline{i}_S$
Θ	magnetische Spannung
ϑ	Polradwinkel
λ	Drehwinkel zwischen α-Achse und d-Achse, Polradlagewinkel, Läuferstellungswinkel
λ	Leistungsfaktor
μ_0	magnetische Feldkonstante des Vakuums
ν	Ordnungszahl von Oberschwingungen
ϱ	Ordnungszahl der Oberwellen des Drehfelds im Luftspalt einer elektrischen Maschine
ϱ_L	Ordnungszahl der im Leiterstrom enthaltenen Zwischenschwingungen
σ	Streuziffer
σ_R	bezogene Rotorstreuung
σ_S	bezogene Statorstreuung
σ	Summe der kleinen Zeitkonstanten eines Regelkreises
σ_i	Summe der kleinen Zeitkonstanten des Stromregelkreises
σ_n	Summe der kleinen Zeitkonstanten des Drehzahlregelkreises
Φ	magnetischer Fluß allgemein
φ	Zeitwert des Flusses Φ
$\underline{\Phi}$	Zeitzeiger des Flusses Φ
$\underline{\varphi}$	Raumzeiger des Flusses Φ
φ	Regelgröße des Flusses Φ

φ_w	Führungsgröße des Flusses Φ
Φ_H	Hauptpolfluß der Gleichstrom-Kommutatormaschine
Φ_n	Windungsfluß der n. Windung
φ	Verschiebungswinkel zwischen Spannungs- und Stromzeiger
φ_1	Grundschwingungs-Verschiebungswinkel
φ'_{R1}	Drehwinkel zwischen der d-Achse und der a'-Achse
φ_S	Drehwinkel zwischen der α-Achse und der a-Achse
φ'_S	Drehwinkel zwischen der α-Achse und der a'-Achse
φ''_S	Drehwinkel zwischen der α-Achse und dem Zeiger $\underline{\Psi}_S$
Ψ	Verkettungsfluß allgemein
ψ	Zeitwert des Verkettungsflusses Ψ
$\underline{\Psi}$	Zeitzeiger des Verkettungsflusses Ψ
$\underline{\psi}$	Raumzeiger des Verkettungsflusses Ψ
$\overline{\psi}$	Regelgröße des Verkettungsflusses Ψ
ψ_w	Führungsgröße des Verkettungsflusses Ψ
ψ'_R	Rotorfluß, Polradfluß
Ψ_S	Statorfluß
$\Psi_{S\sigma}$	Stator-Streufluß
Ψ_h	Haupt-Verkettungsfluß einer Drehstrommaschine
ω	Winkelgeschwindigkeit, Kreisfrequenz
ω'_R	Winkelgeschwindigkeit (Kreisfrequenz) der Rotorgrößen
ω_R	Winkelgeschwindigkeit des Drehfelds im rotorfesten Bezugssystem
ω_S	Winkelgeschwindigkeit (Kreisfrequenz) der Statorgrößen
ω_{mech}	mechanische Winkelgeschwindigkeit

2. Indizes

A	Anker, den Ankerkreis betreffend
a	ausgangsseitig
a	auf die a-Achse bezogen
a'	auf die a'-Achse bezogen
B	die Wendepolwicklung betreffend
b	auf die b-Achse Bezogen
b'	auf die b'-Achse bezogen
D	Dämpfungs-, die Dämpfung betreffend
d	Gleich-, gleichgerichtete Größen betreffend
di	ideelle Gleichgrößen betreffend
e	eingangsseitig
f	den Erregerkreis betreffend
G	Generator-, den Generator betreffend
g	Grund-
g	Glättung-
gr	Grenz-

H	Hauptpol-, den Hauptpol betreffend
h	Haupt-, die Hauptreaktanz betreffend, den Hauptfluß betreffend
i	innere
i	ideelle
i	den Stromregelkreis betreffend
K	Kipp-
k	die Kommutierung betreffend
L	Listendaten betreffend
L	die Leitung betreffend
M	Maschinen-, die Maschine betreffend
M	Modellgrößen betreffend
M	Motor-, den Motor betreffend
m	magnetisch, den magnetischen Kreis betreffend
max	maximal
mech	mechanisch
min	minimal
N	Nenn-, den Nennbetrieb betreffend
n	den Drehzahlregelkreis betreffend
n	Nachstell-
n	Netz-, netzseitig
0	den Leerlauf betreffend
R	einen Regler betreffend
R	Rotor-, den Rotor betreffend
r	ohmsch
S	Stator-, den Stator betreffend
st	Steuer-, Steuergrößen betreffend
T	den Transformator betreffend
U	die Klemme U oder den Strang U betreffend
u	die Spannung betreffend
V	die Klemme V oder den Strang V betreffend
V	einen Verstärker betreffend
V	Verlust-
vst	die Vorsteuerung betreffend
W	die Klemme W oder den Strang W betreffend
W	Wirkkomponente
w	die Führungsgröße betreffend
w	die Wechselrichtertrittgrenze betreffend
w	Wechsel-, den Wechselanteil betreffend
x	induktiv, die Reaktanz betreffend
α	beim Steuerwinkel α
μ	Magnetisierungs-, die Magnetisierung betreffend

ν	die Oberschwingung der Ordnungszahl ν betreffend
σ	die Streuung betreffend
1	die Grundschwingung betreffend
∞	unendlich

3. Schaltplanzeichen

A	Gerätegruppe für Regelung, Steuerung und Überwachung
A	Arbeitsmaschine
C	Kondensator
C_f	Filterkondensator
C_g	Glättungskondensator
D	Diode
ES	elektronischer Schalter
F	Sicherungen
G	Gerätegruppe für die Umformung elektrischer Energie
G	Generator
KW	Koordinatenwandler
L	Drosselspule, Induktivität
L_f	Filterdrosselspule
L_g	Glättungsdrosselspule
L_k	Kommutierungsdrosselspule
L_{Kr}	Kreisstromdrosselspule
L	Leiter des elektrischen Netzes
M	elektrische Maschine, Elektromotor
P	Potentiometer
PL	Polrad-Lagegeber
Q	Schaltvorrichtung
R	Widerstand
S	Schalter
SR	Stromrichter
T	Tachogenerator
T	Thyristor
U	Klemmenbezeichnung, Bezeichnung eines Wicklungsstrangs

V	Klemmenbezeichnung, Bezeichnung eines Wicklungsstrangs
V	elektrisches Ventil, ein- und ausschaltbar
V	Verstärker
VA	Vektoranalysator
VD	Vektordreher
W	Klemmenbezeichnung, Bezeichnung eines Wicklungsstrangs
X	Reaktanz

1 Einführung

1.1 Allgemeines zum geregelten elektrischen Antrieb

Der elektrische Antrieb hat die Aufgabe, elektrische Energie, die im allgemeinen einem elektrischen Versorgungsnetz entnommen wird, in mechanische Energie umzuformen und damit eine Arbeitsmaschine zu versorgen; beim elektrischen Bremsen der Arbeitsmaschine kann sich die Flußrichtung der Energie umkehren.

In den meisten Fällen dient eine rotierende elektrische Maschine M als elektromechanischer Energiewandler (Bild 1). Die an die Arbeitsmaschine abgegebene mechanische Leistung ist dann

$$P_{mech} = \omega_{mech} M_M, \tag{1}$$

wobei ω_{mech} die mechanische Winkelgeschwindigkeit ist und M_M das von der elektrischen Maschine über die Welle zur Arbeitsmaschine übertragene Drehmoment. Zwischen der mechanischen Winkelgeschwindigkeit ω_{mech} und der in Umdrehungen pro Minute gemessenen Drehzahl n besteht die Beziehung

$$\omega_{mech}/s^{-1} = 2\pi \frac{n/\min^{-1}}{60}. \tag{2}$$

In geregelten elektrischen Antrieben kommen heute fast ausschließlich die bekannten Grundtypen elektrischer Maschinen wie Gleichstrom-Kommutatormaschinen, Synchronmaschinen und Asynchronmaschinen zum Einsatz.

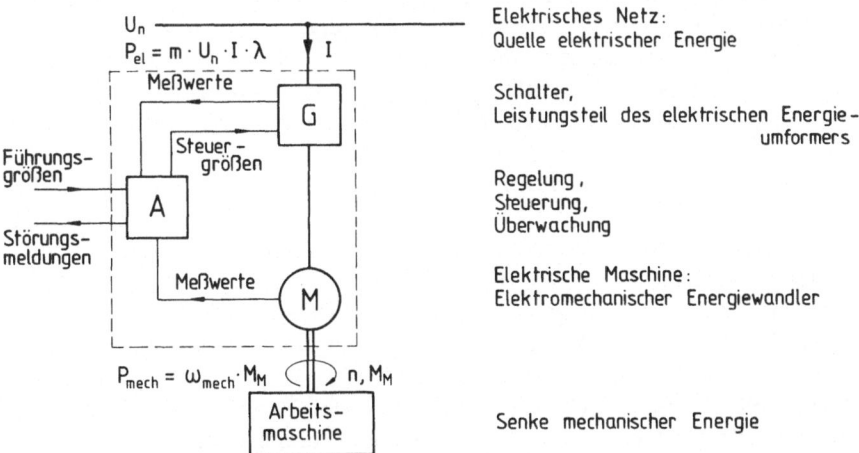

Bild 1. Blockdarstellung der Komponenten eines elektrischen Antriebs

Wird eine konstante Netzspannung U_n vorausgesetzt, so wird sich der vom Antrieb aufgenommene Strom I entsprechend der abgegebenen mechanischen Leistung P_{mech}, dem Antriebswirkungsgrad η und dem Netzleistungsfaktor λ einstellen. Bei m-phasigen Wechselstromsystemen ergibt sich die dem Netz entnommene elektrische Leistung zu

$$P_{el} = mU_n I \lambda,$$

wobei U_n hier der Effektivwert der Sternspannung ist.

In dem mit G bezeichneten Leistungsteil des elektrischen Energieumformers ist die der Quelle entnommene elektrische Energie so umzuformen, daß das geforderte Maschinendrehmoment M_M bei der gewünschten Drehzahl n und bei möglichst geringer Verlustleistung im elektrischen Energieumformer und in der elektrischen Maschine abgegeben werden kann. Der gleichzeitig als Leistungsstellglied wirkende elektrische Energieumformer wird heute fast ausschließlich durch Stromrichter realisiert, wobei als elektrische Ventile Dioden, Thyristoren und Transistoren Verwendung finden.

Im Systemteil A sind die für die Antriebsregelung, die interne Steuerung und die Antriebsüberwachung erforderlichen Komponenten enthalten. Die Regelung hat für eine möglichst gute Übereinstimmung zwischen Führungsgrößen und Regelgrößen zu sorgen; die Antriebsüberwachung hat die Aufgabe, das Betriebspersonal vor unerwünschten Betriebszuständen wie z.B. zu hohen Betriebstemperaturen zu warnen und unerlaubte Betriebszustände (z.B. zu hohe Drehzahlen), notfalls durch Abschalten des gesamten Antriebs, zu vermeiden. Steuerung, Regelung und Überwachung des Antriebs werden heute vorzugsweise mit analog oder digital arbeitenden integrierten Schaltkreisen aufgebaut. Die breite Einführung des Mikroprozessors für diese Aufgaben wird in nächster Zeit erfolgen.

Zum System „geregelter elektrischer Antrieb" gehören auch Meßwertaufnehmer, die die mit den Führungsgrößen zu vergleichenden Regelgrößen (Istwerte) oder die auf Grenzwertüberschreitung zu überwachenden Werte erfassen. Zu messen sind z.B. elektrische Größen wie Spannungen und Ströme, mechanische Größen wie Drehzahl, Drehmoment, Winkellage und Wegstrecken sowie die Temperaturen der temperaturkritischen Anlageteile. Die nicht elektrischen Meßgrößen werden in elektrische transformiert und dem Systemteil A in analoger oder digitaler Form zugeführt.

Die Führungsgrößen können dem Antrieb entweder von Hand, z.B. in Form einer von einem Stellpotentiometer abgegriffenen Spannung, oder von einem überlagerten Führungs- bzw. Automatisierungssystem in Form von Spannung oder Strom vorgegeben werden.

Störungsmeldungen werden in Form von elektrischen Signalen ausgegeben, die außerhalb des Systems „geregelter elektrischer Antrieb" von einem überlagerten Überwachungssystem weiterverarbeitet und/oder in akustische Signale oder Leuchtsignale umgesetzt werden.

Im folgenden werden die heute gebräuchlichen geregelten elektrischen Antriebssysteme exemplarisch beschrieben. Wegen der Fülle der angebotenen unterschiedlichen Lösungen, insbesondere auf dem Gebiet der stromrichtergespeisten Drehstrommaschinen, kann Vollständigkeit nicht Ziel des Buches sein. Es soll vielmehr versucht werden, einen geordneten Überblick zu geben sowie Vor- und Nachteile der einzelnen Varianten aufzuzeigen.

1.2 Überblick über die historische Entwicklung der elektrischen Antriebe

Im ersten Drittel des 19. Jahrhunderts schufen einige Pioniere der Elektrotechnik durch eine Reihe von Entdeckungen und Erfindungen die Grundlagen der elektrischen Antriebstechnik. So entdeckte H. Chr. Oersted im Jahre 1819 den Elektromagnetismus. Zwischen 1820 und 1828 begründete A. M. Ampère die Elektrodynamik, wobei für die Antriebstechnik seine Lehre von der Kraftwirkung zwischen stromdurchflossenen Leitern bzw. zwischen einem Magnetfeld und einem stromdurchflossenen Leiter von besonderer Bedeutung ist. Um 1820 führte J. S. Chr. Schweiger die Isolationstechnik ein, er schuf damit die Voraussetzung für die Wickeleitechnik und weiter für die Wicklungen in elektrischen Maschinen. 1825 erfand W. Sturgeon den Elektromagneten und machte damit den Weg frei für die elektrische Erregung elektrischer Maschinen. 1831 entdeckte M. Faraday die magnetische Induktion, also den Effekt, bei dem in einer Leiterschleife durch ein sich änderndes magnetisches Feld eine Spannung induziert wird.

Aufbauend auf diese Entdeckungen und Erfindungen wurden noch in der ersten Hälfte des 19. Jahrhunderts permanenterregte elektrische Gleichstrommaschinen gebaut und erste elektrische Antriebe verwirklicht. So unternahm R. Davidson im Jahre 1837 eine Probefahrt mit einer Batterielokomotive auf der Strecke Edinburgh-Glasgow, und H. v. Jakobi ließ 1838 ein von einem batteriegespeisten Gleichstrommotor angetriebenes Boot auf der Newa Fahren [1]. Eine Technik ließ sich mit diesen Pioniertaten jedoch noch nicht begründen, denn sowohl die Batterien als auch die elektrischen Maschinen waren zu schwer und die Antriebe zu unwirtschaftlich.

Einen großen Fortschritt in der Entwicklung der Gleichstrommaschinen brachte die Ablösung der permanenten Stahlmagnete durch elektrisch erregte Magnete. Anfang des Jahres 1866 baute H. Wilde eine von einem Erregergenerator her fremderregte Gleichstrommaschine, die als „magnet-elektrische Maschine" bezeichnet wurde. Am Ende desselben Jahres zeigte W. v. Siemens, daß sich eine Gleichstrommaschine auch selbsterregen, also ohne Fremderregung betrieben werden kann. Dieser Effekt wurde fast gleichzeitig auch von Ch. Wheatstone entdeckt. Selbsterregte Gleichstrommaschinen wurden „dynamo-elektrische Maschinen" genannt [2].

Von der Entdeckung des Prinzips der elektrisch erregten Gleichstrommaschine bis zur Entwicklung der ersten für den Dauerbetrieb geeigneten elektrischen Antriebe vergingen zehn Jahre: 1878 lief der erste Gleichstrommotor im industriellen Einsatz. 1879 wurde die erste für Dauerbetrieb geeignete elektrische Lokomotive auf der Gewerbeausstellung in Berlin gezeigt, 1880 ging der erste elektrische Personenaufzug in Betrieb, 1881 folgte die erste elektrische Straßenbahn in Berlin-Lichterfelde und 1882 der erste Oberleitungs-Elektrobus. Damit war Anfang der 80er Jahre des vorigen Jahrhunderts die Gleichstromantriebstechnik in ihren Grundzügen entwickelt.

Nachdem Gleichspannungsnetze zur Verfügung standen, konnte die Drehzahl einer Gleichstrommaschine über Widerstandssteller im Anker- und im Erregerstromkreis verstellt werden (Bild 2). Für den stationären Betrieb — nur der soll anhand dieses Beispiels betrachtet werden — läßt sich das Betriebsverhalten der Gleichstrommaschine wie folgt beschreiben:

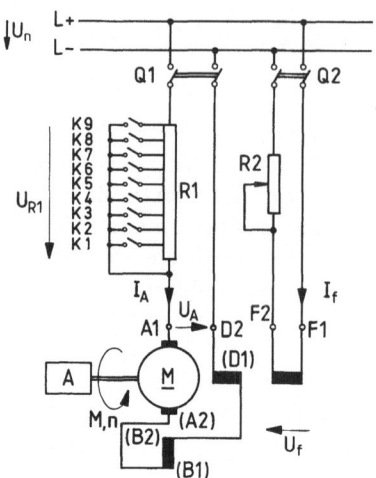

Bild 2. Grundsätzliche Schaltung einer über Widerstandssteller gesteuerten fremderregten Gleichstrommaschine

Die zwischen Klemmen A1 und D2 der Maschine M anliegende Spannung U_A ergibt sich bei Vernachlässigung des Spannungsfalls unter den Bürsten zu

$$U_A = U_i + R_A I_A. \tag{3}$$

R_A is dabei der Widerstand des gesamten vom Ankerstrom I_A durchflossenen Maschinenkreises zwischen den Klemmen A1 und D2. Er enthält neben dem Widerstand der Ankerwicklung auch die Widerstände der Wendepolwicklung B und der Hilfsreihenschlußwicklung D. U_i ist die in der Ankerwicklung der Maschine induzierte innere Spannung, die sich zu

$$U_i = c_1 n \Phi_H \tag{4}$$

angeben läßt; c_1 ist eine Proportionalitätskonstante. Vereinfachend werde vorausgesetzt, daß die ankerstromabhängige Ankerrückwirkung durch die Wirkung der ankerstromdurchflossenen Hilfsreihenschlußwicklung D weitgehend kompensiert wird und mit einem ankerstromunabhängigen Hauptpolfluß Φ_H gerechnet werden kann. Φ_H ist dann nur vom Erregerstrom I_f über die infolge der Sättigung des magnetischen Kreises nichtlineare Funktion

$$\Phi_H = f(I_f) \tag{5}$$

abhängig.

$$I_f = U_f / R_f \tag{6}$$

kann über den Vorwiderstand R2 eingestellt werden; R_f ist Widerstand der Erregerwicklung F.

Im stationären Zustand ist das von der Gleichstrommaschine abgegebene Drehmoment M_M gleich dem Gegenmoment M_G der Arbeitsmaschine.

$$M_M = M_G$$

Wenn man die Reibungsverluste vernachlässigt, stellt sich in der Gleichstrommaschine der Ankerstrom I_A entsprechend dem Gegenmoment nach der Beziehung

$$M_M = c_2 I_A \Phi_H \qquad (7)$$

ein, wobei $c_2 = c_1/2\pi$ ist.

Die zur Speisung des Ankerkreises dem Netz entnommene Leistung ist

$$P_{elA} = U_n I_A. \qquad (8)$$

Die Netzspannung U_n ist gleich der Summe aus Maschinenspannung U_M und dem Spannungsfall U_{R1} am Vorschaltwiderstand

$$U_n = U_{R1} + U_A = (R1 + R_A) I_A + c_1 n \Phi_H. \qquad (9)$$

Die innere Leistung der Gleichstrommaschine

$$P_i = U_i I_A \qquad (10)$$

kann, wenn Eisen- und Reibungsverluste vernachlässigt werden, gleich der an die Arbeitsmaschine abgegebenen mechanischen Leistung gesetzt werden:

$$P_i = P_{mech} \qquad (11a)$$

bzw. mit den Gln. (1) und (9)

$$U_i I_A = \omega_{mech} M_M. \qquad (11b)$$

Durch Einsetzen von Gl. (9) in (8) und unter Berücksichtigung von (11) läßt sich schreiben

$$P_{elA} = (R1 + R_A) I_A^2 + U_i I_A = P_{VR1} + P_{VA} + P_{mech}, \qquad (12)$$

wobei P_{VR1} die im Stellwiderstand $R1$ anfallende Verlustleistung und P_{VA} die in der Maschine auftretende Verlustleistung des Ankerkreises ist.

Für die folgende Betrachtung wird ein konstanter Hauptpolfluß vorausgesetzt; es sei $\Phi_H = \Phi_{HN}$. Bei kurzgeschlossenem Widerstandssteller ($R1 = 0$) und Leerlauf der Maschine ($I_A \approx 0$) stellt sich die Leerlaufdrehzahl

$$n_0 = \frac{U_n}{c_1 \Phi_H} \qquad (13)$$

ein.

Unter der Benutzung der Gln. (4), (8), (10), (12) und (13) ergibt sich die im Widerstandssteller in Wärme umgesetzte Leistung zu

$$P_{VR1} = \left(1 - \frac{n}{n_0} - \frac{I_A R_A}{U_n}\right) P_{elA}. \qquad (14)$$

Aus dem Vorstehenden zeigt sich, daß diese Art der Drehzahlsteuerung sehr stark verlustbehaftet ist. Bei Belastung mit konstantem Gegenmoment M_G im Grunddrehzahlbereich ist nach Gl. (7) der Ankerstrom I_A konstant. Konstanter Ankerstrom I_A heißt nach Gl. (8) konstante dem Netz entnommene Leistung P_{elA}. Diese teilt sich auf in die mechanisch abgegebene Leistung

$$P_{mech} = \frac{n}{n_0} P_{elA} \qquad (15)$$

und die Verlustleistung

$$P_{VR1} + P_{VA} = \left(1 - \frac{n}{n_0}\right) P_{elA}. \tag{16}$$

Je kleiner also das Verhältnis n/n_0 wird, desto höher wird der Anteil der Verluste an der aufgenommenen Leistung.

Trotz der hohen Verluste im Teildrehzahlbereich haben sich Antriebe dieser Art in der Fahrzeugtechnik, z.B. für Elektrokarren, Gabelstapler, Straßenbahnen und U-Bahnen, bis heute gehalten, wenn sie auch in der letzten Zeit zunehmend durch verlustarme Antriebe abgelößt werden.

Das grundsätzliche Schaltbild eines U-Bahnantriebs aus den 70er Jahren dieses Jahrhunderts zeigt Bild 3. Hier wurde moderne Halbleiter-, Steuerungs- und Regelungstechnik mit der Widerstandssteuerung des Fahrmotors kombiniert. Teil des Widerstandstellers ist ein Nockenschaltwerk, das von einem Stellmotor angetrieben wird. Der Stellmotor wiederum wird von einem elektronisch arbeitenden Stellmotorsteuergerät mit Antriebsenergie versorgt. Hauptaufgabe des Stellmotorsteuergeräts ist es, über den Stellmotor und das Nockenschaltwerk den Anfahrwiderstand so zu verstellen, daß der Anfahrstrom und damit das Anfahrmoment innerhalb eines durch die Zahl der Widerstandsstufen gegebenen Toleranzbandes näherungsweise konstant gehalten wird. Die Stromregelung ist im Stellmotor-Steuergerät integriert. Zur Begrenzung des Anfahrrucks ist eine di/dt-Begrenzungsregelung vorgesehen [3 – 5].

Mit der Entwicklung der Drehstromtechnik in den 80er und 90er Jahren des vorigen Jahrhunderts ging die Energieerzeugung und -verteilung auf den Drehstrom über.

Für elektrische Antriebe mit konstanter oder fast konstanter Betriebsdrehzahl führten sich die Synchron- und die Asynchronmotoren ein. Asynchronmaschinen mit Schleifringläufern können mit Hilfe von Widerstandsstellern in ihrer Drehzahl, wie im Band 1 gezeigt, stufig gesteuert werden. Antriebe die in ihrer Drehzahl kontinuierlich

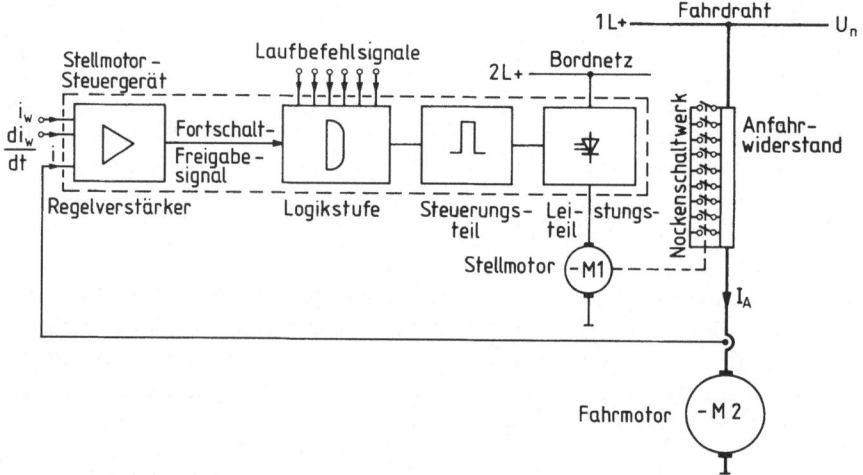

Bild 3. Elektrischer Antrieb für Nahverkehrsfahrzeuge mit Widerstandssteuerung – grundsätzlicher Schaltplan

gesteuert bzw. später geregelt werden sollten, wurden jedoch weiterhin überwiegend als Gleichstromantriebe ausgeführt.

Es zeigte sich, daß Gleichstrommaschinen verlustarm in der Drehzahl gesteuert werden können, wenn die Drehstromenergie, die in den Versorgungsnetzen mit näherungsweise fester Spannung zur Verfügung steht, verlustarm in Gleichstromenergie mit steuerbarer Spannung umgeformt werden kann. Anfangs wurden dazu Maschinenumformersätze eingesetzt, die seit der Mitte der 20er Jahre im Stromrichter einen Konkurrenten erhielten. Zunächst kamen Quecksilberdampf-Stromrichter im oberen Leistungsbereich der Gleichstromantriebe zum Einsatz. Seit Anfang der 60er Jahre wurden im gesamten Leistungsbereich Thyristorstromrichter eingeführt, die die Umformersätze fast vollständig verdrängt haben.

Weit verbreitet war der Leonard-Umformer [6], dessen grundsätzlichen Schaltplan Bild 4 wiedergibt. Der Drehstrommotor M1 — z.B. ein Synchronmotor — treibt den Umformersatz mit konstanter Drehzahl an. Zu diesem gehören weiterhin der Gleichstrom-Hauptgenerator G1 und der Gleichstrom-Erregergenerator G2. G1 speist den Anker des Gleichstrommotors M2, der die Arbeitsmaschine A antreibt. G2 stellt die Erregerspannung für die Maschinen G1 und M2 zur Verfügung. Im Grunddrehzahlbereich ($0 \leqq n \leqq n_g$) wird M2 mit Nennerregerstrom $I_{f2} = I_{f2N}$ betrieben; über I_{f1} wird nach Gl. (5) Φ_{HG1} und damit nach Gl. (3) und (4) die Spannung U_M eingestellt. Die Drehzahl n_{M2} der Gleichstrommaschine M2 stellt sich dann entsprechend den Gln. (3) und (4) nach der Spannung U_M ein. Werden die Leitverluste in den Ankerkreisen von G1 und M2 vernachlässigt, ergibt sich ein linearer Zusammenhang von n_{M2} und Φ_{HG1}. Über den Erregerstrom I_{f1} läßt sich somit die Drehzahl n_{M2} verstellen. Ist bei steigender Drehzahl n_{M2} der Nennwert $I_{f1} = I_{f1N}$ erreicht, so entspricht bei Belastung der Maschine mit Nennmoment die Drehzahl n_{M2} der Grunddrehzahl n_g. Soll n_{M2} weiter gesteigert werden, so ist durch Verkleinerung von I_{f2} das Feld der Maschine M2 zu schwächen. Nach Gl (4) ruft eine Schwächung des Hauptpolflusses Φ_{HM2} bei konstanter Spannung U_M einen Anstieg der Drehzahl n_{M2} hervor.

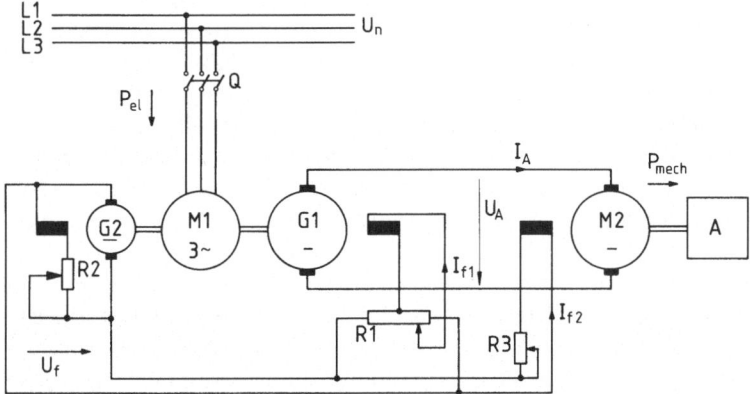

Bild 4. Grundsätzlicher Schaltplan einer über einen Leonard-Umformer gespeisten Gleichstrom-Kommutatormaschine. M1 Drehstrommotor, M2 Gleichstrommotor, A Arbeitsmaschine, G1 Gleichstromgenerator für Ankerspeisung, G2 Gleichstromgenerator für Feldspeisung, R1 Feldumkehrsteller für Drehrichtungsumkehr, R2 Feldvorwiderstand, R3 Feldsteller für Feldschwächbetrieb

Der elektrische Antrieb nach Bild 4 ist ein Vierquadrantenantrieb, d.h. die Maschine M2 kann in allen vier Quadranten der Drehmoment-Drehzahlebene betrieben werden. Bei Vorzeichenumkehr des Erregerstroms I_{f1} kehrt die Spannung U_A und damit auch die Drehzahl n_{M2} ihr Vorzeichen um. Wird die Spannung U_M unter den Wert der inneren Spannung U_{iM2} abgesenkt, so kehrt sich das Vorzeichen des Ankerstroms I_A um, und die Maschine M2 geht aus dem motorischen in den generatorischen Betrieb über; die Bremsleistung wird über den Umformersatz in das Drehstromnetz zurückgespeist.

Nachdem steuerbare Gasentladungsventile in Form von Quecksilberdampfgefäßen bzw. von edelgasgefüllten Thyratrons zur Verfügung standen, beschäftigten sich Elektroingenieure auch mit der Entwicklung von stromrichtergespeisten Drehstrommaschinen. Die ersten dem Verfasser bekannten Veröffentlichungen erschienen bereits in den 30er Jahren [7−11]. Dem industriellen Einsatz stromrichtergespeister Drehstromantriebe stand damals jedoch der Mangel an leistungsstarken Stromrichterventilen mit kleinen Freiwerdezeiten und an geeigneten kostengünstigen Bauelementen für die erforderlichen Steuer- und Regelfunktionen entgegen.

Industriell eingesetzt werden stromrichtergespeiste Drehstrommaschinen seit dem Anfang der 60er Jahre, nachdem Stromrichterventile auf Halbleiterbasis für den Leistungsteil und transistorisierte Baugruppen für Steuerung und Regelung zur Verfügung standen.

Der weitaus größte Umsatz des Gesamtgebiets geregelter Antriebe entfällt heute (im Jahre 1985) mit etwa 69 % auf die stromrichtergespeisten Gleichstrommaschinen. Die stromrichtergespeisten Drehstrommaschinen haben z.Z. einen Umsatzanteil von etwa 11 % erreicht, und die restlichen etwa 20 % entfallen auf sonstige regelbare Antriebe. Für die nächsten Jahre wird ein insgesamt wachsender Markt der geregelten Antriebe erwartet. Für die stromrichtergespeisten Gleichstrommaschinen wird eine reale Umsatzsteigerung von etwa 2 % je Jahr prognostiziert. Den stromrichtergespeisten Drehstromantrieben wird ein steiler Umsatzanstieg von etwa 12 % pro Jahr vorausgesagt. Für die sonstigen geregelten Antriebe wird ein Umsatzrückgang von etwa 4 % pro Jahr erwartet.

Zu den sonstigen geregelten Antrieben zählen neben hydraulischen Antrieben und Antrieben mit mechanischen Stellgetrieben auch elektrische Antriebe, wie z.B. durch Verdrehen der Bürstenbrücke drehzahlsteuerbare Drehstrom-Kommutatormaschinen und über Wechselstromsteller gespeiste Universalmotoren. Vorstehend genannte elektrische Antriebe werden im Rahmen dieses Buches nicht behandelt, teils weil sie − wie z.B. die Drehstrom-Kommutatormaschinen − an Bedeutung verlieren oder aber weil ihr Umsatz verhältnismäßig gering ist, wie z.B. bei den wechselstromstellergespeisten Universalmotoren. Ausführlich eingegangen wird dagegen auf die stromrichtergespeisten Gleichstrommaschinen und die stromrichtergespeisten Drehstrommaschinen.

Da der für die stromrichtergespeisten Gleichstrommaschine zu zahlende Preis in weiten Anwendungsbereichen niedriger ist als der für eine stromrichtergespeiste Drehstrommaschine zu entrichtende, wird die stromrichtergespeiste Gleichstrommaschine in absehbarer Zeit sicherlich nicht vollständig durch stromrichtergespeiste Drehstrommaschinen verdrängt werden. Die Beantwortung der Frage: „Wird es in weiterer Zukunft zu einer vollständigen Ablösung der stromrichtergespeisten Gleichstrommaschinen kommen?" hängt von der Kostenentwicklung für die Antriebskomponenten elektrischer Maschinen, Stromrichter und Steuer- und Regeleinrichtungen ab und muß heute noch offen gelassen werden.

2 Geregelte stromrichtergespeiste Gleichstrom-Kommutatormaschine

2.1 Gleichstrom-Kommutatormaschine

2.1.1 Leistungsbereich und Ausführung

Gleichstrom-Kommutatormaschinen werden im Leistungsbereich von etwa 1 W an aufwärts bis zu 15 MW gebaut. Dieser weite Leistungsbereich, der sich über 7 Zehnerpotenzen erstreckt, bedingt unterschiedliche Konstruktionsprinzipien und unterschiedliche Bauarten.

2.1.1.1 Gleichstromkleinmaschinen

Im untersten Leistungsbereich bis zu einer Nennleistung von etwa 400 W bei einer Bezugsdrehzahl von $1500\ \text{min}^{-1}$ werden Gleichstrom-Kommutatormaschinen permanenterregt und ohne Wendepole ausgeführt (Bild 5). Der Stator der Maschine besteht üblicherweise aus einem Stahlring, an dessen Innenseite Permanentmagnete, meist Ferritmagnete, befestigt sind, die gleichzeitig die Pole bilden. Die Welle trägt ein genutetes Blechpaket, in dem die Ankerwicklung untergebracht ist, und den Kommutator. Maschinen dieser Art werden z.B. in der Autoelektrik und in Haushaltsmaschinen in großen Stückzahlen eingesetzt; um kostengünstig fertigen zu können, werden Konstruktionen und elektrische Auslegung hauptsächlich durch fertigungstechnische Gesichtspunkte bestimmt. Meist werden die permanenterregten Maschinen selbstgekühlt, d.h. ohne Lüfter ausgeführt; die Verlustwärme der Ankerwicklung wird durch Strahlung und natürliche Konvektion von der Oberfläche an die Umgebung abgegeben.

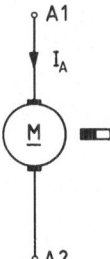

Bild 5. Schaltbild einer permanenterregten Gleichstromkleinmaschine (Leistungsbereich bis ca. 400 W)

2.1.1.2 Gleichstromservomotoren

Eine spezielle Ausführungsform der Gleichstrom-Kommutatormaschine im Bereich kleiner Leistungen stellen die Gleichstromservomaschinen dar, die hauptsächlich in

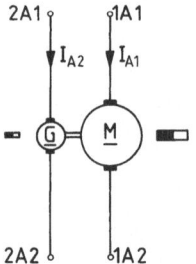

Bild 6. Schaltbild eines Servomotors M für Werkzeugmaschinen mit integriertem permanenterregtem Tachogenerator G (Leistungsbereich etwa 100 W bis 5 kW)

Stellantrieben eingesetzt werden. Auch diese Maschinen werden größtenteils permanenterregt und ohne Wendepole ausgeführt. Da Antriebe dieser Art meist über einen Drehzahlregelkreis verfügen, wird oft ein Tachogenerator mit in die Maschine integriert (Bild 6). Sie laufen in der Regel nicht im Dauerbetrieb, sondern werden nur kurzzeitig belastet und dienen der schnellen Einstellung von Positionen mechanischer Betätigungsorgane oder als Vorschubantriebe in Werkzeugmaschinen. Gleichstromservomotoren werden für ein Stillstandsmoment M_0 — das ist das Drehmoment, das bei kleinen Drehzahlen als Dauerdrehmoment zur Verfügung steht — von etwa 1 Nm bis zu 150 Nm angeboten. Der Drehzahlbereich, in welchem das Stillstandsmoment M_0 dauernd abgegeben werden kann, wird durch die Kommutierungsgrenzkurve begrenzt, deren Verlauf wiederum von der Baugröße der Maschine abhängig ist [12]; bei den kleinsten Maschinen mit den kleinsten M_0-Werten erstreckt er sich bis zu etwa 2000 min^{-1}, bei den größten dagegen ist er auf einige hundert min^{-1} begrenzt. Aus Vorstehendem ergibt sich ein Dauerleistungsbereich von etwa 100 W bis 5 kW.

Da von den Stellantrieben sehr gute dynamische Eigenschaften erwartet werden, müssen an die Motoren folgende Forderungen gestellt werden:

— kleines Trägheitsmoment des Läufers,
— konstantes Drehmoment über einen großen Drehzahlbereich,
— gute Rundlaufeigenschaften bei kleinen Drehzahlen,
— hohe elektrische und mechanische Kurzzeitüberlastbarkeit,
— kleine elektrische Zeitkonstante des Ankerkreises und
— hohe Drehzahlsteifigkeit.

Um zu Maschinen mit kleinen Trägheitsmomenten zu kommen, sind zwei unterschiedliche Wege beschritten worden. Einmal wurden von der üblichen Ausführung ausgehend die Maschinen länger und schlanker gebaut, um mit verkleinertem Läuferdurchmesser ein kleineres Trägheitsmoment zu erreichen. Teilweise wird die Läuferwicklung auf den dann ungenuteten Läufer aufgeklebt, um so Rastmomente zu vermeiden und auch bei kleineren Drehzahlen zu einem gleichförmigen Rundlauf zu kommen.

Zum anderen werden Scheibenläufermotoren angeboten. Bei diesen wird der Läufer eisenlos ausgeführt; er besteht im Prinzip aus einer dünnen Scheibe aus Isoliermaterial, auf deren kreisförmigen Flächen die den Ankerstrom führenden Leiterbahnen angeordnet sind. Auf der einen Kreisfläche fließt beispielsweise der Strom von den in Achsnähe angebrachten Bürsten der einen Polarität über die Leiterbahnen nach außen und auf der anderen Kreisfläche — um eine halbe Polteilung

versetzt — entsprechend wieder nach innen zu den Bürsten der anderen Polarität
zurück.

Die Scheibe dreht sich zwischen im Stator der Maschine angeordneten Permanentmagneten. Die magnetischen Kraftlinien verlaufen also senkrecht zur Rotorscheibe,
während der Ankerstrom in der Scheibenebene fließt. Mit dem beschriebenen Prinzip
des eisenlosen Läufers kann dessen Masse klein gehalten und damit auch ein gegenüber
einer normal ausgeführten Gleichstrommaschine gleichen Stillstandsdrehmoments
und gleichen Drehzahlbereichs erheblich verringertes Trägheitsmoment erreicht
werden [13].

Servomotoren sind kurzzeitig hoch überlastbar, so daß kurze Beschleunigungs-
und Verzögerungszeiten erzielt werden können. Ist I_0 der Strom, bei dem sich das
Stillstandsmoment M_0 einstellt, so darf der Strom $I_{0\ max}$ kurzzeitig (bis zu 200 ms)
den acht- bis zehnfachen Wert annehmen.

Servomotoren können sowohl selbstgekühlt als auch fremdgekühlt betrieben
werden. Die obengenannten Werte gelten für die selbstgekühlte Ausführung. Bei
Fremdkühlung erhöhen sich die Werte für das Stillstandsmoment um etwa 50 %, die
Werte für die Kurzzeitüberlastbarkeit von $I_{0\ max}$ halbieren sich entsprechend.

2.1.1.3 Größere permanenterregte Gleichstrommaschinen

Auch größere Gleichstrommaschinen für spezielle Einsatzbedingungen werden bis zu
Leistungen von einigen zig kW mitunter permanenterregt ausgeführt, mit Rücksicht
auf die Kommutierung allerdings mit Wendepolen (Bild 7). Der magnetische Kreis
des Wendepolflusses muß im Interesse einer guten Kommutierung des Ankerstroms
unter den Bürsten entdämpft ausgeführt werden (siehe auch Abschnitt 2.2), was ein
geblechtes Statorjoch und geblechte Wendepole erfordert. Wendepole sind bei
größeren Gleichstrommaschinen notwendig, um die bei der Stromwendung in den
durch die Bürsten kurzgeschlossenen Spulen auftretende Stromwendespannung oder
Reaktanzspannung zu kompensieren und zu einer funkenfreien Kommutierung zu
gelangen [14—16].

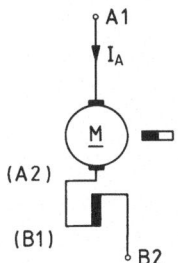

Bild 7. Schaltbild einer permanenterregten Gleichstrom-
Kommutatormaschine mit Wendepolwicklung (B)

2.1.1.4 Elektrisch erregte Gleichstrommaschinen des mittleren Leistungsbereichs

Wählt man als Bezugsdrehzahl 1500 min^{-1}, so werden Gleichstrom-Kommutatormaschinen im Leistungsbereich von etwa 200 W an aufwärts bis zu etwa 400 kW
entsprechend dem in Bild 8 dargestellten Schaltbild mit elektrisch erregten Hauptpolen
und durch den Ankerstrom I_A' erregten Wendepolen ausgeführt. In den meisten
Anwendungsfällen wird die Hauptpolwicklung, wie in Bild 8 gezeigt, durch den

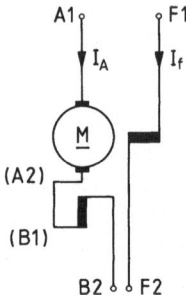

Bild 8. Schaltbild einer fremderregten Gleichstrom-Kommutatormaschine mit Wendepolwicklung (B)

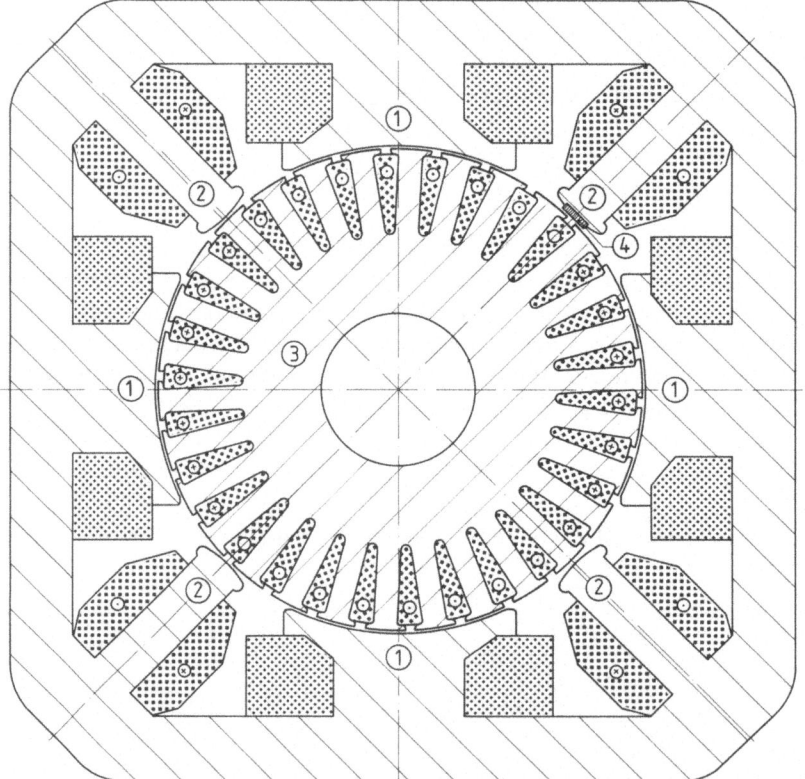

Bild 9. Grundsätzlicher Aufbau einer nicht kompensierten Gleichstrom-Kommutatormaschine des mittleren Leistungsbereichs – Schnittbild. 1 Hauptpole, 2 Wendepole, 3 Ankerblechpaket mit eingelegter Ankerwicklung, 4 Meßsonde

Erregerstrom I_f fremderregt. Den grundsätzlichen Aufbau einer modernen Gleichstrommaschine des mittleren Leistungsbereichs gibt Bild 9 wieder.

Damit der Hauptfluß dem zeitlichen Verlauf des Erregerstroms I_f und der Wendepolfluß dem des Ankerstroms I_A näherungsweise verzögerungsfrei (ungedämpft) folgen können, soll der magnetische Kreis der Gleichstrommaschinen möglichst keine elektrischen Kurzschlüsse, in denen die Flußänderung verzögernde

Kurzschlußströme auftreten können, enthalten. Die in den letzten Jahren auf den Markt gekommenen neuen Maschinenreihen werden auch im Stator vollkommen geblecht ausgeführt, so daß selbst bei schnellen Stromänderungen der Fluß mit nur geringem zeitlichen Verzug folgen kann.

Bezüglich Schutzart und Kühlung werden in diesem Leistungsbereich eine Reihe von Varianten angeboten, aus denen sich der Betreiber die für seine Betriebsbedingungen günstigste aussuchen kann. Die spezifischen Kosten in DM/kW sind bei Wahl einer innengekühlten Maschine in Schutzart IP 23 am niedrigsten (siehe auch Band 1, Seiten 17 bis 19), allerdings sind diese Maschinen nur für Aufstellung in trockenen Räumen mit geringer Staubentwicklung geeignet. Sollen Gleichstrommaschinen im Freien oder in feuchter und/oder staubiger Umgebung aufgestellt werden, so sind oberflächengekühlte Ausführungen in Schutzart IP 44 oder höher zu wählen.

Sowohl für die innengekühlten als auch für die oberflächengekühlten Maschinen ohne ausgeprägten inneren Luftkreislauf (z.B. für Maschinen mit verripptem Gehäuse) stehen zwei Kühlarten zur Verfügung, die Eigenkühlung und die Fremdkühlung. Die Eigenkühlung wird durch ein fest auf der Maschinenwelle sitzendes Lüfterrad bewirkt; die Förderleistung des Lüfters und damit die Kühlwirkung ist deshalb von der Maschinendrehzahl abhängig. Das hat zur Folge, daß bei Dauerbetrieb im Teildrehzahlbereich das zulässige mittlere Maschinendrehmoment kleiner als das Nennmoment ist.

Bei fremdgekühlten Maschinen ist dagegen der Kühlluftstrom weitgehend unabhängig von der Maschinendrehzahl, so daß sie auch bei kleinen Drehzahlen dauernd mit ihrem Nennmoment belastet werden können. Das mit konstanter Drehzahl arbeitende Lüfteraggregat kann entweder in die Gleichstrommaschine integriert oder an sie angebaut werden.

Oberflächengekühlte Gleichstrommaschinen werden bis zu einer Leistung von etwa 100 kW mit verrippten Gehäusen ausgeführt. Überlappend von etwa 30 kW an aufwärts werden oberflächengekühlte Maschinen angeboten, die sich aus der Kombination einer innengekühlten Maschine mit einem aufgesetzten Luft-Luft-Kühler ergeben. Bei dieser Lösung des Kühlproblems sind zwei fremd angetriebene Lüfter erforderlich, je einer für den inneren und den äußeren Luftkreislauf.

2.1.1.5 Gleichstrommaschinen des oberen Leistungsbereichs

Von etwa 100 kW bei einer Bezugsdrehzahl von 1500 min^{-1} an aufwärts werden Gleichstrommaschinen mit Kompensationswicklungen angeboten. Ihre Schaltung zeigt Bild 10. Die in den Polschuhen der Hauptpole in Nuten angeordnete, vom Ankerstrom durchflossene Kompensationswicklung (C in den Bildern 10 und 11) hat die Aufgabe, die elektrische Ankerdurchflutung im Bereich der Hauptpole zu kompensieren, so daß die als Ankerrückwirkung bekannte ankerstromabhängige Verzerrung und Schwächung des Hauptpolflusses nicht auftreten kann. Zu diesem Zweck muß die Kompensationswicklung die Ankerwicklung möglichst gut abbilden (Bild 11) [14,16].

Die kompensierte Gleichstrommaschine bietet gegenüber der unkompensierten folgende Vorteile:

— Weitgehend konstante magnetische Flußdichte unter den Hauptpolen und damit niedrigere Maximalwerte der Spannung zwischen benachbarten Kommutatorla-

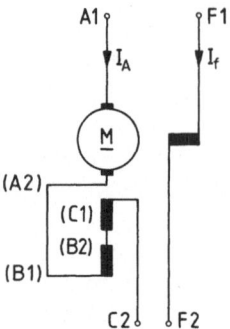

Bild 10. Schaltbild einer fremderregten Gleichstrom-Kommutatormaschine mit Wendepolwicklung (B) und Kompensationswicklung (C)

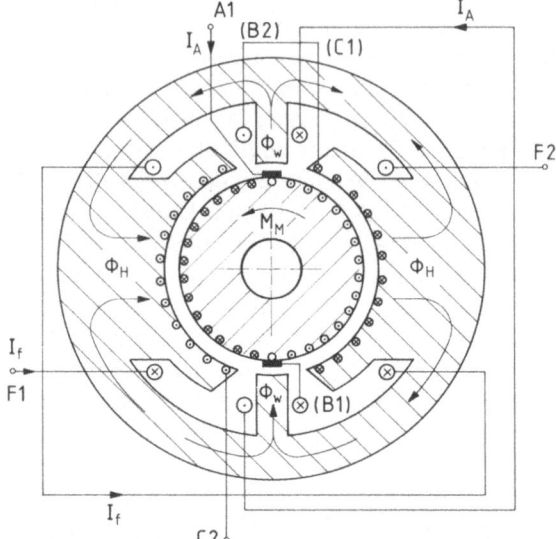

Bild 11. Grundsätzliche Darstellung der elektrischen Durchflutungen und der Statorflüsse bei einer zweipoligen kompensierten Gleichstrom-Kommutatormaschine

mellen. Die ankerstromabhängige Feldverzerrung bei der unkompensierten Maschine führt zur belastungsabhängigen Vergrößerung der maximalen Lamellenspannung und begrenzt dadurch einerseits die kurzzeitige Überlastbarkeit und schränkt andererseits den Feldschwächbereich ein. Während unkompensierte Maschinen kurzzeitig im allgemeinen mit dem 1,6fachen Nennmoment belastet werden können, sind bei der kompensierten Maschine Werte zwischen dem 2fachen und dem 3fachen zulässig.

— Höhere Leistung bei gleicher Modellgröße wegen geringerer Verluste. Wegen der Schwächung des Hauptpolflusses durch die Ankerrückwirkung bei der unkompensierten Maschine muß der Ankerstrom bei konstantem Erregerstrom stärker als linear mit dem Drehmoment ansteigen. Bei der kompensierten Maschine besteht dagegen ein praktisch linearer Zusammenhang zwischen Ankerstrom und Drehmoment.

— Kleineres Trägheitsmoment bei gleicher Leistung, da in der gleichen Modellgröße eine größere Maschinenleistung untergebracht werden kann.

— Kleinere Ankerkreisinduktivität wegen Kompensation des Ankerfeldes im Bereich der Hauptpole und dadurch eine kleinere Ankerkreiszeitkonstante.

Gleichstrommaschinen des oberen Leistungsbereichs werden praktisch alle sowohl fremdgekühlt ausgeführt als auch im Inneren von Kühlluft durchströmt. Aus der gleichen Grundtype läßt sich durch den Anbau eines Fremdlüfters eine innengekühlte Maschine, durch Aufbau eines Luft-Luft-Kühlers mit den entsprechenden Lüftern eine oberflächengekühlte Maschine oder durch den Aufbau eines Luft-Wasser-Kühlers und eines Lüfters für den Innenkreislauf eine wassergekühlte Maschine herstellen.

2.1.2 Aufteilung des Umsatzvolumens auf Leistungsklassen

In Tabelle 1 ist der im Jahre 1983 von den in der Bundesrepublik Deutschland fertigenden Unternehmen des Elektromaschinenbaus erzielte Produktionswert an Gleichstrom-Kommutatormaschinen aufgeteilt nach Leistungsklassen zusammengestellt. Die Werte wurden dem Jahresbericht 1984 des ZVEI (Zentralverband der Elektrotechnischen Industrie e.V.) — Fachverband Elektrische Maschinen entnommen. Es zeigt sich, daß fast die Hälfte des Umsatzes mit Maschinen der kleinsten Leistungsklasse ($P_N \leq 375$ W) erzielt wird. Nach den Ausführungen des Abschnitts 2.1.1 handelt es sich dabei um permanenterregte Gleichstromkleinmaschinen, um den unteren Leistungsbereich der Servomotoren und um den untersten Leistungsbereich der elektrisch erregten Gleichstrommaschinen mit Wendepol- jedoch ohne Kompensationswicklung. Mit steigender Leistung wird der Produktionswertanteil der zugehörigen Leistungsklasse kleiner und die großen, durchwegs kompensierten Gleichstrommaschinen im Leistungsbereich über 750 kW, der sich bis zu der bei etwa 15 MW liegenden Grenzleistung erstreckt, tragen nur noch 7,6% zum Gesamtproduktionswert bei.

Die Maschinen der untersten Leistungsklasse indessen sind zum größten Teil permanenterregt. Nimmt man aus der Leistungsklasse über 375 W bis zu 7,5 kW die permanenterregten Maschinen dazu, so kann man festhalten, daß fast die Hälfte des Produktionswertes der Gleichstrom-Kommutatormaschinen auf permanenterregte Maschinen kleiner Leistung entfällt.

Der Produktionswertanteil der elektrisch erregten Gleichstrom-Kommutatormaschinen mit Wendepol- und Kompensationswicklung dagegen dürfte nur etwa 10% betragen.

Die restlichen 40 % des Produktionswerts an Gleichstrom-Kommutatormaschinen entfallen auf elektrisch erregte Maschinen des mittleren Leistungsbereichs, die mit ankerstromerregten Wendepolen ausgerüstet sind, jedoch keine Kompensationswicklung tragen.

Tabelle 1. Produktion von Gleichstrom-Kommutatormaschinen in der BR Deutschland im Jahre 1983

Leistungsbereich kW	Produktionswert	
	10^6 DM	%
bis 0,375	358,7	48,1
über 0,375 ... 7,5	147,7	19,8
über 7,5 ... 75	95,1	12,7
über 75 ... 750	88,2	11,8
über 750	56,5	7,6
Gleichstrommaschinen insgesamt	746,2	100

2.2 Auswirkungen der Stromrichterspeisung auf das Betriebsverhalten der Gleichstrom-Kommutatormaschine

Gleichstrommaschinen werden heute größtenteils über Stromrichter gespeist. Der Stromrichter dient dabei als schnellwirkendes Energiestellglied und ermöglicht gemeinsam mit nahezu verzögerungsfrei arbeitenden Regelverstärkern ein gutes dynamisches Verhalten des gesamten Antriebs.

Die Stromrichterspeisung bietet gegenüber der früher üblichen Umformspeisung (z.B. nach Bild 4) den Vorteil, die Ankerspannung der Gleichstrom-Kommutatormaschine sehr viel schneller verändern zu können. Schnelle Spannungsänderungen ermöglichen schnelle Änderungen des Ankerstroms [17] und diese wiederum können bei in ihren magnetischen Kreisen nicht entdämpften Maschinen zu Fehlfunktionen, zum Beispiel zu erhöhtem Bürstenfeuer, Bürstenverschleiß und im Extremfall zum Rundfeuer — das ist ein elektrischer Überschlag zwischen Bürsten unterschiedlichen Potentials längs der Kommutatoroberfläche — führen.

Weiterhin ist in der Ausgangsspannung des Stromrichters neben der Gleichspannungskomponente noch eine überlagerte Wechselspannungskomponente entalten. In Bild 12 ist der zeitliche Verlauf der ungeglätteten Ausgangsspannung u_d für 2-, 3-, 6-, und 12-pulsige Stromrichter aufgetragen. Steuerwinkel α und der Gleichspannungsmittelwert $U_{di\alpha}$ sind in allen vier dargestellten Fällen gleich groß. Es zeigt sich deutlich, daß mit steigender Pulszahl p die dem Gleichspannungsmittelwert überlagerte

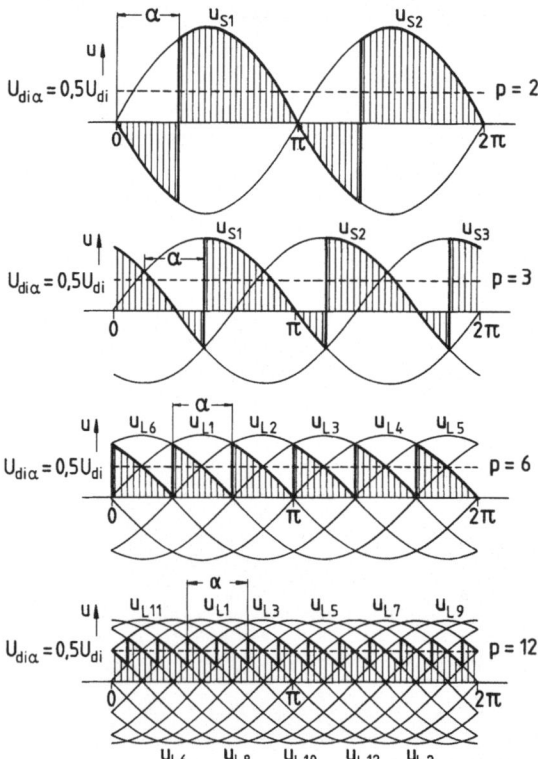

Bild 12. Verlauf der ungeglätteten Gleichspannung bei nichtlückendem Strom für Steuerwinkel $\alpha = 60°$ ($U_{di\alpha} = 0,5\,U_{di}$) und verschiedene Pulszahlen p

Wechselspannung kleiner und höherfrequent wird. Dieser Wechselspannungsanteil treibt über die Induktivitäten des Ankerkreises einen dem Gleichstrom überlagerten Wechselstrom, der sich bei nicht entdämpften Maschinen nachteilig auf die Kommutierung auswirkt [18].

Dank der langen Lebensdauer elektrischer Maschinen sind, obgleich seit einigen Jahren praktisch alle elektrisch erregten Gleichstrom-Kommutatormaschinen der dem Autor bekannten europäischen Hersteller entdämpft ausgeführt werden, noch viele Gleichstrommaschinen mit stark gedämpften Wendepol- und Hauptpolkreisen im Einsatz und werden es im nächsten Jahrzehnt voraussichtlich auch noch sein.

Der Begriff „Dämpfung eines magnetischen Kreises" besagt, daß der magnetische Fluß dem ihn erregenden Strom nicht unmittelbar, sondern nur verzögert, „gedämpft" folgt. Die Dämpfung ergibt sich durch Wirbelströme, die sich in massiven magnetischen Leitern, z.B. in gußeisernen Jochringen und/oder massiven Polen ausbilden können. Solange Gleichstrommaschinen über Umformersätze mit praktisch wechselanteilfreier Spannung gespeist wurden und solange als Regelverstärker relativ langsam arbeitende Magnetverstärker eingesetzt wurden, reichte es völlig aus, nur den Ankerkreis mit Rücksicht auf die Eisenverluste im Rotor zu entdämpfen. Die magnetisch aktiven Teile des Stators, also Joch, Haupt- und Wendepole, konnten dagegen ohne großen Nachteil als massive Teile gefertigt werden.

Wird ein massives magnetisch leitendes Joch über eine Erregerspule mit der Windungszahl w durch den Strom I_1 erregt (Bild 13a), so stellt sich im stationären Zustand ($di_1/dt = 0$) im Joch ein magnetischer Fluß

$$\Phi = \Theta/R_\mathrm{m} \tag{17}$$

ein. Die magnetische Spannung ist

$$\Theta = wI_1. \tag{18}$$

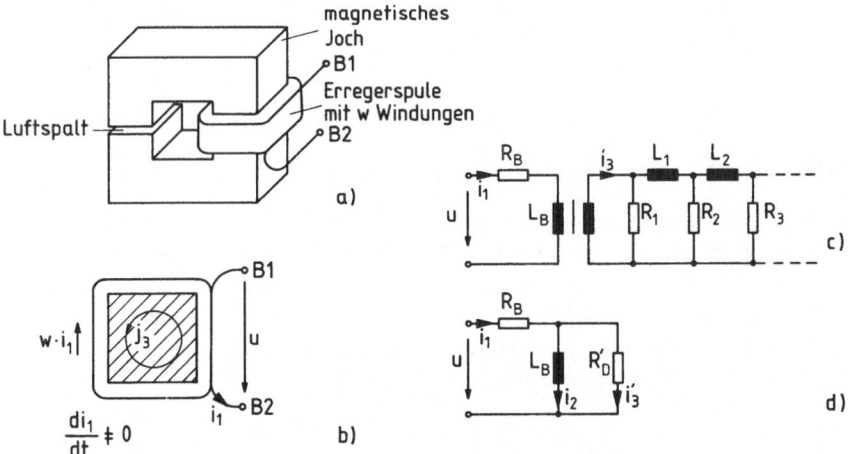

Bild 13. Zur Erläuterung der Dämpfung in massiven magnetischen Leitern. **a** magnetisches Joch mit Erregerspule; **b** Schnitt durch das Joch in Höhe der Erregerspule; **c** Ersatzschaltkreis in Kettenleiterdarstellung; **d** vereinfachter Ersatzschaltkreis

Der magnetische Widerstand R_m wird, gute magnetische Leitfähigkeit des Jochs vorausgesetzt, hauptsächlich durch die Größe des Luftspalts bestimmt. Er ergibt sich zu

$$R_\mathrm{m} = \frac{\delta}{\mu_0 A}, \tag{19}$$

wobei δ die Länge des Luftspalts, A die Größe der Jochfläche im Luftspalt und μ_0 die magnetische Feldkonstante des Vakuums ist.

Ändert sich die Spannung U zwischen den Klemmen B1 und B2 der Erregerspule, so hat das eine Änderung des Erregerstroms I_1 und damit eine Änderung der magnetischen Spannung Θ zur Folge. Damit wird auch eine Änderung des magnetischen Flusses Φ eingeleitet. Diese induziert im Joch eine elektrische Spannung und bringt damit einen Wirbelstrom zum Fließen, der der Änderung des magnetischen Flusses entgegenwirkt. Das hat zur Folge, daß der magnetische Fluß Φ einer Änderung der magnetischen Spannung Θ nur verzögert, nur gedämpft folgt. Im Bild 13b ist ein Strompfad eingetragen und damit j_3 bezeichnet.

Durch Wirbelströme in massiven Leitern bedingte elektromagnetische Vorgänge lassen sich durch transformatorisch gekoppelte Kettenleiter (Bild 13c) gut nachbilden. Für die folgenden grundsätzlichen Überlegungen wird der Kettenleiter nach dem ersten Glied abgebrochen und in den vereinfachten Ersatzschaltplan des Bilds 13d überführt. Die in den folgenden Bildern 14 und 15 dargestellten Rechenergebnisse stimmen mit an Gleichstrommaschinen gemessenen zeitlichen Verläufen im Grundsatz gut überein. Solange das magnetische Joch nicht in die Sättigung gerät, entspricht unter den getroffenen Voraussetzungen der Verlauf des Flusses Φ dem des Spulenmagnetisierungsstroms I_2.

Für die Schaltung nach Bild 13d läßt sich die Differentialgleichung

$$u = R_\mathrm{B} i_2 + \left(\frac{R_\mathrm{B}}{R_\mathrm{D}'} + 1 \right) L_\mathrm{B} \frac{\mathrm{d}i_2}{\mathrm{d}t} \tag{20}$$

mit $i_1 = i_2 + i_3'$ und

$$i_3' = \frac{L_\mathrm{B}}{R_\mathrm{D}'} \cdot \frac{\mathrm{d}i_2}{\mathrm{d}t}$$

angegeben. In Bild 14 sind Lösungen für eine sprunghafte Änderung der Erregerspannung U dargestellt und zwar in 14a für einen gedämpften ($R_\mathrm{D}' = \frac{1}{2} R_\mathrm{B}$) und in 14b für einen entdämpften magnetischen Kreis ($R_\mathrm{D}' \to \infty$). Während in 14b die zeitlichen Verläufe von Erregerstrom I_1 und magnetischem Fluß Φ einander stets proportional sind, tritt dies in 14a erst nach Abklingen des Ausgleichsvorgangs ein. Hinzuweisen ist ferner auf die Dauer des Flußanstiegs; diese ist beim entdämpften magnetischen Kreis durch die Zeitkonstante $\tau_2 = L_\mathrm{B}/R_\mathrm{B}$ bestimmt und wird bei dem gedämpften umso größer, je kleiner der Dämpfungswiderstand R_D' wird:

$$\tau_1 = \frac{L_\mathrm{B}}{R_\mathrm{B}} \left(1 + \frac{R_\mathrm{B}}{R_\mathrm{D}'} \right) = \tau_2 \left(1 + \frac{R_\mathrm{B}}{R_\mathrm{D}'} \right). \tag{21}$$

Die vorstehenden Überlegungen, die die Reaktion der Schaltung nach Bild 13a auf einen Spannungssprung wiedergeben, lassen sich gut auf die magnetischen Vorgänge

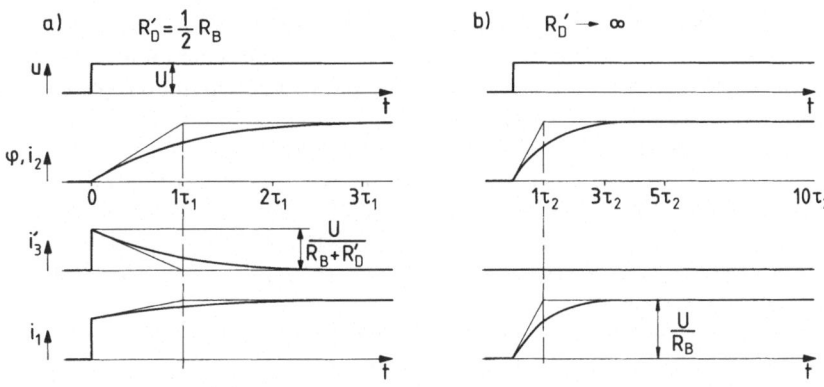

Bild 14. Zeitlicher Verlauf des Erregerstroms I_1 und des magnetischen Flusses Φ in einem gedämpften $\left(R'_D = \frac{1}{2}R_B\right)$ und einem entdämpften $(R'_D \to \infty)$ magnetischen Joch (Bild 13) nach einem Spannungssprung.

$$\tau_1 = \frac{L_B}{R_B}\left(1 + \frac{R_B}{R'_D}\right) = 3\tau_2; \qquad \tau_2 = \frac{L_B}{R_B}$$

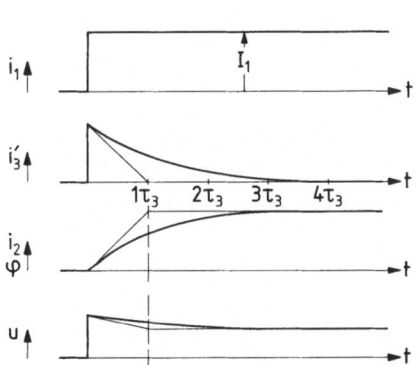

Bild 15. Zeitlicher Verlauf des magnetischen Flusses Φ und der Klemmenspannung U in einem gedämpften Polsystem bei einem Sprung des Erregerstroms I_1.

$$\tau_3 = L_B/R'_D = 2\tau_2; \qquad R'_D = \frac{1}{2}R_B$$

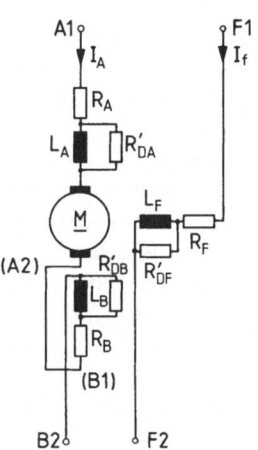

Bild 16. Vereinfachter Ersatzschaltplan einer Gleichstrom-Kommutatormaschine mit Berücksichtigung von Dämpfungswiderständen

in elektrisch erregten Hauptpolen übertragen. In den Wendepolen dagegen wird der sich relativ schnell ändernde Ankerstrom eingeprägt und es kann hier näherungsweise mit einem Sprung im Erregerstrom I_1 gerechnet werden. Bild 15 zeigt die Übergangsvorgänge für eine gedämpfte Maschine. Hier eilt der Fluß φ dem Spulenstrom i_1 um die Zeitkonstante $\tau_3 = L_B/R'_D$ nach. Bei der entdämpften Maschine dagegen sind die Verläufe von Erregerstrom I_1 und magnetischem Fluß Φ auch bei einem Stromsprung proportional.

In Bild 16 sind die Induktivitäten L_A, L_B und L_F von Ankerwicklung, Wendepolwicklung und Hauptpolerregerwicklung mit dem jeweiligen ohmschen Widerstand in Reihe und dem zugehörigen Dämpfungswiderstand parallel geschaltet dargestellt. Der Dämpfungswiderstand der Ankerwicklung ist bei allen heute in Betrieb befindlichen Gleichstrommaschinen hoch; da ein niederer Dämpfungswiderstand R'_{DA} hohe Wirbelstromverluste im Läufereisen verursachen würde, wird der Rotor von Gleichstrommaschinen seit über 100 Jahren geblecht ausgeführt. Bezüglich der Wende- und der Hauptpole sind heute noch beide Varianten, gedämpfte und ungedämpfte Ausführungen, im Einsatz. Die Entwicklung geht zu Maschinen, bei denen alle magnetischen Kreise entdämpft sind.

Wird der zeitliche Verlauf der magnetischen Flußdichte B_w auf der dem Läufer zugewandten Seite des Wendepols mit einer Sonde (4 in Bild 9) gemessen, so folgt dieser bei einem weitgehend entdämpften Wendepolkreis dem Verlauf des Ankerstroms I_A mit einer kleinen Verzögerung, die der Restdämpfung entspricht (Bild 17, Kurve 1). Bei einem stark gedämpften Wendepolkreis, wie er früheren Maschinenkonstruktionen entspricht, läuft die gemessene magnetische Flußdichte zunächst in die verkehrte Richtung (Kurve 2), um sich dann mit erheblicher Zeitverzögerung der Kurve 1 anzunähern. Der anfängliche Verlauf der Kurve 2 für Zeiten $0 < t < 20$ ms erklärt sich wie folgt: Nach einer schnellen Änderung des Ankerstroms I_A steht am Wendepolluftspalt wegen des entdämpften Ankerkreises und des gedämpften Wendepolkreises zunächst eine magnetische Spannung in verkehrter Richtung an, die einen magnetischen Streufluß durch den Kopfbereich des Wendepols treibt. Diese zunächst in die falsche Richtung wirkende Reaktion des Flusses im Wendepolluftspalt verschlechtert die Kommutierung statt sie zu verbessern. Da der Nutzfluß des Wendepolkreises sich durch die Dämpfung erst verzögert aufbaut (siehe auch Bild 15), folgt auf eine schnelle Änderung des Ankerstroms I_A ein Zeitbereich — im Bild 17 etwa 80 ms lang —, in dem der Wendepolfluß nicht den für eine gute Kommutierung erforderlichen Wert hat. Nicht entdämpfte Gleichstrom-Kommutatormaschinen reagieren demzufolge auf schnelle Änderung des Ankerstroms mit Bürstenfeuer.

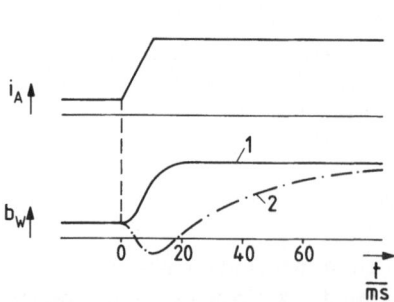

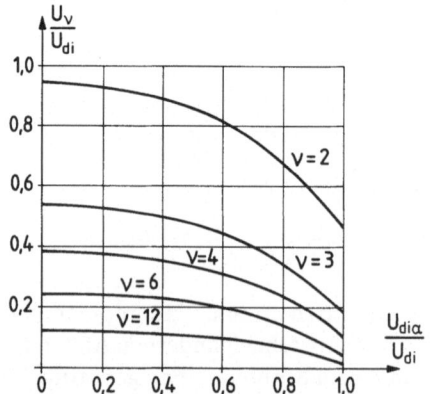

Bild 17. Zeitlicher Verlauf der magnetischen Flußdichte B_W an der dem Läufer zugewandten Oberfläche des Wendepolzahns bei schneller Änderung des Ankerstroms I_A. 1 bei entdämpftem Wendefeldkreis, 2 bei gedämpftem Wendefeldkreis

Bild 18. Bezogene Effektivwerte der Wechselspannungen der v-fachen Netzfrequenz in Abhängigkeit von der Aussteuerung

Wie Bild 12 zeigt, ist in der am Ausgang des Stromrichters anstehenden ungeglätteten Gleichspannung neben einem Gleichanteil auch ein Wechselanteil enthalten. Dem Gleichspannungsmittelwert $U_{di\alpha}$, der sich beim Steuerwinkel α einstellt, sind Wechselspannungen U_v mit den Ordnungszahlen $v = np$ überlagert ($n = 1,2,3,...$), d.h. letztere sind, wenn zunächst einmal ein konstanter Steuerwinkel α vorausgesetzt wird, von der Pulszahl p des Stromrichters abhängig [19–22]. Die Pulszahl p eines netzgeführten Stromrichters gibt die Anzahl der nicht gleichzeitigen Übergänge des Gleichstroms von einem Ventil auf das Folgeventil während einer Periode der Netzspannung an. Je kleiner die Pulszahl, desto größer ist der Wechselanteil der Gleichspannung, der sich durch die Welligkeit

$$w_u = U_w / U_{di} \qquad (22)$$

beschreiben läßt;

$$U_w = \sqrt{\sum_{v=p}^{\infty} U_v^2} \qquad (23)$$

ist der Effektivwert der überlagerten Wechselspannung und U_{di} die ideelle Leerlaufspannung des Stromrichters. In Bild 18 ist die Abhängigkeit der Wechselanteile von der Aussteuerung $U_{di\alpha}/U_{di} = \cos\alpha$ für einige Ordnungszahlen v dargestellt.

Wechselanteile in der Ankerspannung haben auch Wechselanteile im Ankerstrom zur Folge. Wechselanteile im Ankerstrom tragen jedoch zum mittleren Drehmoment M_M der Gleichstrommaschine nichts bei, sie rufen nur dem mittleren Moment überlagerte Pendelmomente hervor. Auch bezüglich der Leiterverluste im Ankerkreis, die sich gegenüber einer Speisung mit gut geglätteten Gleichstrom um das Verhältnis Effektivwert zu Mittelwert erhöhen, und der damit verbundenen Maschinenerwärmung wirken sie sich ungünstig aus.

Darüber hinaus beeinflussen bei Maschinen mit gedämpftem Wendepolkreis Wechselanteile im Ankerstrom I_A nachteilig die Kommutierung. In der Wirkung weitaus am stärksten ist immer der Wechselanteil mit der niedersten Ordnungszahl, da zum einen seine Spannung am größten ist und zum anderen der Wechselstromwiderstand der Induktivitäten des Ankerkreises linear mit der Ordnungszahl ansteigt.

Im Bild 19 wird der zeitliche Verlauf i_A aus dem Gleichstrommittelwert I_A und einem Wechselanteil der doppelten Netzfrequenz ($v = 2$) zusammengesetzt dargestellt. Aus der Kurve 2 des Bildes 17 läßt sich eine Dämpfungszeitkonstante von etwa 40 ms entnehmen. Werden nun die Vorgänge im Wendepolkreis auf das einfache Modell des Bildes 13d zurückgeführt, so ergibt sich der zeitliche Verlauf des Wendepolflusses Φ_W nach Bild 19. Wie sich deutlich zeigt, ist die auf den Flußmittel-

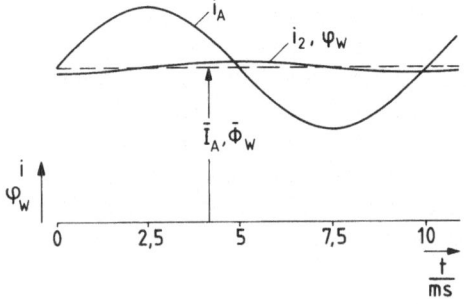

Bild 19. Zeitlicher Verlauf des Ankerstroms I_A und der magnetischen Flußdichte B_W an der dem Läufer zugewandten Oberfläche des Wendepols bei gedämpftem Wendefeldkreis. Dem Ankerstrommittelwert $\bar{I}_A$ ist ein Wechselanteil der Ordnungszahl $v = 2$ (100 Hz bei Speisung aus dem 50 Hz-Netz) überlagert

wert $\bar{\Phi}_W$ bezogene Schwingungsamplitude erheblich kleiner als die auf den Gleich-strommittelwert $\bar{I}_A$ bezogene des Ankerstroms; außerdem ist die überlagerte Schwin-gung des Wendepolflusses gegenüber der des Ankerstroms um fast eine Viertelschwin-gung in der Phase versetzt. Nur wenn der Ankerstrom $i_A = f(t)$ angenähert gleich dem zum Wendepolfluß $\varphi_w = f(t)$ proportionalen Strom i_2 ist (siehe auch Bild 13), hat der Wendepolfluß den für eine einwandfreie Kommutierung erforderlichen Wert. Aus Vorstehendem folgt, daß bei einer nicht entdämpften Gleichstrom-Kommutatorma-schine die Kommutierung durch Wechselanteile im Ankerstrom verschlechtert wird.

2.3 Leistungsbereich und Ausführung der Stromrichter

Als elektronische Leistungsstellglieder für Gleichstrom-Kommutatormaschinen kom-men hauptsächlich selbstgeführte Stromrichter in Form von elektronischen Gleich-stromstellern und netzgeführte Stromrichter in Form von Brückenschaltungen in Frage. In Ausnahmefällen, wenn auf einen guten Leistungsfaktor im Wechsel- oder Drehstromnetz sehr großen Wert gelegt wird, läßt sich auch an den Einsatz eines selbstgeführten und netzgetakteten Stromrichters in Brückenschaltung denken [23].

2.3.1 Elektronische Gleichstromsteller

Elektronische Gleichstromsteller werden immer dann eingesetzt, wenn nur ein Gleichstromnetz für die Speisung des Antriebs zur Verfügung steht, als Beispiele seien die Gleichstrombordnetze von Kraftfahrzeugen und der Gleichstromfahrdraht zur Speisung von Nahverkehrsfahrzeugen genannt. Sie finden aber auch Verwendung, wenn hohe Anforderungen an die Regeldynamik des Antriebs gestellt werden, ein Beispiel hierfür sind Vorschubantriebe für Werkzeugmaschinen. Ist Betrieb nur in einem Quadranten der Drehmoment-Drehzahlebene gefordert, so reicht ein Einqua-drantsteller aus. Für den Betrieb in mehreren Quadranten müssen entweder mechani-sche Umschaltmöglichkeiten vorgesehen oder es muß ein Vierquadrantensteller eingesetzt werden [24].

Beim heutigen Stand der Bauelementeentwicklung werden Gleichstromsteller bis zu einigen zig kW als Transistorsteller ausgeführt. Für darüber liegende Leistungen kommen zunehmend abschaltbare Thyristoren zum Einsatz. Ob diese die z.Z. noch dominierenden schnellen Thyristoren, die zum Abschalten einen Hilfskreis benötigen, in absehbarer Zeit völlig verdrängen werden, läßt sich heute noch nicht voraussehen.

2.3.2 Netzgeführte Stromrichter

Netzgeführte Stromrichter werden bis zu einer Leistung von etwa 5 kW vorzugsweise als Einphasenbrückenschaltung ausgeführt; zur Speisung von Einquadrantantrieben wird die halbgesteuerte und für Mehrquadrantenantriebe mit elektronischer Anker-kreisumschaltung die vollgesteuerte Einphasenbrückenschaltung in kreisstromfreier Gegenparallelschaltung eingesetzt. Im Leistungsbereich von etwa 5 kW bis etwa 10 kW gibt es ein Überlappungsgebiet mit der Drehstrombrückenschaltung, die praktisch immer vollgesteuert ausgeführt wird. Von etwa 10 kW an aufwärts dominieren im allgemeinen die Drehstrombrückenschaltungen. Eine Ausnahme bilden

Anwendungen bei elektrischen Wechselstrombahnen, da dort die Spannung nur einphasig zur Verfügung steht. Die vollgesteuerte Drehstrombrückenschaltung ermöglicht Spannungsumkehr und damit den Zweiquadrantenantrieb. Für einen Vierquadrantenantrieb ist ein Stromrichter in kreisstromfreier Gegenparallelschaltung von zwei Drehstrombrückenschaltungen oder — bei besonders hohen Anforderungen an die Dynamik des Antriebs — in kreisstrombehafteter Kreuzschaltung zu wählen [25].

Als elektrische Ventile werden bei den netzgeführten steuerbaren Stromrichtern heute ausschließlich Thyristoren vorgesehen, die in ausgereiften Typenreihen mit Dauergrenzströmen $I_{\text{TAV}(I)}$ im Bereich von etwa 500 mA bis zu 2 kA und für höchste periodisch zulässige Spitzensperrspannungen (U_{DRM}, U_{RRM}) von etwa 100 V bis zu 5 kV zur Verfügung stehen. Der Leistungsbereich der Thyristoren umfaßt damit mehr als sechs Zehnerpotenzen.

2.4 Projektierung des Leistungsteils eines Einquadrantantriebs

Ein großer Teil der drehzahlgeregelten stromrichtergespeisten Gleichstrommaschinen wird in Form von Einquadrantantrieben ausgeführt, d. h. diese Antriebe brauchen nur in einer Drehrichtung zu laufen und dabei auch nur in einer Richtung Moment abzugeben. In der Regel liefert der Antrieb Leistung an die Arbeitsmaschine, die Gleichstrommaschine arbeitet dabei motorisch und das Drehmoment und die Drehzahl haben das gleiche Vorzeichen. Die möglichen Arbeitspunkte des Antriebs liegen dann im Quadranten I der Drehmoment-Drehzahlebene des Bildes 20. Handelt es sich bei dem Stromrichter um eine vollsteuerbare Schaltung, kann also die Ausgangsspannung des Stromrichters das Vorzeichen ändern, so kann der Antrieb auch im Quadranten II betrieben werden, d. h. bei gleicher Richtung des Drehmoments kann sich die Drehrichtung ändern; derartige Anforderungen treten praktisch nur bei Hubwerken von Kranen mit ständig einhängender Last auf.

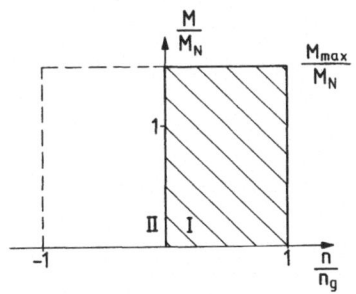

Bild 20. Arbeitsbereich des Einquadrantantriebs in der Drehmoment-Drehzahlebene (Grunddrehzahlbereich)

Den grundsätzlichen Schaltplan eines Einquadrantantriebs zeigt Bild 21; Auswahl bzw. Dimensionierung der einzelnen Antriebskomponenten wird im folgenden beschrieben.

2.4.1 Anforderungen durch die Arbeitsmaschine

Vor Beginn der Projektierungsarbeit müssen die in Tabelle 2 aufgelisteten Angaben über die Arbeitsmaschine (A in Bild 21) bekannt sein. Nennmoment, Nenndrehzahl

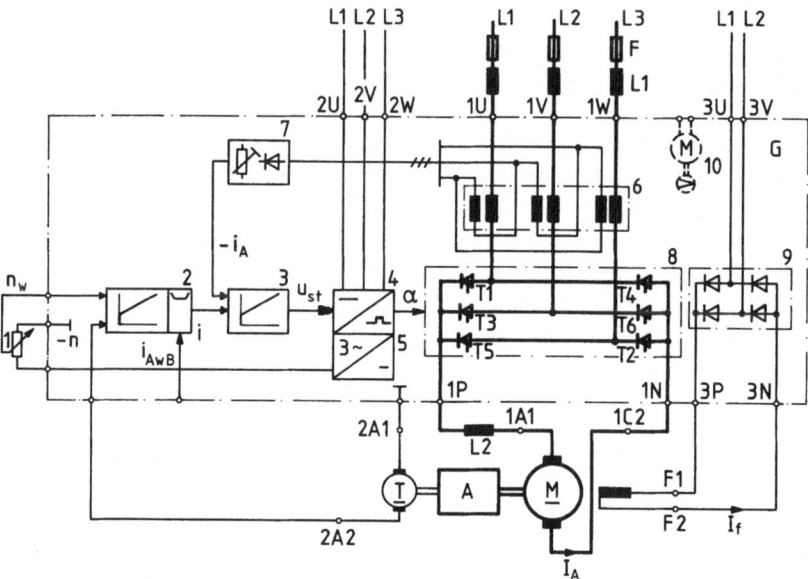

Bild 21. Drehzahlgeregelte stromrichtergespeiste Gleichstrom-Kommutatormaschine für Einquadrantbetrieb – grundsätzlicher Schaltplan. A Arbeitsmaschine, G Stromrichtergerät einschließlich Steuerung und Regelung, M Gleichstrom-Kommutatormaschine, T Tachogenerator, F Sicherungen, L1 Kommutierungsdrosselspulen, L2 Glättungsdrosselspule, 1 Potentiometer, 2 Drehzahlregler, 3 Stromregler, 4 Steuersatz, 5 Stromversorgung, 6 Stromwandler, 7 Meßwertwandler, 8 Ankerstromrichter, 9 Erregergleichrichter, 10 Fremdlüfter

Tabelle 2. Erforderliche Angaben über die Arbeitsmaschine

Art der Arbeitsmaschine	
Nennmoment	M_N
Nenndrehzahl	n_N
Nennleistung	P_{mechN}
Gegenmoment als Funktion der Drehzahl	$M_G = f(n)$
Anfahrmoment, Losbrechmoment	M_A
Drehzahlregelbereich	$n_{min} \ldots n_{max}$
Drehzahlgenauigkeit	$\pm \Delta n/n_N$
Trägheitsmoment	J
Hochlaufzeit	T_H
Betriebsart (siehe Band 1 Abschnitt 2.3.6)	
relative Einschaltdauer	t_r
relative Belastungsdauer	t_b
Spieldauer	t_s
Drehzahl als Funktion der Zeit	$n = f(t)$

und Nennleistung stehen in dem durch die Gln. (1) und (2) beschriebenen formelmäßigen Zusammenhang. Die Funktion $M_G = f(n)$ und das Trägheitsmoment J werden unter Berücksichtigung der gewünschten Hochlaufzeit T_H für die Ermittlung des während des Beschleunigungsvorgangs erforderlichen Drehmoments M_M der Gleichstrommaschine M benötigt. Die Angaben über Drehzahlregelbereich und Drehzahlgenauigkeit sind für die Auswahl der Drehzahlerfassungsgeräte und der Regelverstärker erforderlich.

2.4.2 Netz- und Umgebungsbedingungen

Hier ist zunächst Auskunft über die Nenngrößen der am Einsatzort zur Verfügung stehenden elektrischen Spannung verlangt (siehe Tabelle 3). Wichtig sind dabei auch Angaben über zu erwartende Netzspannungsschwankungen. Insbesondere die tiefste Spannung, bei der der Antrieb noch bei Nenndrehzahl sein maximales Drehmoment abgeben muß, geht stark in die Dimensionierung des Leistungsteils ein; je größer die erforderliche Spannungsreserve ist, desto schlechter wird der Leistungsfaktor bei Nennspannung (siehe auch Abschnitt 2.8). Angaben über den Aufstellungsort und die Beschaffenheit der Kühlluft sind zur Wahl der Schutzart wichtig (siehe auch Band 1, Seiten 17 bis 21). Bei Antrieben größerer Leistung (etwa ab 100 kW bei 1500 min^{-1}) kann auch Wasserkühlung eingesetzt werden.

Mit dem wachsenden Umweltbewußtsein spielt die Frage der Geräuschemission elektrischer Antriebe eine zunehmende Rolle. Wenn vom Betreiber des Antriebs besondere, über die in DIN VDE 0530 Teil 9/12.84 festgelegten Grenzwerte bzw. über die Listenangaben der Hersteller hinausgehende Forderungen gestellt werden, so ist das hier zu vermerken.

Tabelle 3. Erforderliche Angaben über Netz- und Umgebungsbedingungen

Nennspannung	U_N
Nennfrequenz	f_N
Anzahl der Netzphasen	m
Netzspannungsschwankungen	$\pm \Delta U$
Frequenzschwankungen	$\pm \Delta f$
Aufstellungsort	
Art des Kühlmittels	
maximale Kühlmitteltemperatur	$\vartheta_{K\,max}$
Beschaffenheit des Kühlmittels	
Art der Kühlmittelverunreinigung	
Aufstellungshöhe	h
Schalldruckpegel am Aufstellungsort	L_{pA}
zulässiger Schalleistungspegel des Antriebs	L_{WA}

2.4.3 Auswahl der Gleichstrom-Kommutatormaschine

Im Baugrößenbereich bis zu etwa 500 kW bei 1500 min^{-1} kann die Auswahl aus den Listen der Hersteller erfolgen, bei größeren Leistungen muß ein Angebot eingeholt werden. Im folgenden soll die Auswahl nach Liste erörtert werden. Vorgegangen werden kann dabei nach Tabelle 4.

Zunächst sind aufgrund der Umgebungsbedingungen Schutzart und Kühlungsart zu wählen, womit unter Berücksichtigung der bei Nenndrehzahl erforderlichen Leistung oder des Drehmoments die zu wählende Typenreihe festliegt. Die richtige Baugröße innerhalb der Typenreihe kann aus in den Katalogen enthaltenden

Tabelle 4. Zur Auswahl der Gleichstrom-Kommutatormaschine

		Listendaten		An die Arbeitsmaschine angepaßte Daten
Schutzart	IP			
Kühlungsart				
mechanische Leistung	P_{mech}	P_{mechLN}		P_{mechN}
Drehmoment	M_M	M_{LN}		M_N
Ankerspannung	U_A	U_{ALN}		U_{AN}
Ankerstrom	I_A	I_{ALN}		I_{AN}
maximaler Ankerstrom	$I_{A\,max}$	$I_{AL\,max}$		$I_{A\,max}$
Ankerkreiswiderstand	R_A	R_{AL}		
Drehzahl	n	n_{LN}		n_{AN}
Erregerstrom	I_f	I_{fN}		
Erregerleistung	P_f	P_{fN}		
Trägheitsmoment	J			
Kompensationswicklung		ja/nein		

Tabelle 5. Nennspannungen für stromrichtergespeiste Gleichstrom-Kommutatormaschinen nach DIN 40030/10.77

Ankernenn-Spannung U_{AN}	Stromrichter-schaltung	Netznenn-spannung U_{nN}	Betriebsart
$\overline{V}$		$\overline{V}$	
150	vgst. EB	1~220	2 Q oder 4 Q
170	hgst. EB	1~220	1 Q
260	vgst. EB	1~380	2 Q oder 4 Q
300	hgst. EB	1~380	1 Q
400	vgst. DB	3~380	2 Q oder 4 Q
460	vgst. DB	3~380	1 Q
520	vgst. DB	3~500	2 Q oder 4 Q
600	vgst. DB	3~500	1 Q
700	vgst. DB	3~660	2 Q oder 4 Q
800	vgst. DB	3~660	1 Q

vgst.: vollgesteuert; hgst.: halbgesteuert; EB: Einphasenbrückenschaltung; DB: Drehstrombrückenschaltung; 1 Q: motorischer Einquadrantbetrieb; 2 Q: motorischer und generatorischer Zweiquadrantenbetrieb; 4 Q: motorischer und generatorischer Vierquadrantenbetrieb

Darstellungen $P_{mech} = f(n)$ entnommen werden. Hierbei ist vom Nennbetriebspunkt der Antriebsmaschine nach oben bis zur nächsten Kurve zu gehen, die der zu wählenden Baugröße entspricht.

Maschinen einer Baugröße werden listenmäßig mit mehreren unterschiedlichen Ankerkreisen ausgeführt, so daß sich für eine bestimmte Ankernennspannung eine Reihe von Nenndrehzahlen ergibt, von denen die über der Nenndrehzahl der Arbeitsmaschine liegende den auszuwählenden Ankerkreis bezeichnet. Die einzelnen Ankerkreise unterscheiden sich durch die Windungszahlen der Ankerspulen; je kleiner die Nenndrehzahl bei fester Nennspannung ist, desto höher ist die Windungszahl und desto kleiner ist der Drahtquerschnitt bei gleichem Nutenraum und damit auch der Nennstrom.

Als Nennspannungen werden in den Listen im allgemeinen die Spannungen nach Tabelle 5 angegeben, die DIN 40 030/10.77 „Nennspannungen für Gleichstrommotoren, direkt gespeist über steuerbare Stromrichter aus dem Netz" entnommen sind. Entsprechend der Nennspannung des zu Verfügung stehenden Netzes und der geforderten Betriebsart ergibt sich die zutreffende Nennspannung der Maschine. Auf den Unterschied der Nennspannung zwischen dem Einquadrantantrieb und dem Mehrquadrantenantrieb wird in Abschnitt 2.6.5 noch eingegangen werden.

Die der Liste für die ausgesuchte Baugröße und die entsprechende Ankerspannung zu entnehmenden Maschinendaten werden in die Tabelle 4 eingetragen. Weil in den meisten Fällen die Nenndrehzahl nach Listenangabe n_{LN} mit der Nenndrehzahl der Arbeitsmaschine n_{AN} nicht übereinstimmen wird, sind die Listenwerte auf n_{AN} umzurechnen. Da voraussetzungsgemäß n_{LN} größer als n_{AN} gewählt wurde, ist bei Vernachlässigung des Spannungsfalls im Ankerkreis (siehe auch Gln. (3) und (4)) bei der kleineren Drehzahl nur eine im Vehältnis n_{AN}/n_{LN} kleinere Nennspannung U_{AN} erforderlich:

$$U_{AN} = \frac{n_{AN}}{n_{LN}} U_{ALN}.$$

Da P_{mechLN} größer gewählt wurde als P_{mechN}, wird auch das listenmäßige Nennmoment M_{LN} größer sein als das von der Arbeitsmaschine benötigte Nennmoment M_N. Demzufolge ist der listenmäßige Nennstrom I_{LN} über das Drehmomentsverhältnis M_N/M_{LN} auf den betriebsmäßig zu erwartenden Nennstrom I_{AN} umzurechnen:

$$I_{AN} = \frac{M_N}{M_{LN}} I_{ALN} = \frac{P_{mechN}}{P_{mechLN}} \frac{n_{LN}}{n_{AN}} I_{ALN}.$$

Zu beachten ist, daß die vorstehende Gleichung bei nichtkompensierten Maschinen nur näherungsweise gilt, da wegen der Ankerrückwirkung ein nicht ganz linearer Zusammenhang zwischen Ankerstrom I_A und Maschinendrehmoment M_M besteht.

Wegen der erforderlichen Beschleunigungs- und Ausregelvorgänge wird der maximale Ankerstrom $I_{A\,max}$ meist größer sein als der listenmäßige Ankerstrom I_{ALN}, der den mit Rücksicht auf die Ankerwicklungsverluste dauernd zulässigen Gleichstrommittelwert der Maschine vorgibt. $I_{A\,max}$, auf das auch die Strombegrenzung der Ankerstromregelung eingestellt wird, darf andererseits nicht größer sein als der für die jeweilige Maschine listenmäßig zulässige Maximalwert des Ankerstroms $I_{AL\,max}$.

Nach VDE 0530 Teil 1 müssen elektrische Maschinen mindestens für 15 s mit wenigstens dem 1,6fachen Nenndrehmoment belastet werden können. Bei nicht kompensierten Maschinen ist dabei etwa mit dem 1,8fachen, bei kompensierten mit dem 1,6fachen Nennstrom zu rechnen.

Als Erregernennspannungen sind 100 V, 180 V, 220 V und 310 V üblich; vorzugsweise werden 180 V bzw. 310 V gewählt, die nach DIN 40 030/10.77 genormt sind. Diese Werte gelten bei Anschluß eines ungesteuerten Gleichrichters in Einphasenbrückenschaltung an das 220 V- bzw. das 380 V-Netz. Die erforderliche Erregerleistung kann den Listen entnommen werden; sie beträgt bei einer Bezugsdrehzahl von 1500 min^{-1} zwischen etwa 1 und 10 % der Nennleistung P_{mechLN}, wobei der kleine Wert für große Maschinen und der große Wert für kleine Maschinen gilt.

Bei Maschinenleistungen, die über den Bereich der listenmäßigen Maschinen hinausgehen, müssen Angebote eingeholt werden.

2.4.4 Dimensionierung der Glättungsdrosselspule (falls erforderlich)

Wie im Abschnitt 2.2 dargelegt, beeinträchtigt eine hohe Stromwelligkeit das Betriebsverhalten, da sie

— bei nicht entdämpften Maschinen die Kommutierung verschlechtert und
— bei allen Maschinen die ohmschen Verluste im Ankerstromkreis gegenüber einer Speisung mit wechselanteilfreiem Gleichstrom erhöht.

Die größten Wechselanteile in der Gleichspannung treten bei 2-pulsigen Schaltungen, also bei Einphasenbrückenschaltungen auf. Wirtschaftlichkeitsbetrachtungen zeigen, daß es insgesamt kostengünstiger ist, bei über 2-pulsige Stromrichter gespeisten Gleichstrommaschinen eine zusätzliche Glättungsdrosselspule im Ankerstromkreis vorzusehen, als die Nennleistung der Maschine bei dieser Speisungsart stark zu reduzieren.

Im Abschnitt 2.1.1.5 wurde darauf hingewiesen, daß bei kompensierten Maschinen die Ankerkreisinduktivität erheblich kleiner wird. Was regelungstechnisch durchaus ein Vorteil ist, wirkt sich bezüglich des Wechselanteils als Nachteil aus. Daher wird bei kompensierten Maschinen, die über Stromrichter in Drehstrombrückenschaltung gespeist werden, in den Listen teilweise auch eine Vorschaltinduktivität verlangt.

Die Glättungsdrosselspule ist für die erforderliche Vorschaltinduktivität, die den Maschinenlisten entnommen werden kann, und den Ankernennstrom I_{AN} zu dimensionieren.

2.4.5 Auswahl des Stromrichters

Stromrichtergeräte mit baulich integriertem Steuer- und Regelteil werden bis zu einer Leistung von etwa 1 MW listenmäßig angeboten; Stromrichteranlagen für größere Leistungen, die aus entsprechenden Bausteinen und Baugruppen zusammengestellt werden, müssen bei den Herstellern angefragt werden.

Da die Stromrichterventile, also die Thyristoren, Dioden und Transistoren, verglichen mit den elektrischen Maschinen erheblich kleinere thermische Zeitkonstanten haben und die zulässige Sperrschichttemperatur auch kurzzeitig nicht überschritten werden darf, wird im allgemeinen der maximale Ankerstrom, auf den die

Strombegrenzung eingestellt wird, gleich dem Nenngleichstrom I_{dN} des Stromrichters gesetzt:

$$I_{dN} = I_{A\ max}.$$

Die Nenngleichspannung U_{dN} der Stromrichtergeräte entspricht der listenmäßigen Ankerspannung U_{ALN}:

$$U_{dN} = U_{ALN}.$$

Die Nennleistung des Stromrichters ergibt sich zu

$$P_{dN} = U_{dN} I_{dN}.$$

Aus dem Stromrichterkatalog ist der Stromrichter auszuwählen, dessen Nennstrom I_{dLN} bei der richtigen Nenngleichspannung U_{dN} den maximalen Ankerstrom $I_{A\ max}$ als erster erreicht oder überschreitet:

$$I_{dLN} \gtrless I_{A\ max}.$$

Mit Rücksicht auf die Netzrückwirkungen des Antriebs sind nach DIN VDE 0160/11.81 zwischen Stromrichtergerät und Netz Kommutierungsdrosseln zu schalten, die am Eingang des Stromrichtergeräts gegenüber dem Netz eine induktive Kurzschlußspannung u_X von wenigstens 4 % sicherstellen. Thermisch sind die Kommutierungsdrosseln für einen Leiterstrom I_{KLN} auszulegen, der dem auf die Wechsel- oder Drehstromseite umgerechneten Ankernennstrom I_{AN} entspricht. Vorschläge für die Auswahl der Kommutierungsdrosseln sind in den Listen für Stromrichtergeräte enthalten.

Stromrichtergeräte sind immer auf der Wechsel- bzw. der Drehstromseite, bei Mehrquadrantenbetrieb auch auf der Gleichstromseite abzusichern. Zum Schutz der Halbleiter sind superflinke Sicherungen erforderlich, deren $(i^2 t)$-Wert kleiner ist als das Grenzlastintegral $\int i^2 dt$ der zu schützenden Halbleiter [26,27]. Auch für die Auswahl der Sicherungen sind Vorschläge in den Listen für Stromrichtergeräte enthalten.

Im Stromrichtergerät nach Bild 21 ist der Erregergleichrichter (9) integriert. Seine Dioden sind meist so ausgewählt, daß ein direkter Anschluß an das 380 V-Netz möglich ist.

Neben dem Netzanschluß des Thyristorstromrichters (1U,1V,1W in Bild 21) sind auch die weiteren Netzanschlüsse des Stromrichtergeräts entsprechend abzusichern; es handelt sich dabei um die Stromversorgung (5 in Bild 21) der Steuer- und Regelkreise und den Synchronisier-Spannungsanschluß für den Steuersatz 4 über die Klemmen 2U,2V,2W sowie um den Anschluß für den Erregergleichrichter 9 über die Klemmen 3U und 3V; bei größeren Leistungen, die Grenze liegt bei etwa 50 kW, kommt noch der Anschluß des in das Gerät integrierten Fremdlüfters 10 dazu.

2.4.6 Ermittlung der erforderlichen ideellen Leerlaufgleichspannung des Stromrichters

Ausgehend von der Ankernennspannung U_{AN} der ausgewählten Gleichstrom-Kommutatormaschine ist zu überprüfen, ob die Spannungsdifferenz zwischen der ideellen Leerlaufgleichspannung U_{di} des Stromrichters und der Klemmenspannung U_{AN} der

Maschine in der Lage ist, alle bei Betrieb mit maximalem Ankerstrom $I_{A\,max}$ auftretenden Spannungsfälle zu decken. Im einzelnen handelt es sich dabei um

- die induktiven und ohmschen Spannungsfälle im Versorgungsnetz D_{xL}, D_{rL}
- die induktiven und ohmschen Spannungsfälle im
  Stromrichtertransformator D_{xT}, D_{rT}
  oder in den Kommutierungsdrosseln D_{xK}, D_{rK}
- die Durchlaßspannung des Stromrichters D_V
- die transienten Spannungsfälle an den Induktivitäten
  des Ankerstromkreises D_f
- den ohmschen Spannungsfall in den gleichstromseitigen Leistungen
  einschließlich des ohmschen Spannungsfalls
  in der evtl. erforderlichen Glättungsdrosselspule D_{GL}
- den zusätzlichen ohmschen Spannungsfall im Ankerkreis der
  Gleichstrommaschine D_M

2.4.6.1 Induktive Gleichspannungsänderung: D_x

In der induktiven Gleichspannungsänderung D_x werden die in den Wechselstrom- bzw. drehstromseitigen Induktivitäten durch die Kommutierungsvorgänge bedingten Spannungsfälle zusammengefaßt:

$$D_x = D_{xL} + D_{xT} \tag{24a}$$

beziehungsweise

$$D_x = D_{xL} + D_{xK}. \tag{24b}$$

In der Leistungselektronik ist es üblich, die Spannungsänderungen bzw. die Spannungsfälle auf die ideelle Leerlaufgleichspannung des Stromrichters zu beziehen und den bezogenen Wert mit

$$d_x = D_x / U_{di}$$

zu bezeichnen.

Die bezogene, beim maximalen Gleichstrom $I_{d\,max} = I_{A\,max}$ sich einstellende induktive Spannungsänderungen ergibt sich zu

$$d_x = \left(\frac{k_T}{2} u_{xT} + \frac{k_L}{2} \frac{P_{LN}}{Q} \right) \frac{I_{d\,max}}{I_{dN}} \tag{25a}$$

bzw.

$$d_x = \left(\frac{k_K}{2} u_{xK} + \frac{k_L}{2} \frac{P_{LN}}{Q} \right) \frac{I_{d\,max}}{I_{dN}}, \tag{25b}$$

wobei die verwendeten Formelzeichen folgende Bedeutung haben:

k_T	Kommutierungsfaktor des Transformators
k_L	Kommutierungsfaktor des Netzes
k_K	Kommutierungsfaktor der Kommutierungsdrossel
u_{xT}, u_{xK}	induktiver Anteil der Kurzschlußspannung des Transformators bzw. der Kommutierungsdrossel

P_{LN} Nennanschlußleistung des Stromrichters
Q Kurzschlußleistung des Netzes an der Anschlußstelle des Stromrichters
Weiterhin ist $I_{d\,max} = I_{A\,max}$ und $I_{dN} = I_{AN}$ zu setzen.

Tabelle 6. Kommutierungsfaktoren und Stromrichter-Anschluß-
leistungen

Kommutierungs-faktoren	Einphasen-brückenschaltung	Drehstrom-brückenschaltung
k_T, k_K	$\sqrt{2}$	1
k_L	$\sqrt{2}$	1
P_{LN}/P_{diN}	1,11	1,05

Tabelle 6 können die in den Gln. (25a) und (25b) enthaltenen Kommutierungs-faktoren und das Verhältnis P_{LN}/P_{diN} für die Einphasen- und die Drehstrombrücken-schaltung entnommen werden. Das Verhältnis P_{LN}/Q kann als Kurzschlußspannung des Netzes im Anschlußpunkt des Stromrichters aufgefaßt werden.

Die ideelle Gleichstromnennleistung ergibt sich zu

$$P_{diN} = U_{di} I_{dN}. \tag{26}$$

Da U_{di} größer als U_{dN} ist, muß auch P_{diN} größer als P_{dN} sein. Das Verhältnis P_{diN}/P_{dN} kann Werte zwischen 1,1 und 1,4 annehmen, wobei der kleinere Wert für Einquadrant-antriebe ohne große Forderungen an Regeldynamik und der größere Wert für Mehrquadrantenantriebe mit Spannungsreserve gilt.

2.4.6.2 Ohmsche Gleichspannungsänderung: D_r

Der ohmsche Spannungsfall im 50 Hz-Netz ist so klein, daß er im allgemeinen vernachlässigt werden kann. Im Stromrichtertransformator kann er jedoch, insbeson-dere bei kleineren Leistungen, erhebliche Werte annehmen und muß berücksichtigt werden. Bei Kommutierungsdrosseln wiederum kann der ohmsche Spannungsfall gegenüber dem induktiven meist vernachlässigt werden. Mit guter Näherung kann deshalb, wenn ein Stromrichtertransformator benötigt wird, $D_r \approx D_{rT}$ gesetzt werden, sonst kann mit $D_r \approx 0$ gerechnet werden.

Der bezogene ohmsche Spannungsfall im Transformator läßt sich als

$$d_{rT} = \frac{P_{VTN}}{P_{diN}} \frac{I_{d\,max}}{I_{dN}} \tag{27}$$

angegeben, wobei unter P_{VTN} die Leiterverluste des Transformators bei Nennbetrieb zu verstehen sind.

2.4.6.3 Spannungsreserve für transiente Spannungsfälle: D_f

Ein Vorteil des Leistungsstellglieds Stromrichter ist es, daß in Kombination mit einer elektronischen Stromregelung eine schnelle Änderung des Ankerstroms herbeigeführt werden kann. Um im motorischen Betrieb bei Nenndrehzahl eine durch einen Laststoß verursachte Drehzahlabsenkung schnell ausregeln zu können, muß der Ankerstrom schnell auf den für Lastmoment und Beschleunigungsmoment erforderlichen Wert gebracht werden. Dazu ist gegenüber dem stationären Betrieb ein Spannungsüber-schuß D_f erforderlich, der die für die Stromänderung an den Ankerkreisinduktivitäten L_{AK}, also insbesondere der Ankerinduktivität L_A und der Induktivität der Glättungs-drosselspule (L2 in Bild 21) erforderlichen transienten Spannungsfälle decken kann:

$$D_f = L_{AK} (d_{iA}/dt)_{max}. \tag{28}$$

Je nach den Anforderungen an die Regeldynamik wird im allgemeinen

$$0 < d_f = D_f/U_{di} \leqq 0,1$$

gewählt.

2.4.6.4 Spannungsfall im Stromrichter: D_V

Den weitaus dominierenden Anteil des Spannungsfalls im Stromrichter liefert die Durchlaßspannung U_T der Stromrichterventile. Dem maximalen Gleichstrom $I_{d\ max}$ entspricht eine maximale Durchlaßspannung $U_{T\ max}$. Der gesamte Spannungsfall im Stromrichter läßt sich zu

$$D_V = sz U_{T\ max} \tag{29}$$

angeben, wobei s die Anzahl der in Reihe liegenden Ventilzweige ($s = 2$ bei Brückenschaltungen) und z die Anzahl der in Reihe geschalteten Ventile je Zweig ist. Die Durchlaßspannung $U_{T\ max}$ kann den Halbleiterlisten entnommen werden, sie beträgt bei normalen Thyristoren etwa 2 bis 2,5 V.

2.4.6.5 Ohmscher Spannungsfall in den gleichstromseitigen Leitungen (und in der Glättungsdrossel): D_{GL}

Die Entfernung zwischen dem Stromrichter und der Gleichstrom-Kommutatorma-schine kann mitunter erheblich sein, insbesondere wenn — wie z.B. in Walzwerken üblich — die Stromrichter konzentriert in einem sauberen Geräteraum stehen und die elektrischen Maschinen im staubigen Betrieb an den Arbeitsmaschinen untergebracht sind. Der ohmsche Spannungsfall ist dann

$$D_{GL} = (R_L + R_D) I_{d\ max}, \tag{30}$$

wobei der mit R_D bezeichnete Widerstand der Glättungsdrossel aus der Liste entnommen werden kann oder beim Hersteller erfragt werden muß; der Leitungswi-derstand kann nach der Gleichung

$$R_L = \frac{l}{\varkappa_{20} A} \tag{31}$$

berechnet werden. l ist die doppelte Länge der Verbindungsleitung, $\varkappa_{20}$ die Leitfähig-keit des Leitermaterials bei 20 °C und A die Fläche des Leiterquerschnitts.

2.4.6.6 Zusätzlicher ohmscher Spannungsfall im Ankerkreis der Gleichstrom-Kommutatormaschine: D_M

Bei Nennbetrieb der Gleichstrom-Kommutatormaschine teilt sich unter Vernachlässi-gung des Bürstenspannungsfalls die Ankernennspannung gemäß Gl. (3) auf in

$$U_{AN} = U_{iN} + R_A I_{AN}$$

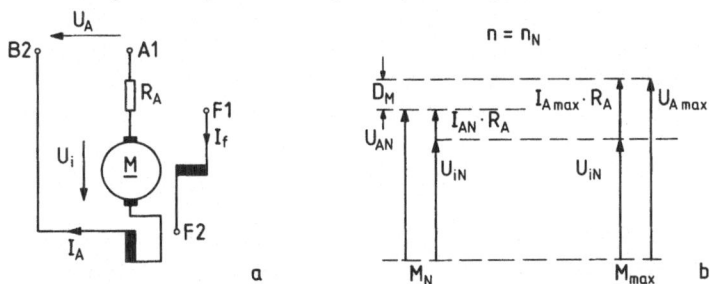

Bild 22. Zur Bestimmung des zusätzlichen Spannungsfalls D_M im Gleichstrommotor. **a** Schaltbild; **b** Darstellung der Spannungsverhältnisse für Nenndrehzahl bei Nennbelastung und bei maximaler Belastung

(Bild 22). Wird nun bei Nenndrehzahl n_N ein Ankerstrom bis zur Größe $I_{A\ max}$ gefordert, so muß die Ankerspannung bis auf

$$U_{A\ max} = U_{iN} + R_A I_{A\ max} \tag{32}$$

erhöht werden können. Daraus ergibt sich

$$D_M = R_A I_{dN}\left(\frac{I_{d\ max}}{I_{dN}} - 1\right). \tag{33}$$

2.4.6.7 Erforderliche ideelle Leerlaufgleichspannung: U_{di}

Die erforderliche ideelle Leerlaufgleichspannung U_{di} ergibt sich als die Summe aus Ankernennspannung und den in den Abschnitten 2.4.6.1 bis 2.4.6.6 behandelten Spannungsfällen. Es läßt sich somit schreiben

$$U_{di} = U_{AN} + d_x U_{di} + d_r U_{di} + d_f U_{di} + D_V + D_{GL} + D_M.$$

Aufgelöst nach U_{di} folgt

$$U_{di} = \frac{U_{AN} + D_V + D_{GL} + D_M}{1 - d_x - d_r - d_f}. \tag{34}$$

Die ideelle Leerlaufspannung U_{di} nach Gl. (34) muß kleiner oder gleich sein der ideellen Leerlaufgleichspannung $U'_{di\ min}$, die sich nach der Beziehung

$$U'_{di\ min} = k_U U_{L\ min} \tag{35}$$

mit $k_U = 1,35$ für die Drehstrombrückenschaltung bzw. $k_U = 0,9$ für die Einphasenbrückenschaltung und

$$U_{L\ min} = U_{LN} - \Delta U \tag{36}$$

ergibt, wobei U_L die Leiterspannung des Versorgungsnetzes ist. Die Netzspannungsschwankung ΔU kann der Tabelle 3 entnommen werden. Sollte sich bei der Durchrechnung herausstellen, daß die Beziehung

$$U'_{di\ min} \geqq U_{di}$$

nicht erfüllt ist, so ist aus der Maschinenliste die Maschine gleicher Baugröße mit der nächst höheren listenmäßigen Nenndrehzahl auszuwählen und der Rechnungsgang ist zu wiederholen. Es kann sich dabei herausstellen, daß das Nennmoment der Gleichstrommaschine dann kleiner ist als das Nennmoment der Arbeitsmaschine und deshalb auf die nächst höhere Baugröße übergegangen werden muß.

2.4.7 Dimensionierung des Stromrichtertransformators (falls erforderlich)

Die meisten netzgeführten Stromrichter zur Speisung von Gleichstrom-Kommutator-maschinen werden über Kommutierungsdrosseln an das Niederspannungsnetz ange-schlossen. Nur bei größeren Leistungen ist es üblich, den Stromrichter über einen eigenen Stromrichtertransformator aus dem Hochspannungsnetz zu speisen. Die Bauleistung des Transformators ist gleich der Nennanschlußleistung P_{LN} (siehe Abschnitt 2.4.6.1 und Tabelle 6).

Auf der Stromrichterseite ergibt sich die Leiterspannung zu

$$U_{LS} = U_{di}/k_U$$

wobei U_{di} nach Gl. (34) einzusetzen und k_U dem Abschnitt 2.4.6.7 zu entnehmen ist. Die netzseitige Leiterspannung liegt mit der Nennspannung des speisenden Netzes fest.

2.5 Regelung eines Einquadrantantriebs

2.5.1 Einführung in die Aufgabenstellung

Eine geregelte stromrichtergespeiste Gleichstrommaschine nach Bild 21 stellt ein Regelsystem dar, das sich im Prinzip auf die Blockdarstellung des Bildes 23 zurückführen läßt. Die Regeleinrichtung des Bildes 23 läßt sich unterteilen in die eigentlichen Regler, nach Bild 21 also in den Drehzahlregler 2 und den Stromregler 3 sowie in das Leistungsstellglied, das wiederum aus dem Leistungsteil des Ankerstrom-richters 8 und dem Steuersatz 4 besteht. Der Regeleinrichtung (Bild 23) wird eine Führungsgröße w vorgegeben. Aufgabe der Regeleinrichtung ist es, mittels einer Stellgröße y so auf die Regelstrecke einzuwirken, daß die Regelgröße x

1. einer Änderung der Führungsgröße so schnell, so genau und so schwingungsarm wie möglich folgt und
2. bei einer Änderung der Störgröße z möglichst wenig von der Führungsgröße w abweicht und die sich ergebende Differenz zwischen Führungsgröße w und Regelgröße x so schnell, so genau und so schwingungsarm wie möglich wieder zu Null gemacht wird.

Werden diese allgemeinen Überlegungen auf die konkrete Schaltung des Bildes 21 angewandt, so ist die Führungsgröße der Drehzahlsollwert n_w und die Stellgröße der

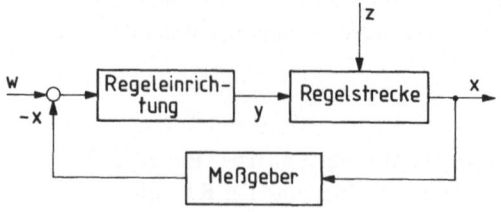

Bild 23. Prinzipdarstellung eines Regelsystems. w Führungsgröße, x Regelgröße, y Stellgröße, z Störgröße

Strom I_A. Dieser bewirkt in der aus Gleichstrommaschine M und Arbeitsmaschine A bestehenden Regelstrecke ein Drehmoment. Der Tachogenerator T dient als Meßgeber, seine Ausgangsspannung ist als Maß für die Regelgröße n mit negativem Vorzeichen auf den Eingang des Drehzahlreglers zurückgeführt.

Die auf die Regelstrecke einwirkende Störgröße z läßt sich im konkreten Fall als Belastungsänderung der Arbeitsmaschine deuten; eine Änderung des Gegenmoments M_G entspricht somit einer Änderung der Störgröße z.

Wünschenswert wäre es, wenn nach der allgemeinen Darstellung des Bildes 23

$$x(t)/w(t) = 1$$

bzw. in der konkreten Darstellung des Bildes 21

$$n(t)/n_w(t) = 1$$

immer gegeben wäre, d.h. wenn die Regelgröße x der Führungsgröße w immer unverzögert und ohne Abweichung folgen würde und Störgrößenänderungen keine Änderung der Regelgröße bewirken könnten. Diesem wünschenswerten idealen Verhalten stehen in der rauhen Wirklichkeit die verzögernde Wirkung einiger Übertragungsglieder des Regelkreises sowie Aussteuerungsbegrenzungen entgegen. Für das hier vorliegende Stellglied (den Stromrichter) und die gegebene Regelstrecke (Gleichstrommaschine und Arbeitsmaschine) ist der günstigste Regler oder der günstigste Regelalgorithmus mit dem bestmöglichen Zeitverhalten zu suchen; dieser Vorgang wird als Optimierung des Regelkreises bezeichnet.

Neben der aus der Aufgabenstellung der Arbeitsmaschine bekannten Störgröße Gegenmoment M_G, die, wie im Bild 23 dargestellt, auf die Regelstrecke einwirkt, treten noch eine Reihe weiterer Störgrößen auf, deren Auswirkungen sich aufgrund einer Anlagenspezifikation abschätzen lassen. Zu diesen gehören u.a. Netzspannungsschwankungen und Temperaturänderungen, die Widerstandsänderungen mit den unterschiedlichsten Folgen hervorrufen können. Störgrößen können aber auch in Form elektromagnetischer Beeinflussungen auf jede Baugruppe und jede Verbindungsleitung des Regelsystems einwirken; hier ist sicherzustellen, daß zwischen dem Antrieb und seiner Umgebung elektromagnetische Verträglichkeit (EMV) besteht [28].

Eine Möglichkeit zur Beurteilung von Regelsystemen bietet die Darstellung des zeitlichen Verlaufs der Regelgröße x nach einer sprunghaften Änderung der Führungsgröße w (Bild 24) bzw. der Störgröße z (Bild 25). Charakteristische Daten für die Güte der Optimierung sind in beiden Fällen die Anregelzeit t_{an} und die Ausregelzeit t_{aus} [29].

Unter der Anregelzeit $t_{an\ w}$ versteht man die Zeit, die nach einem Führungsgrößensprung vergeht, bis die Regelgröße x erstmalig in das Toleranzband der Breite $2\Delta x_w$ um den neuen Beharrungswert eintritt.

Als Ausregelzeit $t_{aus\ w}$ ist die Zeit definiert, die die Regelgröße x nach einem Führungsgrößensprung benötigt, um endgültig in das Toleranzband der Breite $2\Delta x_w$ einzulaufen und darin zu verharren. Die halbe Breite des Toleranzbandes, also Δx_w, wird meist zu 2 % des Führungsgrößensprungs gewählt.

Als Anregelzeit $t_{an\ z}$ wird die Zeit verstanden, die beginnt, wenn die Regelgröße x nach einem Störgrößensprung (Lastsprung) das Toleranzband der zu vereinbarenden Breite $2\Delta x_z$ verläßt, und beim ersten Wiedereintritt endet.

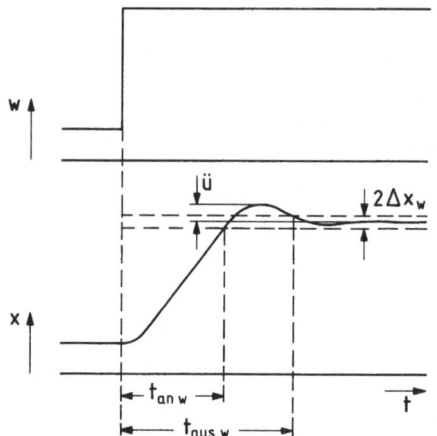

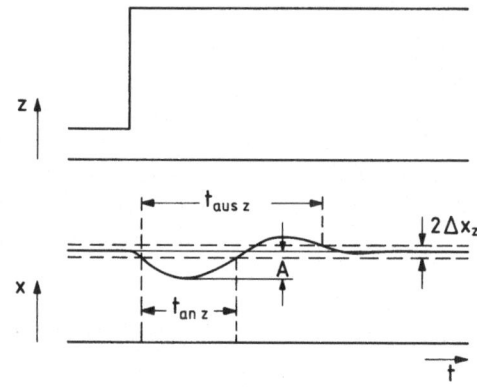

Bild 24. Übergangsfunktion der Regelgröße x
nach sprunghafter Änderung der
Führungsgröße w. $2\Delta x_w$ Breite des
Toleranzbands, ü Überschwingweite

Bild 25. Übergangsfunktion der Regelgröße x
nach sprunghafter Änderung der
Störgröße z (Laständerung). $2\Delta x_z$ Breite des
Toleranzbands, A maximale Abweichung der
Regelgröße vom Beharrungszustand

Die Ausregelzeit $t_{aus\ z}$ schließlich ist die Zeit, die beginnt, wenn die Regelgröße x
nach einem Störgrößensprung (Lastsprung) das Toleranzband der Breite $2\Delta x_z$
verläßt, und endet, wenn sie endgültig wieder eintritt und anschließend darin
verbleibt.

Neben den An- und Ausregelzeiten sind noch die Überschwingweite ü (Bild 24)
beim Führungsverhalten und die maximale Abweichung A der Regelgröße vom
Beharrungszustand (Bild 25) beim Störverhalten wichtige Größen zur Beurteilung
des Übergangsverhaltens. Die Überschwingweite ü wird als auf den Führungsgrößensprung bezogener Wert ermittelt, die maximale Abweichung A wird entweder direkt in
der Einheit der Regelgröße, z.B. in $\min^{-1}$, angegeben oder auch als auf den Nennwert
der Regelgröße, z.B. die Nenndrehzahl, bezogener Wert.

In Bild 26 wurde die Darstellung des Bildes 21 auf das zum Erkennen des
strukturellen Aufbaus des Antriebs Wesentliche reduziert. Neben dem hier mit
Stromrichtertransformator 3, Leistungsteil des Stromrichters 4, Gleichstrom-Kommutatormaschine 1 und Ankerstrommeßfühler 5 symbolhaft dargestellten Leistungs-
kreis läßt sich die Struktur der Regelung deutlich erkennen; es handelt sich um eine
Drehzahlregelung mit unterlagerter Stromregelung.

Diese Art der Drehzahlregelung, die auch als „Drehzahlregelung nach dem
Stromleitverfahren" oder als „Kaskadenregelung der Drehzahl" bezeichnet wird, hat
sich heute allgemein durchgesetzt. Sie bietet, wie in den folgenden Abschnitten noch
näher dargelegt wird, den Vorteil, daß jede der beiden Regelschleifen nur eine große
Zeitkonstante oder ein Integralglied (I-Glied) und mehrere kleine Zeitkonstanten
oder, im Falle des Stromregelkreises, eine kleine Zeitkonstante und ein Totzeitglied
enthält. Bei dieser Struktur tritt der unterlagerte Stromregelkreis im überlagerten
Drehzahlregelkreis in erster Näherung als Ersatzzeitkonstante in Erscheinung. Damit
ergibt sich für jede einzelne Regelschleife eine übersichtliche Struktur. Die Regelungs-

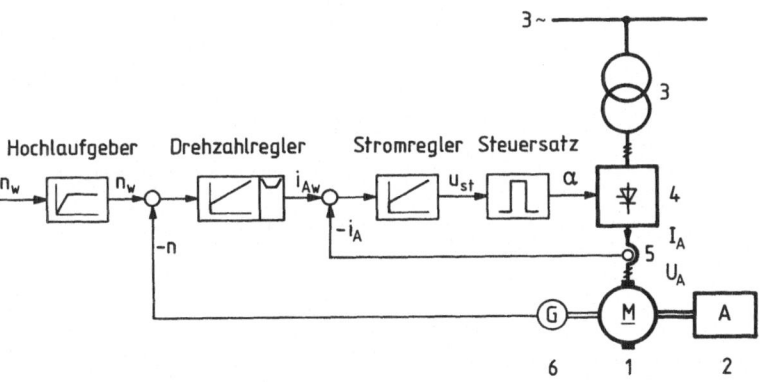

Bild 26. Drehzahlgeregelte stromrichtergespeiste Gleichstrom-Kommutatormaschine für Einquadrantbetrieb – grundsätzlicher Schaltplan. 1 fremderregte Gleichstrom-Kommutatormaschine, 2 Arbeitsmaschine, 3 Stromrichtertransformator, 4 Stromrichter (Leistungsteil), 5 Ankerstrommeßfühler, 6 Tachodynamo

theorie zeigt, daß in Regelschleifen, wie sie vorstehend beschrieben wurden, Regler mit PI-Verhalten (Proportional-Integral-Verhalten) zu optimalen Ergebnissen führen [30–32].

Darüber hinaus bietet das Prinzip der Drehzahlregelung mit unterlagerter Stromregelung noch den Vorteil, daß durch eine einfache Ausgangsbegrenzung des Drehzahlreglers die Führungsgröße i_{Aw} des Ankerstroms und damit auch der Ankerstrom I_A selbst auf den maximal zulässigen Wert $I_{A\,max}$ begrenzt werden können. Die Ausgangsbegrenzung des Drehzahlreglers wirkt also als Strombegrenzung.

2.5.2 Analyse der Regelstrecke

Für die regelungstechnische Beschreibung der aus Gleichstrom-Kommutatormaschine und Arbeitsmaschine bestehenden Regelstrecke reichen die für den stationären Betrieb angegebenen Gln. (1) bis (7) nicht aus, sie müssen, um dynamische Vorgänge beschreiben zu können, erweitert werden.So geht für die Beschreibung der Vorgänge im Ankerstromkreis Gl. (3) über in

$$u_A = u_i + R_A i_A + L_A \frac{di_A}{dt}. \tag{37}$$

Weiterhin ist, da bei dynamischen Vorgängen die Voraussetzung $M_M = M_G$ des stationären Betriebs nicht mehr gilt, die Bewegungsgleichung

$$m_M - m_G = J \frac{d\omega_{mech}}{dt} \tag{38}$$

einzuführen, wobei J das Trägheitsmoment der rotierenden Massen von Gleichstrom- und Arbeitsmaschine ist und die Differenz

$$m_M - m_G = m_b \tag{39}$$

das Beschleunigungsmoment ergibt.

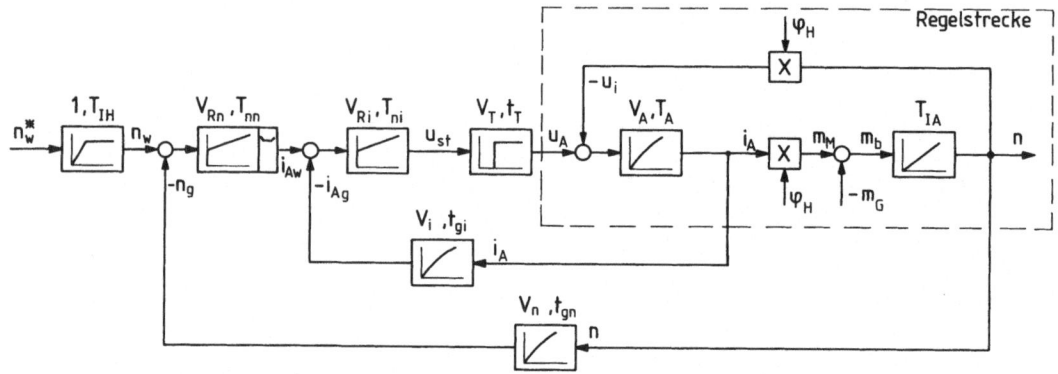

Bild 27. Drehzahlgeregelte stromrichtergespeiste kompensierte Gleichstrom-Kommutatorma-schine für Einquadrantbetrieb – Strukturbild. n_w Führungsgröße der Drehzahl, n Drehzahl (Regelgröße), i_{Aw} Führungsgröße des Ankerstroms, i_A Ankerstrom (Zwischenregelgröße), u_{st} Eingangssignal Steuersatz, u_A Ankerspannung, u_i induzierte Ankerspannung, m_M Motor-moment, m_G Gegenmoment, m_b Beschleunigungsmoment, V Proportionalverstärkung, T_n Nachstellzeit des PI-Reglers, t_T Totzeit des Stromrichters, T_A el. Zeitkonstante des Anker-kreises, T_{IA} Integrierzeit des Antriebs, T_{IH} Integrierzeit des Hochlaufgebers, φ_H magnetischer Hauptpolfluß, t_{gi} Glättungszeitkonstante der Stromrückführung, t_{gn} Glättungszeit-konstante der Drehzahlrückführung

Das dynamische Verhalten der Regelstrecke läßt sich anhand des entsprechenden Ausschnitts in Bild 27 beschreiben. Die Spannungdifferenz $u_A - u_i$ wirkt auf den Ankerstromkreis mit der Zeitkonstanten

$$T_A = L_A / R_A \tag{40}$$

und der Verstärkung

$$V_A = \frac{1}{R_A} \frac{U_{AN}}{I_{AN}} \tag{41}$$

ein und bestimmt damit den zeitlichen Verlauf das Stroms I_A.

Die Multiplikation von Ankerstrom I_A und Hauptpolfluß Φ_H liefert unter Berücksichtigung der Proportionalitätskonstanten c_2 das Maschinendrehmoment M_M (siehe auch GL. (7)).

$$m_M = c_2 i_A \varphi_H. \tag{42}$$

Das Beschleunigungsmoment M_b (siehe Gl. (39)), das sich aus der Differenz $M_M - M_G$ ergibt, wirkt auf das Integrierglied mit der Integrierzeit T_{IA}, an dessen Ausgang die Drehzahl n ansteht; sein Verhalten beschreibt Gl. (38). Hier sei darauf hingewiesen, daß die Gl. (38) nur näherungsweise bei Vernachlässigung des drehzahl-abhängigen Reibungsmoments von Gleichstrom- und Arbeitsmaschine gilt.

Die Drehzahl n ihrerseits bildet durch Multiplikation mit dem Hauptpolfluß Φ_H unter Berücksichtigung der Proportionalitätskonstanten c_1 die innere Spannung

$$u_i = c_1 n \varphi_H, \tag{43}$$

die wieder auf den Eingang der Regelstrecke zurückwirkt.

2.5.3 Analyse des Stellglieds Stromrichter

Regelungstechnisch kann der Stromrichter vereinfachend als Verstärker mit Totzeit betrachtet werden. Dem Stromrichter, der jetzt als Einheit von Leistungsteil und Steuersatz verstanden werden soll, wird im stationären Betrieb die Steuerspannung U_{st} als Gleichgröße vom Stromreglerausgang zugeführt. Beim netzgeführten Stromrichter werden im Steuersatz Steuerimpulse gebildet, die dem natürlichen Einschaltzeitpunkt der Stromrichterventile um den Steuerwinkel α nacheilen. Die Steuerimpulse schalten die elektrischen Ventile ein. Über die Größe von U_{st} und damit über die Größe von α läßt sich die Ausgangsgleichspannung $U_{di\alpha}$ des Stromrichters verstellen. Wird eine sinusförmige Netzspannung vorausgesetzt, so gilt bei nichtlückendem Strom

$$U_{di\alpha} = U_{di} \cos\alpha. \tag{44}$$

Es sind in ihrer Funktion unterschiedliche Steuersätze in Verwendung. Die einen setzen die Steuerspannung U_{st} linear in den Steuerwinkel α um; die Folge ist eine nichtlineare Steuerkennlinie

$$U_{di\alpha} = f(U_{st})$$

des Stromrichters (Bild 28a). Die anderen arbeiten mit der Beziehung

$$\alpha = \arccos(kU_{st}),$$

wobei k eine Proportionalitätskonstante ist, und erreichen damit einen proportionalen Zusammenhang zwischen U_{st} und $U_{di\alpha}$ (Bild 28b). Werden die Spannungsfälle zwischen $U_{di\alpha}$ und U_A vernachlässigt, so kann

$$U_A \approx U_{di\alpha}$$

gesetzt werden.

Der Nachteil einer nichtlinearen Steuerkennlinie nach Bild 28a ist darin zu sehen, daß die Verstärkung des Stromrichters bei kleinen Änderungen der Steuerspannung stark von der Aussteuerung $U_{di\alpha}/U_{di}$ abhängig ist; sie hat bei Aussteuerung Null ihren größten Wert und geht gegen Null, wenn die Aussteuerung gegen Eins geht. Diese

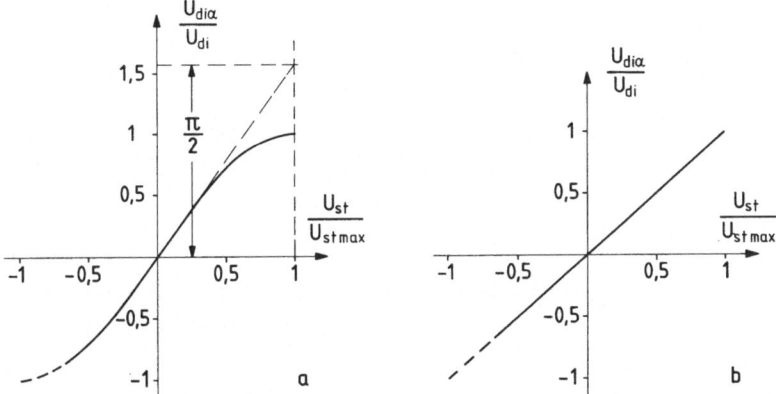

Bild 28. Steuerkennlinie des Stromrichters. **a** sinusförmige Steuerkennlinie; **b** lineare Steuerkennlinie

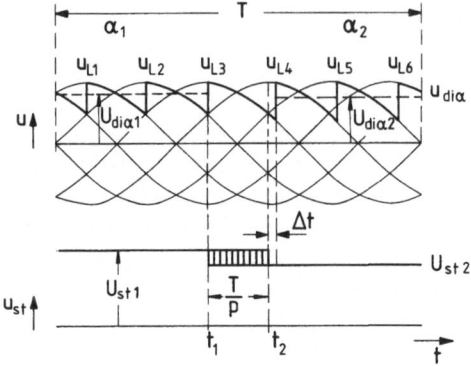

Bild 29. Zur Ermittlung der mittleren Totzeit.

$$t_T = T/2p$$

Nichtlinearität muß bei der Dimensionierung des Stromreglers berücksichtigt werden (siehe Abschnitt 2.5.4). Die lineare Steuerkennlinie des Bildes 28b ist dem gegenüber regelungstechnisch günstiger. Der Vorteil eines Stromrichters mit nichtlinearer Steuerkennlinie ist in dem in Analogtechnik einfacheren Steuersatzaufbau zu sehen, der eine geringere Toleranz der Steuerimpulslage an den einzelnen Ventilen zuläßt.

Wie vorstehend dargelegt, bewirkt eine Änderung der Steuerspannung U_{st} eine Änderung des Steuerwinkels α und diese wiederum eine Änderung der Ausgangsgleichspannung $U_{di\alpha}$ des Stromrichters. Eine sprunghafte Änderung von U_{st} hat jedoch keine sofortige Änderung von $U_{di\alpha}$ zur Folge, da der Stromrichter infolge seiner endlichen Pulszahl nicht sofort reagieren kann.

In Bild 29 oben ist der Verlauf der ungeglätteten Stromrichterausgangsspannung $u_{di\alpha}$ über der Zeit dargestellt. Im linken Teil des Bildes arbeitet der Stromrichter mit einem Steuerwinkel $\alpha_1 = 30°$, im rechten Teil mit $\alpha_2 = 37{,}5°$; die zugehörigen Gleichspannungsmittelwerte $U_{di\alpha1}$ und $U_{di\alpha2}$ sind gestrichelt eingetragen. Um die dargestellte Änderung von $U_{di\alpha}$ zu erreichen, kann die Steuerungsspannung U_{st} zu einem beliebigen Zeitpunkt im Zeitraum $t_1 < t < t_2$ auf den kleineren Wert springen. Wirksam wird die Spannungsänderung erst zum Zeitpunkt $t_2 + \Delta t$, wenn der erste auf den Steuervorgang folgende Steuerimpuls gebildet wird und das nächste Ventil den Strom übernimmt. Die maximale Totzeit des Stromrichters tritt auf, wenn die Steuerspannung unmittelbar nach dem Einschalten eines Ventils (Zeitpunkt t_1) geändert wird, sie beträgt dann

$$t_{T\ max} = \frac{T}{p} + \Delta t,$$

wobei T die Periodendauer des speisenden Netzes und p die Pulszahl des Stromrichters ist. Die minimale Totzeit stellt sich bei Änderung der Steuerspannung unmittelbar vor dem Zeitpunkt t_2 ein, sie ergibt sich zu

$$t_{T\ min} = \Delta t.$$

Bei einer Vielzahl von Steuerspannungsänderungen wird sich der Mittelwert der Totzeit zu

$$t_T = \tfrac{1}{2}(t_{T\ max} + t_{T\ min}) + \Delta t$$

ergeben. Wird nun noch der Mittelwert zwischen Aufwärts- und Abwärtsspringen der Steuerspannung bei kleinen Steuerspannungsänderungen gebildet ($\Delta t \to 0$), so ergibt sich als mittlere Totzeit

$$t_T = T/2p. \tag{45}$$

Dieser Wert geht in die Optimierung des Stromregelkreises ein.

2.5.4 Optimierung des Stromregelkreises

Der Optimierung des Stromregelkreises wird eine vereinfachte Struktur nach Bild 30 zugrunde gelegt. Der Vergleich mit Bild 27 zeigt, daß hier die u_i-Schleife fehlt, daß also der Einfluß einer Änderung der inneren Spannung U_i auf den Ankerstromverlauf nicht berücksichtigt wird. Da sich U_i bei konstantem Hauptpolfluß Φ_H mit der Drehzahl n ändert, ist diese Vereinfachung zulässig, wenn zunächst vorausgesetzt wird, daß die Integrierzeit T_{IA} des Antriebs sehr groß gegenüber der Ankerkreiszeitkonstanten T_A und gegenüber den anderen Zeitkonstanten und Totzeiten des Stromregelkreises ist. Unter diesen Bedingungen wird sich während des Ausregelvorgangs im Stromregelkreis die Drehzahl n und damit die innere Spannung U_i nur wenig ändern. Exakt gilt die Struktur nach Bild 30 jedoch nur für die stillstehende, festgebremste Gleichstrommaschine.

Die Regeldifferenz $i_{Aw} - i_{Ag}$ wird auf den Eingang des Stromreglers mit PI-Verhalten gegeben (Bild 30), der an seinem Ausgang die Steuerspannung u_{st} abgibt. Diese wiederum steuert das Totzeitglied Stromrichter, das die Spannung u_A am Zeitkonstantenglied Ankerkreis entsprechend einstellt. Der dort fließende Strom wird über einen Meßgeber erfaßt und einem Glättungsglied mit der Verstärkung V_i und der Zeitkonstanten t_{gi} zugeführt. Das Glättungsglied liefert die Regelgröße $-i_{Ag}$, die im Vergleichspunkt zur Führungsgröße i_{Aw} addiert wird.

Die Struktur des Stromregelkreises (Bild 30) umfaßt somit außer dem PI-Glied zwei Zeitkonstantenglieder und ein Totzeitglied. Ist die Ankerkreiszeitkonstante T_A groß gegenüber der Glättungszeitkonstante t_{gi} und der Totzeit t_T — bei Antrieben

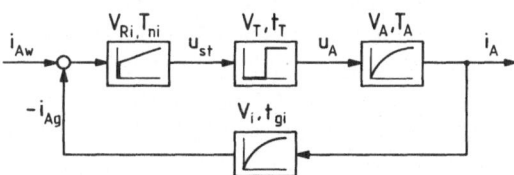

Bild 30. Ankerstromregelkreis ohne Berücksichtigung der Änderung der inneren Maschinenspannung u_i

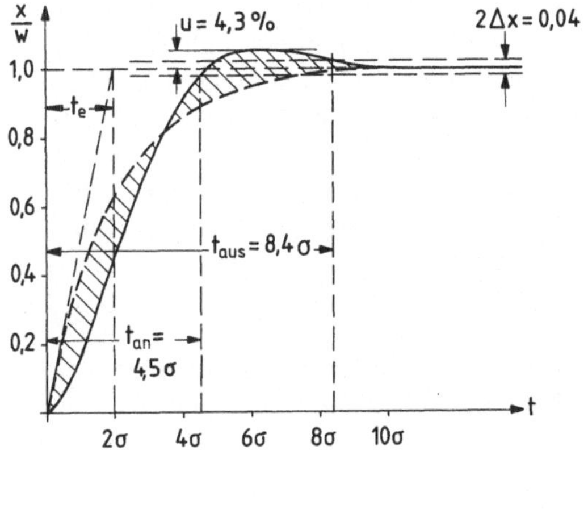

Bild 31. Übergangsfunktion der Regelgröße x eines betragsoptimierten Regelkreises nach Bild 30 nach einem Sprung der Führungsgröße w.

$$f(t) = \frac{x(t)}{w}$$

$$= 1 - \left(\cos\frac{t}{2\sigma} + \sin\frac{t}{2\sigma} \right) e^{-t/2\sigma}$$

größerer Leistung ist dies, von Scheibenläufermaschinen abgesehen, meist der Fall
— so läßt sich mit Vorteil das Betragsoptimum anwenden, dessen Ableitung in [33]
ausführlich dargestellt ist.

Die Übergangsfunktion der Regelgröße x nach einem Sprung der Führungsgröße
w (Bild 31) zeigt bei nach dem Betragsoptimum ausgelegtem Regelkreis ein leichtes
Überschwingen bei relativ kleiner An- und Ausregelzeit. Auf der Zeitachse sind
Vielfache von σ als Maßstab eingetragen, wobei σ die Summe der kleinen Zeitkonstan-
ten ist, im vorliegenden Falle gilt also

$$\sigma_i = t_T + t_{gi}. \tag{46}$$

Die Totzeit t_T ergibt sich nach Gl. (45). Die Glättungszeitkonstante in der Stromrückführung wird je nach Meßwandlerart, nach Pulsigkeit der Stromrichterschaltung und
nach Symmetrie der Steuerimpulse üblicherweise zwischen 1 und 5 ms gewählt.

Für das Betragsoptimum ist der Regelverstärker so zu beschalten, daß die
Nachstellzeit des Reglers

$$T_{ni} = T_A \tag{47}$$

und seine Proportionalverstärkung

$$V_{Ri} = \frac{T_A}{2V_{Si}\sigma_i} \tag{48}$$

wird. Die Proportionalverstärkung der offenen Regelstrecke V_{Si} ergibt sich aus der
Multiplikation der Einzelverstärkungen

$$V_{Si} = V_T V_A V_i, \tag{49}$$

wobei bei einer aussteuerungsabhängigen Verstärkung des Stromrichters (Bild 28a)
der Maximalwert der Verstärkung V_T einzusetzen ist. In die Ankerkreiszeitkonstante
T_A gehen alle vom Ankerstrom I_A durchflossenen Induktivitäten und Widerstände ein;
neben denen der Maschine auch die der Glättungsdrosselspule und der Leitungen.

Liegen bei der Inbetriebsetzung des Antriebs keine zuverlässigen Daten über die
Anlagenkomponenten vor, so können die Werte T_A und V_{Si} meßtechnisch ermittelt
werden. Dazu ist der Regler aus dem Regelkreis herauszutrennen, die Steuerspannung
U_{st} ist von einer Spannungsquelle her vorzugeben und die Regelgröße i_A ist — meist in
Form einer Spannung $u(i_A)$ — zu messen. Der Läufer der Maschine ist dabei
zu blockieren, um Rückwirkungen der u_i-Schleife auszuschließen. Zu Beginn des
Versuchs wird die Steuerspannung so vorgegeben, daß ein kleiner, nicht lückender
Strom fließt (Bild 32). Zum Zeitpunkt t_0 wird die Steuerspannung sprunghaft um Δu_{st}
erhöht, was, bei Vernachlässigung der Totzeit des Stromrichters, auch eine sprunghafte Änderung der Ankerspannung U_A um Δu_A zur Folge hat. Der Ankerkreisstrom I_A
steigt, entsprechend der Ankerkreiskonstanten verzögert, um den Wert Δi_A an, was
einer Änderung der Regelgrößenspannung $u(i_A)$ um $\Delta u(i_A)$ entspricht. Die Zeitkonstante T_A kann unmittelbar aus dem Verlauf $u(i_A) = f(t)$ entnommen werden (Bild
32), die Verstärkung des offenen Regelkreises beträgt

$$V_{Si} = \Delta u(i_A)/\Delta u_{st}. \tag{50}$$

Zur potentialfreien Erfassung der Regelgröße i_A werden Stromwandler eingesetzt,
entweder Wechselstromwandler nach Bild 33 (siehe auch Bild 21) oder Gleichstrom-

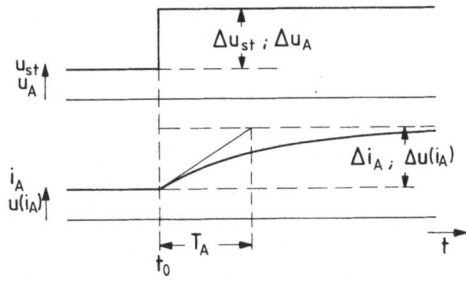

Bild 32. Zur Ermittlung der Ankerkreis-Zeitkonstante T_A und des Verstärkungsfaktors $V_{si} = \Delta u(i_A)/\Delta u_{st}$ des offenen Stromregelkreises

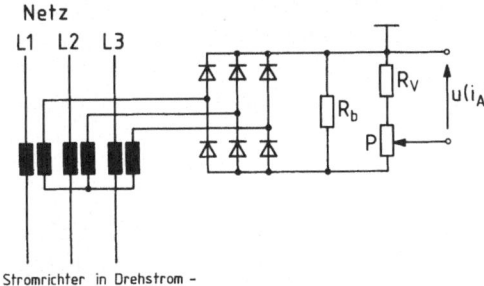

Stromrichter in Drehstrom – Brückenschaltung zur Speisung des Ankerkreises

Bild 33. Erfassung der Regelgröße i_A über den äquivalenten Drehstrom

wandler, letztere meist in Form von Shuntwandlern. Bei Einquadrantantrieben, bei denen keine Richtungsänderung des Ankerstroms auftritt und somit kein Vorzeichenwechsel der Regelgröße i_A erforderlich ist, werden meist die preiswerten Wechselstromwandler nach Bild 33 verwendet, die den Gleichstrom über den äquivalenten Wechselbzw. Drehstrom erfassen. Die sekundärseitigen Ströme der Wandler werden, genau so wie die primärseitigen, gleichgerichtet; die am Bürdenwiderstand R_b auftretende Spannung $u(i_A)$ ist auch bei dynamischen Stromänderungen ein gutes Abbild des Ankerstroms I_A. Im Bild 33 ist dem niederohmigen Bürdenwiderstand R_b eine hochohmigere Kombination aus Vorwiderstand R_V und Potentiometer P parallel geschaltet. Im allgemeinen wird der Potentiometerabgriff so eingestellt, daß beim maximalen Ankerstrom $I_{A\,max}$ die Spannung $u(i_{A\,max})$ der maximalen Reglereingangsspannung, meist 10 V, entspricht. Die Verstärkung V_i des Meßgebers für den Ankerstrom I_A kann somit über das Potentiometer P eingestellt werden.

Sind die Daten der Anlagenkomponenten bekannt, so kann die Verstärkung des offenen Stromregelkreises errechnet werden. Geht man von der Annahme aus, daß bei maximalem Ankerstrom ($I_A = I_{A\,max}$) auch die die Regelgröße repräsentierende Reglereingangsspannung ihrem maximal zulässigen Wert ($u(i_A) = u(i_{A\,max}) = U_{R\,max}$) entspricht, wobei $U_{R\,max}$ die maximale Arbeitsspannung der Regelverstärker ist. Sie beträgt meist 10 V. Verfügt der Stromrichter über eine proportionale Steuerkennlinie nach Bild 28b, so gilt bei nichtlückendem Strom

$$U_{di\alpha}/U_{di} = U_{st}/U_{st\,max}.$$

Es ist die Frage zu klären: Welches Δu_{st} bringt von $U_{st} = 0$ ausgehend in der festgebremsten Maschine den Strom $I_{A\,max}$ zum Fließen? Unter den vorstehenden

Voraussetzungen folgt

$$\frac{\Delta u_{\text{st max}}}{U_{\text{st max}}} = \frac{I_{\text{A max}} R_{\text{A}}}{U_{\text{di}}}.$$

Gilt nun $u(i_{\text{A max}}) = U_{\text{st max}} = U_{\text{R max}}$, so ergibt sich die Verstärkung des offenen Regelkreises zu

$$V_{\text{Si}} = \frac{U_{\text{di}}}{I_{\text{A max}} R_{\text{A}}}.$$

Bei einem Stromrichter mit nichtlinearer, sinusförmiger Steuerkennlinie nach Bild 28a ist die größte Verstärkung des Stromrichters für die Optimierung des Stromregelkreises zugrunde zu legen. Diese ergibt sich bei $U_{\text{st}} = 0$, sie ist um den Faktor $\pi/2$ größer als beim Stromrichter mit linearer Steuerkennlinie nach Bild 28b. Die Verstärkung des offenen Stromregelkreises ergibt sich im Falle der sinusförmigen Steuerkennlinie zu

$$V_{\text{Si}} = \frac{\pi}{2} \frac{U_{\text{di}}}{I_{\text{A max}} R_{\text{A}}}.$$

Im Stromregler sind im Rahmen der Regleroptimierung die ermittelten Größen Nachstellzeit T_{ni} und Proportionalverstärkung V_{Ri} einzustellen. Bei einem analog arbeitenden PI-Regler, dessen grundsätzliche Schaltung Bild 34 zeigt, geschieht dies über die Bestimmung der erforderlichen Größen für Rückführwiderstand R_1 und Rückführkondensator C_1. Es gelten folgende Beziehungen:

Proportionalverstärkung $\qquad V_{\text{R}} = \dfrac{R_1}{R_0} = \dfrac{T_{\text{n}}}{T_{\text{IR}}}$ $\qquad\qquad$ (51)

Nachstellzeit $\qquad\qquad\qquad T_{\text{n}} = R_1 C_1$ $\qquad\qquad\qquad$ (52)

Integrierzeit des Reglers $\qquad\; T_{\text{IR}} = R_0 C_1$ $\qquad\qquad\qquad$ (53)

Glättungszeitkonstante $\qquad\quad t_{\text{g}} = \dfrac{1}{4} R_0 C_0$ $\qquad\qquad\quad$ (54)

Der Eingangswiderstand R_0 ist üblicherweise durch das verwendete Reglersystem fest vorgegeben. Er ist dabei so dimensioniert, daß bei maximaler Reglereingangsspannung $U_{\text{e max}}$ ein Vergleichsstrom von einigen mA fließt. Aus Gl. (51) folgt dann für den Rückführwiderstand

$$R_1 = R_0 V_{\text{Ri}} \qquad\qquad\qquad\qquad\qquad\qquad (55)$$

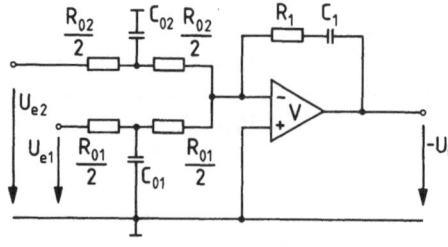

Bild 34. Grundsätzliche Schaltung und Berechnungsdaten eines analog arbeitenden PI-Reglers.

$V_{\text{R}} = \dfrac{R_1}{R_0} = \dfrac{T_{\text{n}}}{T_{\text{IR}}}$ $\quad$ Proportionalverstärkung;

$T_{\text{n}} = R_1 C_1 \qquad$ Nachstellzeit;

$T_{\text{IR}} = R_0 C_1 \qquad$ Integrierzeit des Reglers;

$t_{\text{g}} = \dfrac{R_0}{4} C_0 \qquad$ Glättungszeitkonstante

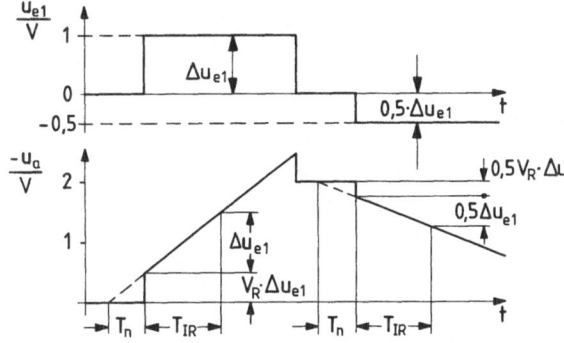

Bild 35. Übergangsfunktion eines PI-Reglers nach Bild 30 mit der P-Verstärkung $V_R = 0,5$ (Eingang 2 nicht angeschlossen)

und für den Rückführkondensator unter Berücksichtigung der Gln. (47) und (48)

$$C_1 = T_A/R_1 = 2V_{Si}\sigma_i/R_0 \tag{56}$$

Die Glättungszeitkonstante t_{gi} im Rückführkreis des Ankerstroms kann über den zugehörigen Eingangskondensator C_{02} nach Gl. (54) eingestellt werden, wenn der Eingang 1 der Führungsgrößeneingang und der Eingang 2 der Regelgrößeneingang des Reglers ist.

Die Begriffe Nachstellzeit und Integrierzeit des Reglers werden anhand von Bild 35 erläutert, das die Übergangsfunktion des Reglers bei offenem Regelkreis zeigt. An den Eingang 1 wird die Spannung U_{e1} angelegt, der Eingang 2 ist offen. Zu Beginn des betrachteten Zeitabschnitts ist $U_{e1} = 0$; die Ausgangsspannung U_a, die hier auch zu Null gesetzt wurde, bleibt in dieser Zeit konstant. Springt U_{e1} um Δu_{e1}, so antwortet $-U_a$ zunächst mit einem Sprung um $V_R \Delta u_{e1}$, um dann mit der durch die Integrierzeit T_{IR} und die Größe von Δu_{e1} bestimmten Steilheit anzusteigen. Die Integrierzeit T_{IR} ist dabei die Zeit, die die Ausgangsspannung $-U_a$ benötigt, um sich um den Wert Δu_{e1} zu ändern. Die Nachstellzeit T_n ergibt sich, wenn die während der Änderung der Ausgangsspannung entstehende Gerade rückwärts verlängert und mit dem vor dem Sprung in U_{e1} waagerechten Verlauf von U_a zum Schnitt gebracht wird, als der Zeitabschnitt vom Schnittpunkt bis zum Sprung. Wie aus Bild 35 zu ersehen ist, ergeben sich für T_n und T_{IR} unabhängig von Größe und Richtung des Sprungs der Eingangsspannung stets die gleichen Werte.

Am Eingang dieses Abschnitts wurde festgestellt, daß die vereinfachte Struktur des Ankerstromregelkreises nach Bild 30 nur dann befriedigende Ergebnisse liefert, wenn die Integrierzeit des Antriebs T_{IA} sehr groß gegenüber der Ankerkreiszeitkonstante T_A ist. Ist diese Voraussetzung nicht gegeben, was insbesondere bei Servoantrieben oft der Fall ist, so kann die Rückwirkung der u_i-Schleife durch die Aufschaltung eines der inneren Spannung U_i proportionalen Signals auf den Eingang des Stellglieds Stromrichter kompensiert werden (Bild 36). Bei einer konstant erregten Maschine kann dieses Vorsteuersignal aus der Spannung des Tachogenerators gewonnen werden. Im Falle einer linearen Steuerkennlinie des Stromrichters (Bild 28b), kann die Tachospannung linear angepaßt werden, bei einer nicht linearen Steuerkennlinie nach Bild 28a empfielt es sich, zu besserer Anpassung einen Funktionsgenerator zu benutzen.

Die Vorsteuerung entlastet den Stromregler erheblich, da dieser nur noch den erforderlichen Steuerspannungshub Δu_{st} für die vom Ankerstrom abhängigen Span-

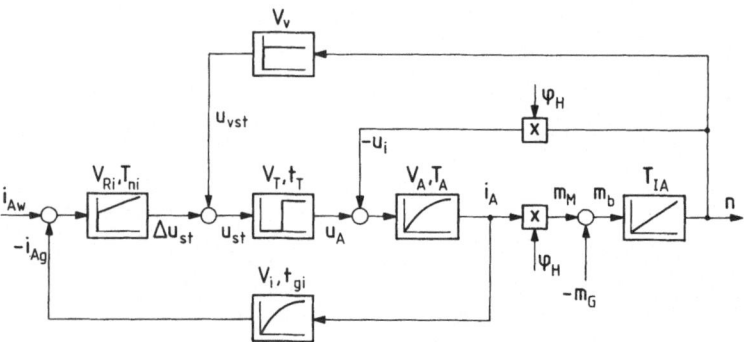

Bild 36. Ankerstromregelkreis mit Vorsteuerung des Stromrichters über die Vorsteuerspannung u_{vst} zur Kompensation des Einflusses der inneren Maschinenspannung u_i

nungsfälle (siehe Abschnitt 2.4.6) aufzubringen hat. Die der inneren Spannung U_i proportionale Komponente u_{vst} liefert die Vorsteuerung. Der Stromrichter wird mit der Summenspannung

$$u_{st} = u_{vst} + \Delta u_{st} \tag{57}$$

ausgesteuert.

2.5.5 Optimierung des Drehzahlregelkreises

Das Prinzip der unterlagerten Regelkreise erlaubt es, den jeweils inneren Regelkreis in Form eines Zeitkonstantenglieds in der Struktur des jeweils äußeren Regelkreises zu berücksichtigen. Im vorliegenden Fall heißt das, der Stromregelkreis wird als Zeitkonstantenglied mit der Ersatzverstärkung V_{ei} und der Ersatzzeitkonstante t_{ei} im Strukturbild des Drehzahlregelkreises (Bild 37) berücksichtigt. Ist der Stromregelkreis nach dem Betragsoptimum dimensioniert, so stellt die in Bild 31 gestrichelt eingetragene Zeitkonstantenfunktion 1. Ordnung mit der Ersatzzeitkonstanten $t_e = 2\sigma$ eine gute Näherung an die Übergangsfunktion der Regelgröße x dar.

Die kleinen Zeitkonstanten des Drehzahlregelkreises sind die Ersatzzeitkonstante des Stromregelkreises t_{ei} und die Glättungszeitkonstante t_{gn} der Drehzahlrückführung:

$$\sigma_n = t_{ei} + t_{gn} = 2\sigma_i + t_{gn} \tag{58}$$

Die Integrierzeit T_{IA} des Antriebs ist für gewöhnlich groß gegenüber der Summe σ_n der kleinen Zeitkonstanten. Ist dies der Fall, so kann die Drehzahlregelung nach dem symmetrischen Optimum [34] ausgelegt werden; die zugehörige Übergangsfunktion ist in Bild 38 dargestellt. Vergleicht man diese mit der Übergangsfunktion des Betragsoptimums (Bild 31), so zeigt der symmetrisch optimierte Regelkreis zwar eine etwas kürzere Anregelzeit, insgesamt gesehen ist das Übergangsverhalten jedoch ungünstiger. Um einen stabilen Betrieb zu erreichen, muß jedoch in Anbetracht des Integrierglieds das symmetrische Optimum angewendet werden.

Die Optimierungsvorschriften für das symmetrische Optimum lauten:

	Nachstellzeit	$T_{nn} = 4\sigma_n$	(59a)
und	Verstärkung	$V_{Rn} = T_{IA}/2\sigma_n.$	(59b)

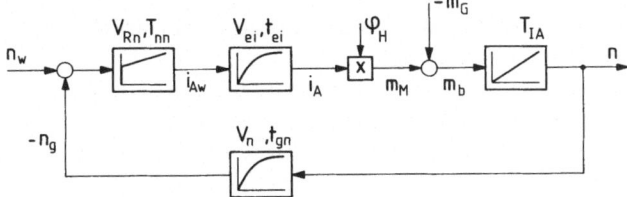

Bild 37. Vereinfachtes Strukturbild des Drehzahlregelkreises

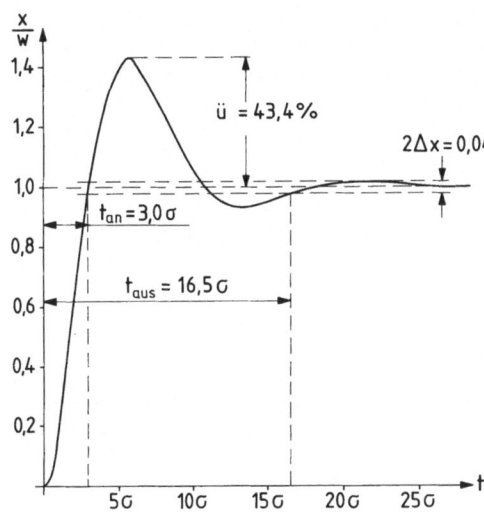

Bild 38. Übergangsfunktion der Regelgröße x eines symmetrisch optimierten Regelkreises nach Bild 37 bei einem Sprung der Führungsgröße w.

$$f(t) = \frac{x(t)}{w} = 1 + e^{-t/2\sigma}$$
$$- 2e^{-t/4\sigma} \cos \frac{\sqrt{3}}{4\sigma} t$$

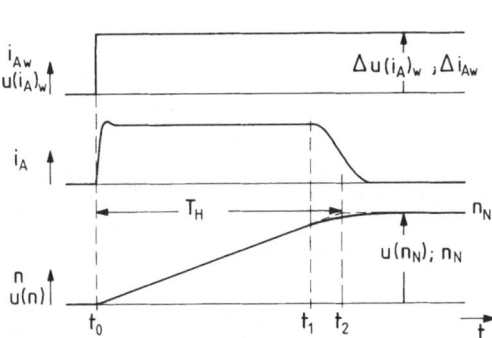

Bild 39. Zur Bestimmung der Integrierzeit T_{IA} des Antriebs aus der Hochlaufzeit T_H.

$$T_{IA} = T_H \frac{\Delta u(i_A)_w}{u(n_N)}$$

Die Integrierzeit T_{IA} des Antriebs ist die auf Verstärkung 1 bezogene Hochlaufzeit bei Gegenmoment Null. Bild 39, in dem die meßtechnische Ermittlung von T_{IA} dargestellt ist, möge diese Aussage verdeutlichen. Die Maschine sei mit ihrem Nennfluß Φ_{HN} erregt. Zu Beginn des Hochlaufversuches sind Strom I_A und Drehzahl n Null. Bei aus dem Regelkreis herausgetrenntem Drehzahlregler wird auf den Stromregler zur Zeit t_0 ein Führungsgrößensprung Δi_{Aw} gegeben, der dem Anstieg der Reglereingangsspannung U_{e1} (in Bild 34) von Null auf $\Delta u(i_A)_w$ entspricht. Die Regelgröße i_A folgt der Führungsgröße um die Anregelzeit verzögert. Entsprechend dem Anstieg des Ankerstroms baut sich ein Maschinenmoment M_M auf, das den Antrieb beschleunigt. Wegen $M_G = 0$ wirkt M_M voll als Beschleunigungsmoment.

Konstanter Ankerstrom bedeutet konstantes Beschleunigungsmoment und damit nach den Gln. (38) und (39) linearen Anstieg der Drehzahl. Dieser dauert an, bis zum Zeitpunkt t_1 der Steuersatz an seine Gleichrichteraussteuerungsgrenze α_g stößt; α_g ist so einzustellen, daß der leerlaufende Motor gerade bis zur Nenndrehzahl n_N hochlaufen kann. Nach dem Zeitpunkt t_1 kann der Stromregler den Beschleunigungsstrom nicht mehr aufrecht erhalten, der Ankerstrom klingt gegen Null ab und die Drehzahl nähert sich asymptotisch der Nenndrehzahl n_N. Wäre der Hochlauf mit konstanter Beschleunigung weitergegangen, so hätte der Antrieb zum Zeitpunkt t_2 die Nenndrehzahl erreicht. Als Hochlaufzeit wird der Zeitraum

$$T_H = t_2 - t_0$$

bezeichnet.

Der Drehzahl n_N entspricht am Regelgrößeneingang des Drehzahlreglers die Spannung $u(n_N)$. Unter der Integrierzeit des Antriebs wird nun

$$T_{IA} = T_H \frac{\Delta u(i_A)_w}{u(n_N)} \tag{60}$$

verstanden. Während die Hochlaufzeit T_H dem Beschleunigungsmoment umgekehrt proportional ist, ergibt sich T_{IA} als in weiten Grenzen unabhängig von der Größe des gewählten Beschleunigungsstroms.

Rechnerisch ergibt sich die Nennhochlaufzeit des Antriebs aus Gl. (38) zu

$$T_{HN} = \frac{J}{M_N} \omega_{mechN}. \tag{61}$$

Werden wie üblich

$$u(i_{A\,max})_w = U_{R\,max}$$

und

$$u(n_N) = U_{R\,max}$$

gewählt, wobei $U_{R\,max}$ die maximale Arbeitsspannung der Regler ist, so folgt

$$T_{IA} = T_{HN} \frac{I_{AN}}{I_{A\,max}}. \tag{62}$$

Das Führungsverhalten eines symmetrisch optimierten Regelkreises mit einer Überschwingweite von 43 % nach einem Führungsgrößensprung (Bild 38) kann in der Antriebstechnik nicht akzeptiert werden. Es ist deshalb dafür Sorge zu tragen, daß sich die dem Vergleichspunkt am Verstärkereingang des PI-Reglers zugeführte Führungsgröße n_w (Bild 37) nicht sprunghaft ändern kann. Üblich sind zwei Vorgehensarten, entweder das Einbringen einer Glättung mit der Zeitkonstante $4\sigma_n$ (Bild 40a) in den Führungsgrößeneingang des Drehzahlreglers oder das Vorschalten eines Hochlaufgebers, der ein sprungförmiges Eingangssignal in ein rampenförmiges Ausgangssignal konstanter Steigung umsetzt (Bilder 40b, 26 und 27).

Wird in den Führungsgrößeneingang des Drehzahlreglers (Bild 34) durch entsprechende Wahl des Glättungskondensators C_{01} (Gl. (54)) eine Glättung mit

Bild 40. Umformung der willkürlich veränderbaren Führungsgröße n_w^* in eine Führungsgröße n_w mit begrenzter Steilheit. **a** durch Verzögerungsglied 1. Ordnung; **b** durch Hochlaufgeber

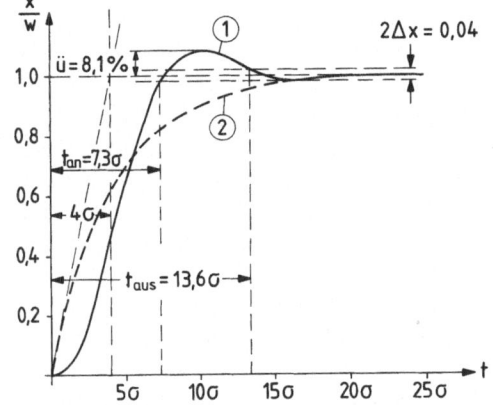

Bild 41. Übergangsfunktion der Regelgröße x eines symmetrisch optimierten Regelkreises nach Bild 37 mit einer Glättung entsprechend Bild 40a im Führungsgrößeneingang nach einem Sprung der Führungsgröße w.
1 Übergangsfunktion der Regelgröße

$$f(t) = \frac{x(t)}{w} = 1 - e^{-t/2\sigma}$$

$$- \frac{2}{\sqrt{3}} e^{-t/4\sigma} \sin \frac{\sqrt{3}}{4\sigma} t,$$

2 geglätteter Führungsgrößensprung,

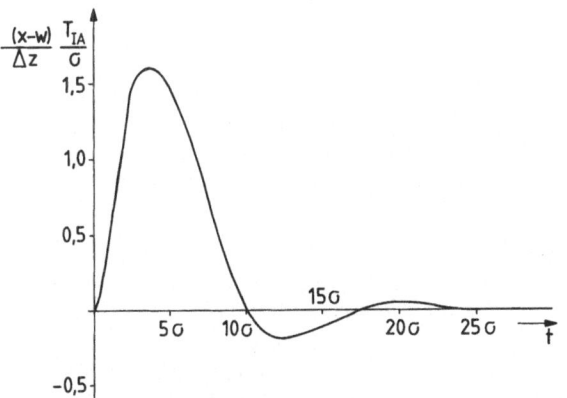

Bild 42. Übergangsfunktion der Regelgröße x eines symmetrisch optimierten Regelkreises nach Bild 37 nach einem Sprung der Störgröße z

der Zeitkonstante $4\sigma_n$ eingebracht, so ergibt sich bei einem kleinem Führungsgrößensprung ein Übergangsverhalten der Regelgröße nach Bild 41. Die Überschwingweite ist damit auf etwa 8 % reduziert worden, die Anregelzeit hat sich allerdings gegenüber Bild 38 mehr als verdoppelt, bezüglich der Ausregelzeit ist jedoch eine kleine Abnahme festzustellen. Das Führungsverhalten des Antriebs kann jetzt als gut bezeichnet werden.

Neben dem Führungsverhalten interessiert beim Drehzahlregelkreis auch das Verhalten der Regelgröße x bei einer sprunghaften Änderung der Störgröße z, oder, bezogen auf die hier vorliegende Anwendung, die Änderung der Drehzahl n bei einer sprunghaften Änderung des Gegenmoments M_G. In Bild 42 ist die Übergangsfunktion der Regelgröße x dargestellt, wie sie sich bei einer sprungartigen Entlastung des

Antriebs um ein ΔM_G ergibt. Auf der Ordinate ist die Größe

$$\frac{(x-w)}{\Delta z} \frac{T_{IA}}{\sigma}$$

aufgetragen. $(x-w)$ ist die Regelabweichung, wobei die Führungsgröße w für den betrachteten Zeitraum als konstant angenommen wird. Δz ist die Größe der sprunghaften Laständerung. $(x-w)/\Delta z$ ist somit die auf die Störgrößenänderung bezogene Regelabweichung. Um unabhängig von der Größe der Integrierzeit T_{IA} und der Summe der kleinen Zeitkonstanten σ zu einer allgemeingültigen Darstellung zu gelangen, muß die bezogene Regelgrößenabweichung noch mit dem Faktor T_{IA}/σ multipliziert werden [29]. Je größer also die Integrierzeit T_{IA} der Regelstrecke, je größer somit nach den Gln. (61) und (62) das Trägheitsmoment des Antriebs ist, desto kleiner wird die bezogene maximale Regelabweichung unter sonst gleichen Bedingungen. Je größer andererseits die Summe der kleinen Zeitkonstanten σ im Regelkreis ist, desto mehr Zeit benötigt der Regelkreis zum reagieren und desto größer wird die bezogene maximale Regelabweichung.

Die bisher angegebenen Übergangsfunktionen für das Betragsoptimum (Bild 31) und für das symmetrische Optimum (Bilder 38, 41 und 42) gelten nur, wenn eine genügend große Regelreserve im Regelsystem zur Verfügung steht, d.h. wenn während das Ausregelvorgangs keiner der beteiligten Regelverstärker an Aussteuerungsgrenzen kommt. Im Stromregelkreis kann über die Spannungsreserve für transiente Spannungsfälle D_f (Abschnitt 2.4.6.3) bei der Projektierung des Antriebs dafür gesorgt werden, daß im ungestörten Betrieb auch bei Nenndrehzahl n_N und Aufbau des maximalen Ankerstroms $I_{A\,max}$ keine Aussteuerungsbegrenzung erreicht wird. Im Drehzahlregelkreis dagegen muß der Ausgang des Drehzahlreglers begrenzt werden, da sonst bei größeren Sprüngen der Führungsgröße n_w dem Stromregelkreis zu große Stromsollwerte i_{Aw} vorgegeben werden würden. Diese würden kurzzeitige Ankerstromspitzen erzwingen, die weit über den zulässigen maximalen Ankerstrom $I_{A\,max}$ hinausgehen.

Um das zu vermeiden, erhält der Drehzahlregler eine einstellbare Ausgangsbegrenzung (siehe auch Bilder 26 und 27), die eine Begrenzung der Führungsgröße Ankerstrom i_{Aw} darstellt. Die Folge ist, daß bei einem Antrieb ohne Hochlaufgeber, z.B. bei dem in Bild 21 dargestellten, nach einer größeren sprunghaften Änderung der Führungsgröße n_w der Drehzahlregler an seine Ausgangsbegrenzung geht und der Antrieb an der Strombegrenzung hochläuft. Erst wenn die Regelgröße n die Führungsgröße n_w erreicht hat, löst sich der Drehzahlreglerausgang von der Begrenzung und der Regler kommt wieder in Eingriff. Während des Beschleunigungsvorgangs ist also der Drehzahlregler nicht im Eingriff, sein Eingang ist durch die große Differenz n_w-n übersteuert und sein begrenzter Ausgang gibt die konstante Führungsgröße $i_{Aw\,max}$ vor. Das Ablösen von der Strombegrenzung am Ende des Beschleunigungsvorgangs kostet Zeit und führt zu einem ungünstigen Überschwingen der Drehzahl.

Dieser Vorgang soll anhand von Bild 43b näher diskutiert werden. Der mit konstantem Gegenmoment M_G belastete Antrieb soll von einer kleinen Drehzahl auf eine höhere Drehzahl beschleunigt werden. Zur Zeit t_0 wird die Führungsgröße n_w sprunghaft geändert. Im Eingangskreis des Reglers ist C_{01} so gewählt, daß

$$t_{gnw} = 4\sigma_n$$

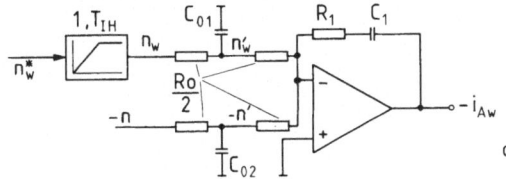

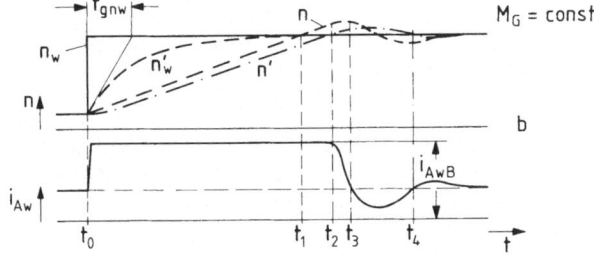

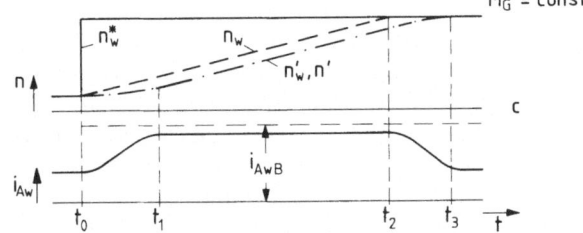

Bild 43. Zum Hochlauf eines Antriebs nach Bild 26. **a** Drehzahlregler mit Eingangsbeschaltung; **b** Hochlauf an der Strombegrenzung; **c** Hochlauf mit Hochlaufgeber

ist. Die dem Vergleichspunkt am Reglereingang zufließende geglättete Führungsgröße n'_w folgt n_w verzögert. Die im Vergleichspunkt wirksame Regeldifferenz $n'_w - n'$ wird schnell größer und als Folge steigt i_{Aw} rasch bis zum Begrenzungswert i_{AwB}, der dem maximalen Ankerstrom $I_{A\,max}$ entspricht, an.

Im Stromregelkreis wird der Ankerstrom I_A mit kleiner Verzögerung der Führungsgröße i_{Aw} folgen, was zum Aufbau des Drehmoments und zur Beschleunigung des Antriebs führt. Unter den genannten Bedingungen läßt ein konstantes Beschleunigungsmoment die Drehzahl n linear mit der Zeit t ansteigen. Zur Zeit t_1 hat die Regelgröße n die Führungsgröße n_w erreicht; wegen der Eingangsglättung im Regelgrößeneingang ist im Vergleichspunkt die Regeldifferenz jedoch immer noch

$$n'_w - n' > 0.$$

Erst im Zeitpunkt t_2 ist

$$n'_w - n' = 0,$$

anschließend kehrt die Regeldifferenz ihr Vorzeichen um. Wenn das geschehen ist, kann sich die Drehzahlreglerausgangsgröße i_{Aw} von der Begrenzung lösen und der Drehzahlregler ist wieder im Eingriff. Durch ihn wird der Ankerstrom I_A und damit auch das Maschinenmoment M_M zurückgenommen. Zwischen den Zeitpunkten t_3 und t_4 ist $M_M < M_G$ und der Antrieb wird abgebremst, wobei die Regeldifferenz $n'_w - n'$ nochmals ihr Vorzeichen ändert. Nach dem Zeitpunkt t_4 wird der Antrieb wieder ein bißchen beschleunigt und läuft dann asymptotisch in die Solldrehzahl ein.

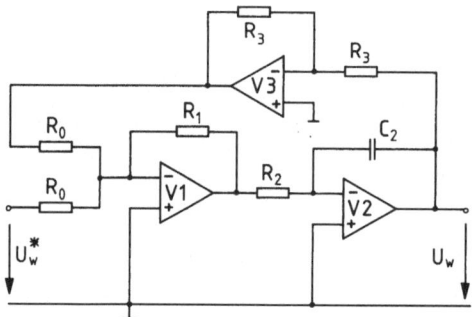

Bild 44. Grundsätzlicher Schaltplan eines analog arbeitenden Hochlaufgebers

Das vorstehend beschriebene Überschwingen der Drehzahl läßt sich vermeiden, wenn anstelle der Glättung mit einer Zeitkonstanten von $4\sigma_n$ im Führungsgrößeneingang mit einem Hochlaufgeber gearbeitet wird, der sprunghafte Änderungen der Führungsgröße n_w unmöglich macht.

Den grundsätzlichen Aufbau eines Hochlaufgebers zeigt Bild 44. Bei der Beschreibung der Funktion wird vom ausgeglichenen Zustand, d.h. $U_w^* = U_w$, ausgegangen. In diesem Zustand ist, da der Verstärker V3 im Eingangs- und Rückfuhrkreis den gleichen Widerstand R_3 hat und seine Proportionalverstärkung damit Eins ist, der Eingangsstrom des Verstärkers V1 und damit auch seine Ausgangsspannung Null, in den Eingang des Verstärkers V2 fließt kein Strom. Springt die Spannung U_w^* auf einen größeren Wert, so springt die Ausgangsspannung von V1 ins Negative. Üblicherweise ist wegen $R_1 \gg R_0$ die Proportionalverstärkung sehr groß, so daß die Ausgangsspannung durch ihren negativen Grenzwert bestimmt wird. Der als Integrator geschaltete Verstärker V2 liefert an seinem Ausgang die gewünschte lineare Rampenfunktion, deren Steilheit durch die Integrierzeit $T_{IV} = C_2 R_2$ des Verstärkers und die Größe der begrenzten Ausgangsspannung bestimmt wird. Über den positiven Grenzwert läßt sich entsprechend die Steilheit der abfallenden Rampe beim Verzögern des Antriebs einstellen. Hat die Spannung U_w die Größe von U_w^* erreicht, so herrscht wieder der ausgeglichene Zustand und die Rampenfunktion geht in eine Waagerechte über.

Anhand von Bild 43c soll nun beschrieben werden, wie der Drehzahlregelkreis mit vorgeschalteten Hochlaufgeber arbeitet. Zur Zeit t_0 wird die Führungsgröße n_w^* durch eine Sollwertaufschaltung sprungartig erhöht. Der Hochlaufgeberausgang antwortet mit der besprochenen Rampenfunktion n_w, die zum Zeitpunkt t_2 den Wert n_w^* wieder erreicht hat. Im Zeitraum $t_0 < t < t_1$ ist die Regeldifferenz $n_w' - n'$ etwas positiv, was zum Ansteigen der Ankerstromführungsgröße i_{Aw}, des Ankerstroms I_A und des Maschinenmoments M_M führt. Im Zeitpunkt t_1 ist i_{Aw} so weit erhöht worden, daß die Regeldifferenz $n_w' - n' = 0$ geworden ist; der Antrieb läuft jetzt mit konstantem Ankerstrom und konstantem Beschleunigungsmoment hoch. Der Anstieg der Führungsgröße Drehzahl, das dn_w/dt, muß so gewählt sein, daß i_{Aw} während des gesamten Hochlaufs kleiner als der Begrenzungswert i_{AwB} bleibt. Im Zeitraum $t_2 < t < t_3$ wird die Regeldifferenz $n_w' - n' < 0$, was zur Verkleinerung von i_{Aw} führt, bis zum Zeitpunkt t_3 stabiler Betrieb bei der neuen Solldrehzahl erreicht ist. Der Hochlaufgeber bietet den Vorteil, daß mit seiner Hilfe ein Antrieb mit konstanter, also belastungsunabhängiger Beschleunigung hochgefahren und abgebremst werden kann, ferner wird ein Überschwingen der Regelgröße über einen vorgegebenen Sollwert hinaus vermieden; die Regler bleiben dauernd im Eingriff.

Die Anregelzeit in der Drehzahlregelung bei kleinen Führungsgrößensprüngen ergibt sich für den symmetrisch optimierten Regelkreis mit Eingangsglättung der Führungsgröße nach Bild 40a unter der Voraussetzung, daß kein Regelverstärker an seine Ausgangsbegrenzung geht, nach Bild 41 zu

$$t_{an} = 7{,}3\sigma_n = 7{,}3\,(2\sigma_i + t_{gn}). \qquad (63)$$

Für einen Stromrichter in Drehstrombrückenschaltung nach Bild 21 ist die Pulszahl $p = 6$, die mittlere Totzeit des Stromrichters ergibt sich beim Anschluß an das 50-Herz-Netz nach Gl. (45) zu

$$t_T = \frac{T}{2p} = \frac{20\,\text{ms}}{12} = 1{,}7\,\text{ms}.$$

Aufgrund der gewählten Stromerfassungsschaltung sei eine Glättung mit einer Zeitkonstante

$$t_{gi} = 2\,\text{ms}$$

erforderlich, die Summe der kleinen Zeitkonstanten des Stromregelkreises wird damit

$$\sigma_i = (1{,}7 + 2)\,\text{ms} = 3{,}7\,\text{ms}.$$

Die Anregelzeit des Drehzahlregelkreises ist nach Gl. (63) von den Größen σ_i und t_{gn} abhängig. Die im Rückführkreis der Drehzahl erforderliche Glättungskonstante t_{gn} wird in starkem Maße durch den eingesetzten Drehzahlgeber und den geforderten Drehzahlregelbereich bestimmt.

Der heute meist verwendete Drehzahlgeber ist der permanenterregte Gleichstromtachogenerator, dessen Ausgangsspannung über einen einstellbaren Spannungsteiler an die maximale Reglereingangsspannung angepaßt wird. Die Ausgangsgleichspannung des Tachogenerators enthält einen Wechselanteil, dessen Amplitude und Frequenz hauptsächlich durch die Konstruktionsdaten der Maschine, wie Nutenzahl und Lamellenzahl des Kommutators, sowie durch die Drehzahl bestimmt wird. Je größer der geforderte Drehzahlregelbereich ist und je höher die Forderungen an eine kleine Anregelzeit in der Drehzahlregelung sind, desto besser muß die Qualität des Tachogenerators sein. Bei sehr guten Tachogeneratoren kommt man auch bei einem großen Drehzahlregelbereich mit einer Glättungszeitkonstante von etwa $t_{gn} = 5$ ms aus. Bei weniger hohen Anforderungen können einfachere Tachogeneratoren eingesetzt werden, die dann erheblich größere Glättungszeitkonstanten erfordern.

Wird $t_{gn} = 5$ ms in Gl. (63) eingesetzt, so ergibt sich

$$t_{an} = 7{,}3\,(7{,}4 + 5)\,\text{ms} \approx 90\,\text{ms}.$$

Anregelzeiten wesentlich unter 100 ms in der Drehzahlregelung lassen sich mit netzgeführten Stromrichtern nicht erreichen. Werden höhere Forderungen an die Regeldynamik gestellt, so muß auf mit hohen Taktfrequenzen arbeitende selbstgeführte Stromrichter übergegangen werden (siehe auch Abschnitt 2.5.7); bei Servoantrieben ist das eine durchaus übliche Technik.

Neben den Gleichstromtachogeneratoren werden auch Drehstromtachogeneratoren angeboten; hier wird der Kommutator durch einen nachgeschalteten Gleichrichter ersetzt. Die Welligkeit des Ausgangssignals ist in der Regel höher als bei den Gleichstromtachogeneratoren, es wird dadurch eine größere Glättungszeitkonstante erforderlich. Der Drehstromtacho mit nachgeschaltetem Gleichrichter gibt weiterhin nur den Betrag der Drehzahl an und nicht die Drehrichtung, weshalb diese Lösung nur für Einquadrantantriebe mit nicht zu hohen Anforderungen an die Regeldynamik eingesetzt wird.

Tachogeneratoren sind Temperaturschwankungen unterworfen, die sich einerseits über die Permanenterregung auf die magnetische Flußdichte und andererseits auf den Ankerwiderstand auswirken. Auch mit temperaturkompensierten Tachogeneratoren läßt sich daher die Drehzahl nur auf etwa 1 ‰ genau erfassen.

Werden höhere Anforderungen an die Drehzahlgenauigkeit gestellt und soll, z.B. bei Gleichlaufregelungen, auch der Drehwinkel mit erfaßt werden, so ist auf eine digitale Drehzahlerfassung überzugehen.

2.5.6 Geregelter Betrieb im Feldschwächbereich

Gleichung (43) läßt sich für den stationären Betrieb umformen in

$$n = \frac{1}{c_1} \frac{U_i}{\Phi_H}. \tag{64}$$

Bei einer elektrisch erregten Maschine gibt es somit zwei mögliche Wege, die Drehzahl zu verstellen, entweder durch Änderung der inneren Spannung oder aber durch Änderung des Hauptpolflusses (Bild 45).

Bisher wurde die Drehzahlsteuerung über die Ankerspannung und damit über die innere Spannung behandelt. Der zugehörige Steuerbereich $0 \leq n \leq n_g$ wird der Ankersteuerbereich oder der Grunddrehzahlbereich genannt. Die Grunddrehzahl n_g ist dabei die höchste Drehzahl, bei der die Gleichstrom-Kommutatormaschine bei Nennerregung ($\Phi_H = \Phi_{HN}$) unter Berücksichtigung aller Spannungsfälle noch ihr maximales Drehmoment $M_{M\,max}$ abgeben kann.

Zu höheren Drehzahlen hin schließt sich an den Grunddrehzahlbereich der Feldsteuerbereich, auch Feldschwächbereich genannt, an. Der für eine bestimmte Drehzahl erforderliche magnetische Fluß ergibt sich durch Umformung von Gl. (64) zu

$$\Phi_H = \frac{1}{c_1} \frac{U_i}{n}. \tag{65}$$

Für den stationären Betrieb geht Gl. (42) über in

$$M_M = c_2 I_A \Phi_H;$$

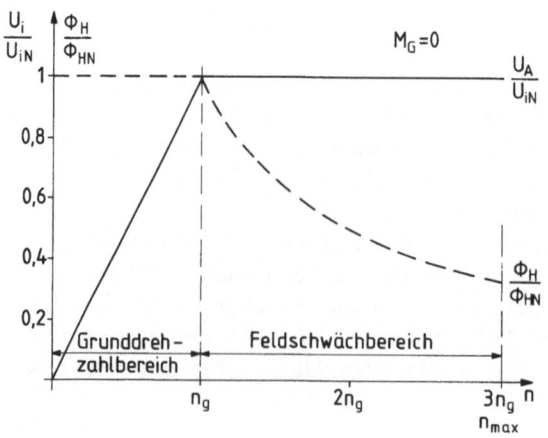

Bild 45. Abhängigkeit der inneren Ankerspannung U_i und des magnetischen Hauptpolflusses Φ_H von der Drehzahl im Grunddrehzahlbereich ($0 \leq n \leq n_g$) und im Feldschwächbereich ($n_g \leq n \leq n_{max}$)

im Grunddrehzahlbereich ist wegen $\Phi_H = \Phi_{HN}$ und $C_2 = c_2 \Phi_{HN}$

$$M_M = C_2 I_A, \tag{66}$$

das Maschinenmoment ist dem Ankerstrom proportional. Im Feldschwächbereich kann Φ_H durch Gl. (65) ausgedrückt werden und es ergibt sich

$$M_M = \frac{c_2}{c_1} \frac{U_i I_A}{n}. \tag{67}$$

Im Feldschwächbereich ist es üblich, über die Feldschwächreglung entweder die innere Spannung auf dem Wert

$$U_i = U_{iN}$$

zu halten oder aber, was regelungstechnisch einfacher ist, die Klemmenspannung der Maschine konstant zu halten, also auf

$$U_A = U_{AN}$$

zu regeln. Wird vereinfachend für beide Fälle $U_i = U_{iN}$ gesetzt, so geht Gl. (67) über in

$$M_M = K_2 \frac{I_A}{\omega_{mech}}$$

mit

$$K_2 = \frac{c_2}{c_1} 2\pi U_{iN}. \tag{68}$$

Bei konstantem Ankerstrom ist somit das Maschinenmoment der Drehzahl umgekehrt proportional.

Die vom Antrieb abgegebene mechanische Leistung ist nach Gl. (1)

$$P_{mech} = \omega_{mech} M_M.$$

Für den Grunddrehzahlbereich folgt mit Gl. (66)

$$P_{mech} = C_2 \omega_{mech} I_A$$

und für den Feldschwächbereich mit Gl. (68)

$$P_{mech} = K_2 I_A.$$

Der Grunddrehzahlbereich wird auch „Bereich konstanten Drehmoments" und der Feldschwächbereich „Bereich konstanter Leistung" genannt, weil bei einem konstanten Ankerstrom I_A im ersten Fall das Drehmoment und im zweiten die Leistung drehzahlunabhängig ist.

Die vorstehend abgeleiteten charakteristischen Gleichungen für den Grunddrehzahl- und Feldschwächbereich sind in Tabelle 7 zusammengestellt.

Tabelle 7. Charakteristische Gleichungen für den Grunddrehzahl- und den Feldschwächbereich

	Grunddrehzahlbereich $\Phi_H = \Phi_{HN}$	Feldschwächbereich $U_A = U_{AN}$ oder $U_i = U_{iN}$
Drehzahl (aus Gl. (43)) $n = \dfrac{1}{c_1} \dfrac{U_i}{\Phi_H}$	$C_1 U_i$	$K_1 \dfrac{1}{\Phi_H}$
Drehmoment (aus Gl. (42)) $M_M = c_2 I_A \Phi_H$	$C_2 I_A$	$K_2 \dfrac{I_A}{\omega_{mech}}$
Leistung (aus Gl. (1)) $P_{mech} = \omega_{mech} M_M$	$C_2 I_A \omega_{mech}$	$K_2 I_A$

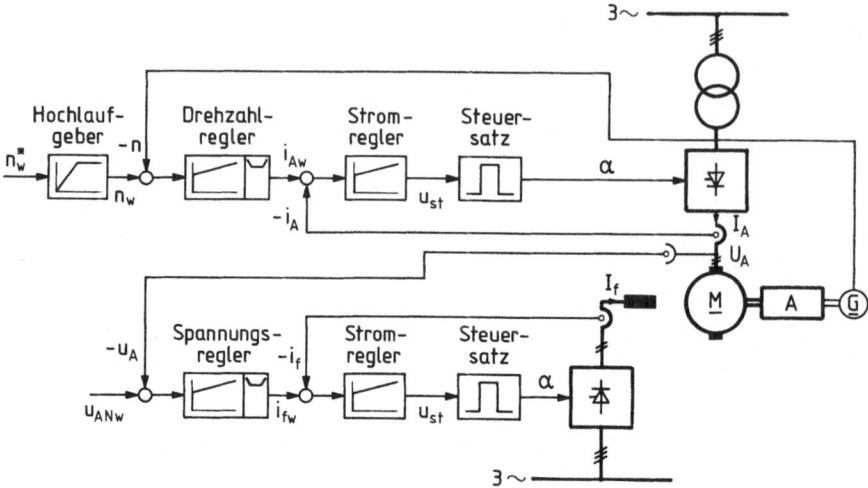

Bild 46. Drehzahlgeregelte stromrichtergespeiste kompensierte Gleichstrom-Kommutatormaschine für Einquadrantbetrieb mit Feldschwächregelung – grundsätzlicher Schaltplan

Als zulässiger Feldschwächbereich für Gleichstrom-Kommutatormaschinen gilt etwa 1:2 bei unkompensierter und 1:4 bei kompensierter Ausführung. Im Bild 45 sind die Größen U_A und Φ_H für einen Feldschwächbereich von 1:3 dargestellt.

Um Feldschwächbetrieb fahren zu können, muß der grundsätzliche Schaltplan (Bild 46) gegenüber dem im Bild 26 gezeigten um den Feldregelteil erweitert werden. Als Leistungsstellglied wird auch hier ein Stromrichter eingesetzt, der vom Feldstromregler her ausgesteuert wird. Dem Feldstromregelkreis ist der Ankerspannungsregelkreis überlagert.

Die gesamte Struktur des Regelkreises gibt Bild 47 wieder. Dem Vergleichspunkt im Eingang des Ankerspannungsreglers wird die Ankernennspannung als Führungsgröße u_{ANw} vorgegeben. Im Grunddrehzahlbereich ($n < n_g$) ist die Regelgröße $u_A < u_{AN}$. Die anstehende Regeldifferenz $u_{ANw} - u_A$ sorgt dafür, daß der Ankerspannungsregler an der Ausgangsbegrenzung liegt. Diese ist so eingestellt, daß in diesem Betriebsfall dem Feldstromregler der Nennerregerstrom als Führungsgröße vorgegeben wird. Auf diese Weise ist sichergestellt, daß die Gleichstrom-Kommutatormaschine im Grunddrehzahlbereich mit dem Nennerregerstrom betrieben wird.

Beim Übergang in den Feldschwächbereich wird über den Ankerstromrichter kurzzeitig eine Spannung, die höher als die Ankernennspannung ist, an den Ankerkreis gelegt. Der Stromrichter ist dazu aufgrund der im Abschnitt 2.4.6 beschriebenen Dimensionierung in der Lage. Sobald die Regeldifferenz $u_{ANw} - u_A$ am Eingang des Ankerspannungsreglers ihr Vorzeichen umkehrt und negativ wird, löst sich die Ausgangsgröße i_{fw} von der Begrenzung und über den Erregerstromregelkreis wird der Erregerstrom I_f so lange verkleinert, bis die Regeldifferenz am Ankerspannungsreglereingang zu Null geworden ist.

Soll der Antrieb im Feldschwächbereich am Gegenmoment abgebremst werden, so wird zunächst im Ankerkreis die Spannung abgesenkt. Über den Feldregelkreis wird anschließend der Erregerstrom so lange erhöht, bis die Ankerspannung wieder ihren Nennwert erreicht hat.

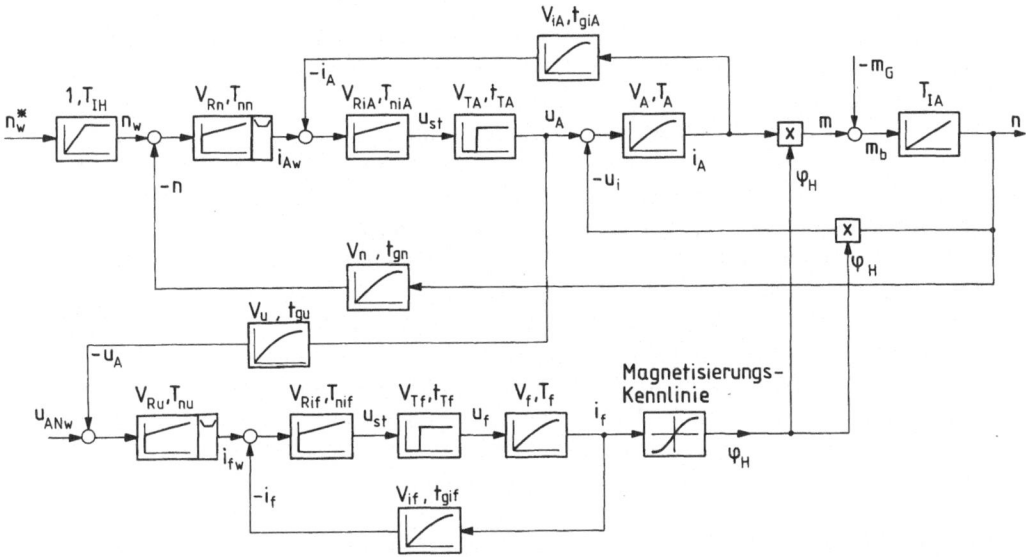

Bild 47. Drehzahlgeregelte stromrichtergespeiste kompensierte Gleichstrom-Kommutator-maschine für Einquadrantbetrieb mit Feldschwächregelung – Strukturbild. Benennungen ergänzend zu Bild 27: u_{ANw} Führungsgröße für Nennwert der Ankerspannung, i_{fw} Führungs-größe des Erregerstroms, i_f Erregerstrom, u_f Erregerspannung

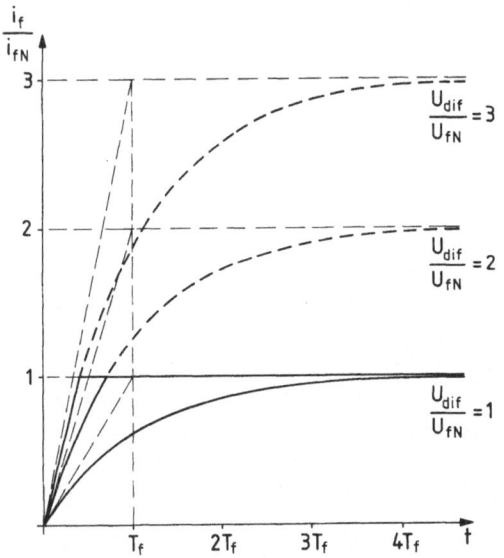

Bild 48. Zeitlicher Verlauf des Erregerstroms i_f als Antwort auf einen Sprung der Führungsgröße i_{fw} von Null auf i_{fNw} bei unterschiedlich hohen Deckenspannungen des Feldstromrichters

Bei einer Änderung der Führungsgröße n_w oder der Störgröße m_G wird im Feldschwächbereich somit zunächst vom Drehzahlregler über den Ankerstromregler und den Ankerstromrichter auf die Ankerspannung und damit auf den Ankerstrom eingewirkt; der Ankerspannungsregelkreis führt dann anschließend über den Erreger-strom den Hauptpolfluß der Maschine so nach, daß im stationären Betrieb $u_A = u_{AN}$ wird.

Um auch im Feldschwächbereich eine gute Regeldynamik zu erreichen, muß der Hauptpolfluß Φ_H hinreichend schnell verändert werden können. Grundsätzliche Voraussetzung dafür ist, daß der magnetische Pfad des Hauptpolflusses nur geringe Dämpfung aufweist, daß also der Fluß dem ihn erregenden Strom möglichst unmittelbar folgen kann (siehe auch Abschnitt 2.2). Weiterhin muß der Erregerstromrichter über eine hinreichende Spannungsreserve verfügen, um trotz der im Vergleich zur Ankerzeitkonstanten T_A sehr großen Erregerzeitkonstante T_f zu den gewünschten kurzen Stellzeiten des Erregerstroms zu kommen. Im Bild 48 ist die Übergangsfunktion $i_f = f(t)$ für drei verschiedene Deckenspannungen des Feldstromrichters dargestellt, wobei davon ausgegangen wurde, daß während der Stromänderung die maximale Stromrichterausgangsspannung an der Erregerwicklung liegt. Üblicherweise wird die Deckenspannung, die maximale Ausgangsspannung des Stromrichters, zwei- bis dreimal so groß wie die Erregernennspannung gewählt. Der Feldstromrichter ist als vollgesteuerter Stromrichter auszuführen, um den Erregerstrom auch mit einer entsprechenden negativen Spannung schnell verkleinern zu können.

Die Erregerzeitkonstante fremderregter Gleichstrommaschinen liegt im Bereich von etwa 100 ms bis zu einigen s, wobei der große Wert für große langsam laufende Gleichstrommaschinen im MW-Bereich gilt.

Auf die Optimierung des Gesamtsystems, das aus stark vermaschten nicht linearen Regelkreisen besteht, soll hier nicht eingegangen werden; es sei auf die in [32] gegebenen Lösungsansätze verwiesen.

2.5.7 Abschließende Bemerkungen

Die im Abschnitt 2.5 wiedergegebenen Überlegungen zur Regelung der stromrichtergespeisten Gleichstrom-Kommutatormaschine und die beschriebenen Strukturbilder gelten exakt nur bei Verwendung einer Maschine ohne Ankerrückwirkung und unter der Voraussetzung, daß der Läufer der Gleichstrommaschine mit dem Läufer der Arbeitsmaschine starr gekuppelt ist, so daß beide Läufer gemeinsam als eine starre Masse mit dem Trägheitsmoment J nach Gl. (38) aufgefaßt werden können.

Die erste Voraussetzung, fehlende Ankerrückwirkung, ist nur bei kompensierten Gleichstrom-Kommutatormaschinen näherungsweise erfüllt. Bei den permanenterregten Gleichstrommaschinen, bei denen die Permanentmagnete auf der Poloberfläche befestigt sind, wodurch ein großer magnetisch wirksamer Luftspalt gegeben ist, kann die Ankerrückwirkung im allgemeinen vernachlässigt werden. Bei permanenterregten Gleichstrommaschinen, die mit Flußkonzentratoren arbeiten, bei denen die Polschuhoberfläche also aus magnetisch gut leitendem Material besteht, wirkt sich die Ankerrückwirkung jedoch ebenso aus, wie bei den elektrisch erregten Gleichstrommaschinen ohne Kompensationswicklung.

Die Ankerrückwirkung verursacht eine ankerstromabhängige Schwächung des Hauptpolflusses, wobei dieser nach einer sprungartigen Änderung des Ankerstroms mit einer Zeitkonstantenfunktion verzögert in seinen neuen stationären Wert einläuft. Wird die Ankerrückwirkung im Strukturbild der Gleichstrom-Kommutatormaschine berücksichtigt, so führt das zu einem komplexeren Maschinenmodell [30,35] und die in den Abschnitten 2.5.4 und 2.5.5 angegebenen Optimierungsvorschriften lassen sich so nicht mehr anwenden. Soll das Höchstmögliche an Regeldynamik erreicht werden, so ist die Struktur des Regelkreises an die komplexere Struktur der Regelstrecke anzupassen.

Bei weniger hohen Anforderungen wird man die in den Abschnitten 2.5.1 bis 2.5.5 angegebenen Strukturen der Regelkreise beibehalten. Bei der Inbetriebsetzung sind dann Verstärkung und Nachstellzeit des Drehzahlreglers, ausgehend von den nach den Optimierungsvorschriften für die ankerrückwirkungsfreie Maschine gefundenen Daten, empirisch so zu bestimmen, daß die Übergangsfunktionen der Regelgröße unter den ungünstigsten Umständen, also bei kleinster Integrierzeit des Antriebs, näherungsweise den in den Bildern 41 und 42 dargestellten Verläufen entsprechen. Wird bei großen Ankerströmen, also bei starker Ankerrückwirkung, die Integrierzeit des Antriebs größer, so vergrößern sich die An- und Ausregelzeiten der Drehzahlregelung.

Bei speziellen Gleichstrom-Kommutatormaschinen, insbesondere bei den in Servoantrieben teilweise eingesetzten Scheiben- und Glockenläufermaschinen, sind die Ankerkreiszeitkonstanten und die Integrierzeiten so klein, daß sie nicht mehr groß gegenüber den übrigen Zeitkonstanten und Totzeiten sind. In diesen Fällen läßt sich das in den Abschnitten 2.5.4 und 2.5.5 beschriebene Optimierungsprinzip nicht anwenden. Hier empfiehlt es sich, vom Verfahren der unterlagerten Regelkreise abzugehen und auf eine direkte Aussteuerung des Stromrichters vom Drehzahlregler her überzugehen. Die erforderliche Strombegrenzung erfolgt über einen eigenen Strombegrenzungsregler, der auf die Ausgangsbegrenzung des Drehzahlreglers einwirkt [32].

Ist die andere eingangs dieses Abschnitts erwähnte Bedingung nicht erfüllt, sind die Läufer von Gleichstrommaschine und Arbeitsmaschine nicht starr, sondern über ein elastisches Glied und/oder eine Kupplung bzw. ein Getriebe mit Lose miteinander verbunden, so geht das ebenfalls in die Struktur der Regelstrecke ein [30] und ist in der Struktur und bei der Optimierung der Regelkreise zu berücksichtigen.

Wie aus den Abschnitten 2.5.4 und 2.5.5 zu entnehmen ist, geht die mittlere Totzeit des Stromrichters stark in die Anregelzeit der Drehzahlregelung ein. Diese mittlere Totzeit ist beim netzgeführten Stromrichter nach Gl. (45) von der Netzfrequenz und der Pulszahl abhängig. Bei Antrieben im unteren und mittleren Leistungsbereich ist es aus wirtschaftlichen Erwägungen heraus nicht sinnvoll, mit der Pulszahl höher als $p=6$ zu gehen; $p=6$ entspricht der Drehstrombrückenschaltung.

Sollen dennoch kleinere Anregelzeiten erreicht werden, bei Servoantrieben ist das mitunter der Fall, so ist der netzgeführte Stromrichter durch einen selbstgeführten Stromrichter mit hoher Arbeitsfrequenz zu ersetzen. Üblich ist für derartige Fälle der Einsatz von Zweiquadranten-Gleichstromstellern [22,24], mit denen bei nicht lückendem Gleichstrom I_A der Mittelwert der Ankerspannung U_A unter idealisierten Bedingungen im Bereich

$$-U_n < U_A < U_n$$

schnell verstellt werden kann (Bild 49). Die gleiche Überlegung gilt bei elektrisch erregten Servomaschinen auch für die Erregerspannung U_f. Die Gleichspannung U_n wird im Bild 49 einem Gleichspannungsnetz entnommen; dieses kann z.B. über einen ungesteuerten Diodengleichrichter aus dem Drehstromnetz gewonnen werden und mehrere Stellantriebe speisen. Als abschaltbare elektrische Ventile werden im Leistungsbereich bis zu einigen zig kW bipolare Transistoren eingesetzt, bei höheren

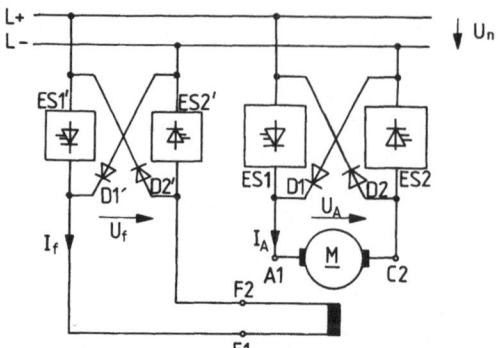

Bild 49. Anker- und Feldspeisung einer Gleichstrom-Kommutatormaschine über Zweiquadranten-Gleichstromsteller aus einem Gleichstromnetz.
ES Elektronischer Schalter

Leistungen kommen abschaltbare Thyristoren (GTO's) oder schnelle Thyristoren mit den entsprechenden Kommutierungskreisen in Frage.

Zur Zeit halten die Mikroprozessoren ihren Einzug in die Regelungstechnik und damit auch in die Antriebstechnik. Erste Lösungen für die Drehzahlregelung von Gleichstrom-Kommutatormaschinen wurden bereits in der zweiten Hälfte der 70er Jahre angegeben [36]. In der Zwischenzeit wurden einerseits die theoretischen Grundlagen für den Einsatz von Mikroprozessoren in der Regelungstechnik geschaffen und veröffentlicht [37], andererseits wurden industriell vielseitig einsetzbare programmierbare Reglersysteme entwickelt [38]. Mikroprozessoren erlauben es nicht nur, die Reglerbausteine der Analogtechnik durch programmierbare Funktionsblöcke zu ersetzen, sondern sie ermöglichen auch technische Fortschritte in den Regelverfahren. So erschließen z.B. Modell-Stromführungsverfahren [39] neue Wege in der Stromregelung und verbessern das bisher immer etwas kritisch gewesene Verhalten der Stromregelung im Lückbereich des Stromrichters (siehe auch Abschnitt 2.6.4.1). Weiterhin lassen sich durch den Einsatz von Mikroprozessoren auch regelungstechnische Aufgaben lösen, die in der Analogtechnik entweder gar nicht oder nur mit großem Aufwand lösbar sind wie z.B. hochgenaue mehrdimensionale Lageregelungen [40], Zustandsregelungen mit Beobachter und adaptive Regelungen [41] sowie Kaskadenzustandsregelungen [42].

2.6 Mehrquadrantenantriebe mit netzgeführtem Stromrichter

Nach Gl. (42) ist das Drehmoment einer Gleichstrom-Kommutatormaschine dem Produkt aus Ankerstrom I_A und Hauptpolfluß Φ_H proportional. Soll der Antrieb abgebremst werden, soll zum Beispiel bei Rechtslauf die Maschine vom motorischen Betrieb (Quadrant I in Bild 50) in den generatorischen Betrieb (Quadrant IV) übergehen, so muß das Drehmoment sein Vorzeichen wechseln. Dazu ist nach Gl. (42) erforderlich, daß entweder der erregerstrom I_A oder der Hauptpolfluß Φ_H sein Vorzeichen ändert; eine Umkehr des Hauptpolflusses Φ_H läßt sich über die Umkehr des Erregerstroms I_f erreichen.

Bild 51 zeigt die grundsätzlichen Möglichkeiten auf, wie die stromrichtergespeiste Gleichstrom-Kommutatormaschine, ausgehend von dem in den Abschnitten 2.4 und 2.5 beschriebenen Einquadrantantrieb (der bei vollgesteuertem Ankerstromrichter ja schon ein Zweiquadrantenantrieb ist (Bild 20)), zu einem Vierquadrantenantrieb

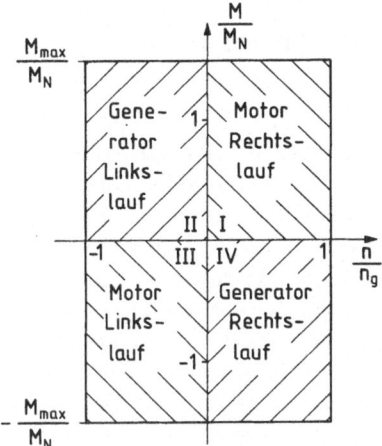

Bild 50. Arbeitsbereiche des Umkehrantriebs (Vierquadrantenantriebs) in der Drehmoment-Drehzahlebene (Grunddrehzahlbereich)

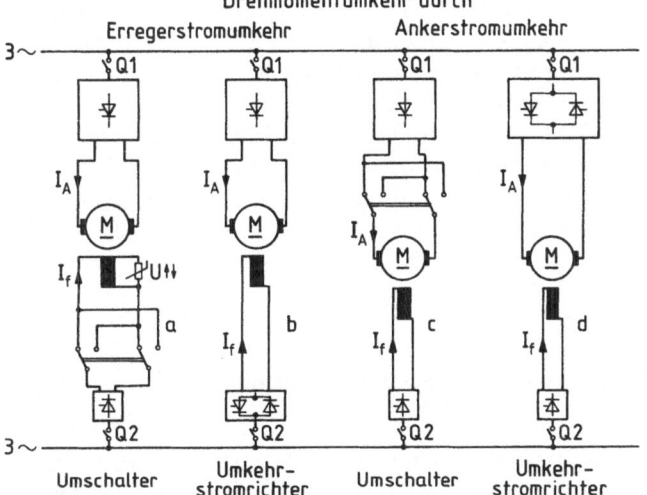

Bild 51. Stromrichtergespeiste Gleichstrom-Kommutatormaschine – grundsätzliche Schaltungen für Umkehrantriebe mit netzgeführten Stromrichtern

oder Umkehrantrieb erweitert werden kann. Entweder kann die Umkehr des Drehmoments durch Umkehr des Ankerstroms I_f erfolgen (Bild 51a und b) oder durch die Umkehr des Ankerstroms I_A (Bild 51c und d). Die Stromumkehr kann in beiden Fällen entweder durch einen Stromwendeschalter (Bild 51a und c) oder durch einen Umkehrstromrichter (Bild 51b und d) bewirkt werden.

Für den Vierquadrantenantrieb der stromrichtergespeisten Gleichstrom-Kommutatormaschine steht damit eine Reihe von Möglichkeiten offen. Die einzelnen Varianten, auf die im folgenden näher eingegangen wird, unterscheiden sich sowohl hinsichtlich des erforderlichen Aufwands und damit der Anschaffungskosten als auch bezüglich der für die Umkehr des Drehmoments benötigten Zeit.

2.6.1 Feldumkehrschaltung mit mechanischer Umschaltung des Erregerstroms

Werden an die Dynamik der Momentumkehr keine Anforderungen gestellt, soll z.B. der Antrieb nur gelegentlich einmal elektrisch abgebremst werden, ohne daß es auf die Bremsdauer ankommt, oder soll ein Antrieb gelegentlich einmal vom Stillstand aus in die andere Drehrichtung beschleunigt werden, so kann eine Schaltung ähnlich Bild 51a, jedoch mit ungesteuertem Feldstromrichter, Verwendung finden. Zur Erreger-stromumkehr ist zunächst der Schalter Q2 zu öffnen, dann ist das Abklingen des Erregerstroms I_f, das im wesentlichen nach der Erregerzeitkonstanten erfolgt, abzuwarten. Ist I_f zu Null geworden, kann der Wendeschalter betätigt und anschlie-ßend Q2 wieder eingelegt werden. Der Erregerstrom baut sich dann entsprechend der Erregerzeitkonstanten mit gewechselter Polarität wieder auf. Wird der Wendeschalter betätigt, ehe der Erregerstrom abgeklungen ist, so hält die im Erregerfluß gespeicherte magnetische Energie den Erregerstrom zunächst über einen Schaltlichtbogen aufrecht; reißt der Lichtbogen ab, so können an der Erregerwicklung kurzzeitig hohe Spannungen auftreten. Um einen Spannungsdurchschlag im Bereich der Erregerwick-lung zu vermeiden, ist es sinnvoll, diese mit einem parallelgeschalteten spannungsun-abhängigen Widerstand — z.B. einem Varistor — zu schützen.

Bei etwas höheren Anforderungen kann der Erregerstromrichter, wie im Bild 51a dargestellt, gesteuert ausgeführt werden. Durch Umsteuern des Stromrichters in den Wechselrichterbetrieb kann der Erregerstrom schneller auf Null gebracht werden. Wird dann die Deckenspannung des Stromrichters noch höher als die Erregernenn-spannung gewählt, so kann die für die Stromumkehr benötigte Zeit verkürzt werden (siehe auch Bild 48).

2.6.2 Feldumkehrschaltung mit elektronischer Umsteuerung des Erregerstroms

Gehört die Umkehr des Drehmoments zum Arbeitsspiel des Antriebs und wird eine bessere Dynamik verlangt, so empfiehlt sich die Umkehr des Erregerstroms mittels eines Umkehrstromrichters [20,22] (Bild 51b). Ein typisches Anwendungsbeispiel hierfür sind Seilförderanlagen, bei denen die Wegstrecke des Förderkorbs oder Fördergefäßes bekannt ist und die Momentumkehr zeitig genug eingeleitet werden kann, so daß die Zeit für die Umkehr des magnetischen Feldes sich nicht störend bemerkbar macht [43—45].

Aber auch für andere Antriebsaufgaben wie z.B. als Walzwerksantrieb in Kontistraßen und als Propellerantrieb auf Schiffen [46] werden stromrichtergespeiste Gleichstrom-Kommutatormaschinen in Feldumkehrschaltung eingesetzt. Um auch bei großen Zeitkonstanten T_f des Erregerkreises das magnetische Hauptpolfeld in annehmbarer Zeit umkehren zu können, wird das Verhältnis Nennerregerspannung U_{fN} zu Deckenspannung U_{dif} des Erregerstromrichters üblicherweise zu 1:3 bis 1:4 gewählt.

Ein Gleichstromantrieb mit Feldumkehr kann nach dem grundsätzlichen Schalt-plan des Bildes 52 aufgebaut werden. Um die Funktion der einzelnen Baugruppen zu erläutern, wird im folgenden das Verhalten der Schaltung nach einem Führungsgrö-ßensprung in der Drehzahl von einem größeren auf einen kleineren positiven Sollwert

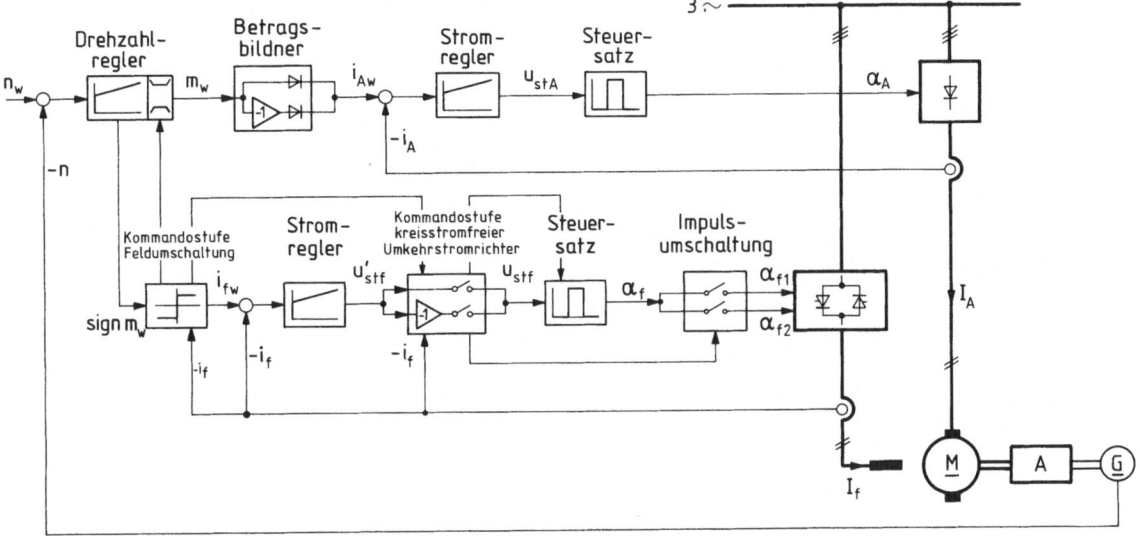

Bild 52. Stromrichtergespeiste Gleichstrom-Kommutatormaschine mit elektronischer Feldumkehr – grundsätzlicher Schaltplan

zum Zeitpunkt t_1 betrachtet (Bild 53). Der Antrieb sei, wie bei einer Fördermaschine üblich, mit konstantem Gegenmoment belastet.

Vor Beginn der Drehzahlabsenkung ($t < t_1$) ist $M_M = M_G$, d.h. die Maschine läuft mit konstanter Drehzahl. Die Hauptpole der Maschine werden mit Nennerregerstrom I_{fN} erregt, der Ankerstrom I_A stellt sich der Momentanforderung m_w entsprechend ein. Wird eine kompensierte Maschine vorausgesetzt, so ist bei konstantem Erregerstrom der Betrag des Drehmoments dem Ankerstrom proportional.

Zum Zeitpunkt t_1 wird die Führungsgröße der Drehzahl n_w sprunghaft verkleinert, der Drehzahlregler fordert negatives Moment an. Der Vorzeichenwechsel wird über „sign m_w" an die „Kommandostufe Feldumschaltung" gemeldet. Diese reagiert mit drei Ausgangsfunktionen:

1. die Führungsgröße i_{fw} wird von $+ i_{fNw}$ auf $- i_{fNw}$ umgeschaltet,
2. die Ausgangsbegrenzungen des Drehzahlreglers werden auf Null gezogen ($m_w = 0$),
3. die „Kommandostufe kreisstromfreier Umkehrstromrichter" wird auf die Umkehr des Erregerstroms programmiert.

Als Folge dieser Maßnahmen wird

— der Erregerstromrichter 1 sofort an die Wechselrichtertrittgrenze gefahren ($\alpha_{f1} = \alpha_{fw}$) und der Erregerstrom gegen die maximale Gegenspannung abgebaut,
— die Führungsgröße m_w und damit über den Betragsbildner auch die Führungsgröße i_{Aw} auf Null gebracht. Das bewirkt einen schnellen Abbau des Ankerstroms I_A und damit auch des Maschinenmoments M_M; zum Zeitpunkt t_2 sind beide Größen Null.

Im Zeitraum $t_2 \leqq t \leqq t_3$ gibt der Antrieb kein Moment ab ($m_M = 0$), die rotierenden Massen werden durch das Gegenmoment abgebremst, die Drehzahl n sinkt ab.

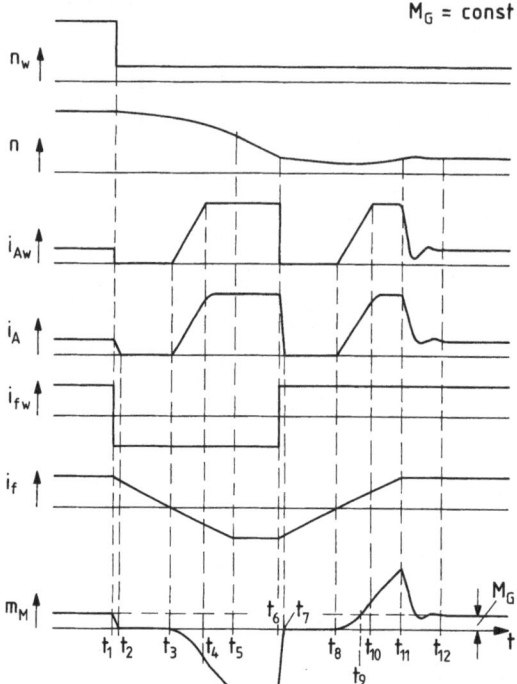

Bild 53. Zeitlicher Verlauf der charakteristischen Größen beim Abbremsen einer stromrichtergespeisten Gleichstrom-Kommutatormaschine mit elektronischer Feldumkehr

Im Zeitpunkt t_3 wird der Erregerstrom i_f Null. Nach einer kurzen stromlosen Pause, deren Dauer einige ms lang ist und während der keine Steuerimpulse auf die Erregerstromrichter gegeben werden (beide Kontakte der Impulsumschaltung in Bild 52 geöffnet), wird der Erregerstromrichter 2 angesteuert. Um den Erregerstrom mit größtmöglicher Steilheit in negativer Richtung aufbauen zu können, ist volle Gleichrichteraussteuerung erforderlich ($\alpha_{f2} \approx 0$). Da im vorliegenden Beispiel nur mit einem Stromregler gearbeitet wird, ist neben der Änderung des Schaltzustands in der Baugruppe Impulsumschaltung auch eine Umschaltung in der Kommandostufe erforderlich. Während im Zeitabschnitt $t < t_3$ die Steuerspannung $U_{stf} = U'_{stf}$ war, muß im Zeitbereich $t_3 < t < t_8$, also in dem Bereich, in dem der Erregerstrom mit negativem Vorzeichen über den Erregerstromrichter 2 fließt, $U_{stf} = -U'_{stf}$ sein. (Der Stromnulldurchgang wird im Abschnitt 2.4.6.1 ausführlicher beschrieben und im Bild 58 dargestellt.)

Im Zeitabschnitt $t_3 < t < t_5$ steigt der Erregerstrom auf seinen negativen Nennwert an und wird dann konstant gehalten. Sobald er durch Null gegangen ist, kann Bremsmoment aufgebaut werden. Mit Rücksicht auf die im Feldschwächbereich schlechteren Kommutierungseigenschaften der Gleichstrom-Kommutatormaschine wird die Ausgangsbegrenzung des Drehzahlreglers nicht schlagartig auf $m_{w\ max}$ erhöht, sondern mit steigendem Erregerstrom linear angehoben. Im Beispiel des Bildes 53 hat i_{Aw} zur Zeit t_4 bei $i_f/I_{fN} = -0,5$ seinen Maximalwert erreicht. Das Maschinenmoment m_M steigt im Zeitbereich $t_3 < t < t_5$ zunächst etwa quadratisch und dann, wenn i_A seinen durch die Strombegrenzung vorgegebenen maximalen Wert erreicht hat, etwa linear mit der Zeit ins Negative an.

Im Zeitbereich $t_5 \leqq t \leqq t_6$ wird der Antrieb mit der Summe aus Gegenmoment und maximalem Maschinenmoment verzögert, die Drehzahl fällt linear ab. Zum Zeitpunkt t_6 ist $n = n_w$, anschließend $n < n_w$. Sobald die Regeldifferenz $n_w - n$ ihr Vorzeichen umkehrt, wird wieder eine Feldumkehr eingeleitet.

Während dieser sinkt im Zeitraum $t_6 < t < t_8$ die Drehzahl unter die Führungsgröße n_w ab. Mit dem Zeitpunkt t_9 beginnend, wird $m_M > M_G$ und der Antrieb wird wieder beschleunigt. Zum Zeitpunkt t_{11} erreicht die Regelgröße Drehzahl n die Führungsgröße n_w. Die Führungsgröße Drehmoment m_w und damit auch die Führungsgröße Ankerstrom werden zurückgenommen und der Antrieb läuft mit einem kleinen Überschwingen auf den neuen Drehzahlsollwert ein. Für $t > t_{12}$ ist der Regelvorgang beendet und der Antrieb befindet sich wieder im stationären Betrieb.

In großen Gleichstrom-Kommutatormaschinen mit Erregerzeitkonstanten von etwa einer Sekunde und mehr tritt bei dem anhand der Bilder 52 und 53 geschilderten Umsteuervorgang des magnetischen Hauptpolfeldes auch bei einem großen Verhältnis von Deckenspannung des Erregerstromrichters zur Nennerregspannung zunächst eine Pause von einigen hundert ms auf, in der das Maschinendrehmoment Null ist. Erst nach dem Nulldurchgang des Erregerstroms kann das Moment M_M in Gegenrichtung aufgebaut werden, wobei nochmals dieselbe Zeit vergeht, ehe es seinen maximal zulässigen Wert erreicht. Diesem Nachteil steht der Vorteil eines relativ geringen Stromrichteraufwands gegenüber. Bei Gleichstrom-Kommutatormaschinen mittlerer und größerer Leistung ist eine Erregernennleistung von etwa 1 bis 2 % der Maschinennennleistung erforderlich. Bei einem Verhältnis Deckenspannung zu Erregernennspannung von 4 ist somit jeder Teilstromrichter für 4 bis 8 % der Maschinennennleistung auszulegen, so daß insgesamt etwa 8 bis 16 % der Maschinennennleistung in den Erregerstromrichter zu installieren sind. Für die damit erkaufte Möglichkeit einer vollelektronischen Drehmomentenumkehr ist das ein relativ geringer Zusatzaufwand.

2.6.3 Mechanische Ankerkreisumschaltung

Insbesondere bei Gleichstromantrieben mittlerer und kleinerer Leistung wird, wenn keine großen Anforderungen an eine schnelle Drehmomentumkehr gestellt werden, häufig die mechanische Ankerkreisumschaltung (Bild 51c) angewandt. Sie bietet den Vorteil, daß nur ein vollgesteuerter Stromrichter für die Speisung des Ankerkreises benötigt wird. Die Umschaltung des Ankerkreises geschieht über einen Polwendeschalter oder über entsprechend verriegelte Schütze; es muß sichergestellt sein, daß die Schalter S1 und S2 in Bild 54 nie gleichzeitig geschlossen sind, da das einen Kurzschluß der Ankerwicklung bedeuten würde.

Im folgenden wird anhand der Bilder 54 und 55 die Funktionsweise der Ankerkreisumschaltung beschrieben.

Im Zeitpunkt t_1 (Bild 55) wird die Führungsgröße Drehzahl n_w sprunghaft abgesenkt. Der Drehzahlregler fordert daraufhin eine Umkehr des Ankerstroms an, um ein Bremsmoment aufbauen zu können. Die geforderte Vorzeichenumkehr wird über „sign i_{Aw}" an die Kommandostufe gegeben, die daraufhin

— die Ausgangsbegrenzung des Drehzahlreglers auf Null setzt und
— über den Stromreglerausgang den Steuerwinkel α an die Wechselrichtertrittgrenze schiebt ($\alpha = \alpha_w$).

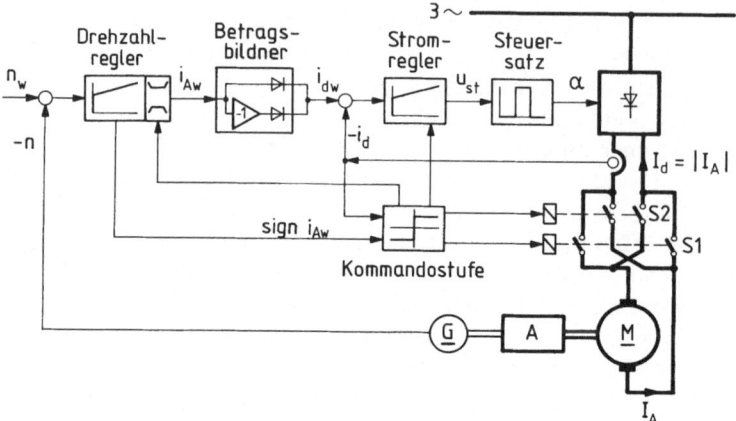

Bild 54. Über netzgeführten Stromrichter gespeiste, fremderregte Gleichstrom-Kommutatormaschine mit mechanischer Umschaltung des Ankerkreises – grundsätzlicher Schaltplan

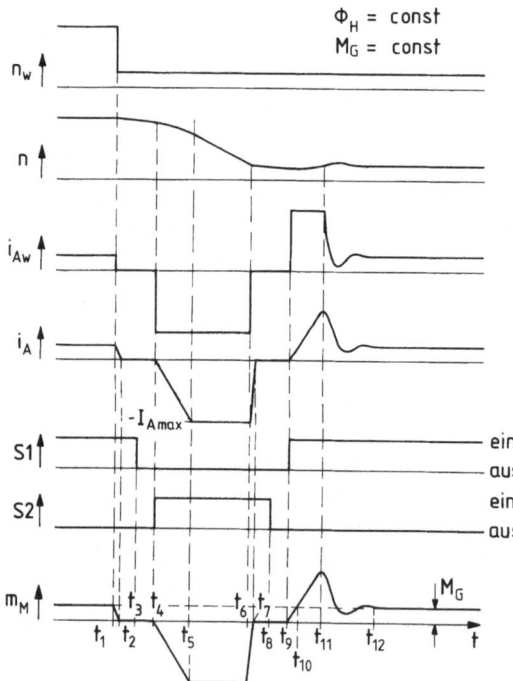

Bild 55. Zeitlicher Verlauf der charakteristischen Größen beim Abbremsen einer stromrichtergespeisten Gleichstrom-Kommutatormaschine mit mechanischer Umschaltung des Ankerkreises

Das führt zum schnellen Abbau des Ankerstroms. Wird im Zeitpunkt t_2 der Ankerstrom $i_A = 0$ gemeldet, so leitet die Kommandostufe die mechanische Umschaltung des Ankerkreises ein, der Schalter S1 bekommt Ausschaltkommando. Mechanische Schalter sind mit Trägheit behaftet, so daß der Zeitabschnitt $t_3 - t_2$ vergeht, bis über einen Hilfskontakt der beendete Abschaltvorgang des Schalters S1 gemeldet wird. Jetzt bekommt Schalter S2 Einschaltkommando, zum Zeitpunkt t_4 wird der eingeschaltete Zustand zurückgemeldet.

Nach erfolgter mechanischer Umschaltung wird die Ausgangsbegrenzung des Drehzahlreglers auf $\pm i_{Aw\ max}$ angehoben und der Strom im Ankerkreis baut sich mit negativem Vorzeichen auf. Der Anstieg des Stroms erfolgt relativ langsam, da der Stromreglerausgang bis zum Zeitpunkt t_4 durch die Kommandostufe zwangsweise auf einem Wert gehalten wurde, der der Wechselrichtertrittgrenze entspricht. Nach der Freigabe kommt der Stromregler im wesentlichen erst über den Integralanteil wieder in Eingriff; der Strombegrenzungswert $-I_{A\ max}$ wird zum Zeitpunkt t_5 erreicht. Wird ein konstanter Hauptpolfluß Φ_H vorausgesetzt, so entspricht der Verlauf des Maschinenmoments M_M dem Verlauf des Ankerstroms I_A.

Die Bremswirkung beginnt im Zeitpunkt t_1, sobald $m_M < M_G$ wird. Zur Zeit t_5 hat das Maschinenmoment m_M seinen negativen Maximalwert erreicht und der Antrieb wird mit konstanter Verzögerung abgebremst, bis zum Zeitpunkt t_6 die Regelgröße Drehzahl n gleich der Führungsgröße n_w ist. Für $t > t_6$ kehrt die Regeldifferenz $n_w - n$ ihr Vorzeichen um, wodurch eine Ankerkreisumschaltung in die andere Richtung eingeleitet wird. Im Zeitbereich $t_6 < t < t_{11}$ spielen sich die für den Zeitbereich $t_1 < t < t_5$ beschriebenen Vorgänge mit umgekehrten Vorzeichen ab.

Im Zeitpunkt t_{10} geht das Beschleunigungsmoment $m_b = m_M - M_G$ durch Null und anschließend wird der Antrieb beschleunigt, bis die Regeldifferenz $n_w - n$ im Zeitpunkt t_{11} zu Null wird. Mit einem leichten Überschwingen in der Drehzahl läuft der Antrieb in den neuen stationären Zustand ein, den er im Zeitpunkt t_{12} erreicht. Die für die Drehmomentumkehr durch mechanische Ankerkreisumschaltung erforderlichen Zeiten werden hauptsächlich durch die Umschaltzeiten der Schalter oder Schütze bestimmt und sind von deren Größe und Konstruktion abhängig. Mit stromlosen Pausen ($t_4 - t_2$ bzw. $t_9 - t_7$ in Bild 55) von 60 bis 100 ms ist zu rechnen.

2.6.4 Elektronische Umsteuerung des Ankerstroms

Eine erheblich schnellere Umkehr des Drehmoments als mit den bisher besprochenen Verfahren ermöglicht die elektronische Umsteuerung des Ankerstroms. Hier gibt es zwei Varianten, die sich bezüglich des erforderlichen Aufwands und hinsichtlich der erreichbaren Zeiten für die Umkehr des Ankerstroms unterscheiden

— die kreisstromfreie Schaltung des Umkehrstromrichters, die sich auch als elektronische Ankerkreisumschaltung mit sehr kleinen stromlosen Umschaltpausen auffassen läßt und
— die kreisstrombehaftete Schaltung des Umkehrstromrichters, die einen kontinuierlichen Stromnulldurchgang und kürzere Umkehrzeiten des Ankerstroms ermöglicht, allerdings einen höheren gerätemäßigen Aufwand erfordert.

2.6.4.1 Kreisstromfreie Gegenparallelschaltung

Soll der Antrieb in beiden Drehmomentrichtungen mit dem Strom $I_{A\ max}$ belastet werden können, so ist im Umkehrstromrichter des Ankerkreises gegenüber den bisher besprochenen Varianten die doppelte Ventilleistung zu installieren. Bei der kreisstromfreien Gegenparallelschaltung kann der Umkehrstromrichter (Bild 56) sehr kompakt aufgebaut werden. So werden für die in einem Brückenzweig antiparallel geschalteten Thyristoren (z.B. 1 und 4′) nur eine Trägerstaueffekt-Beschaltung (Kondensator und Widerstand) und nur eine Zweigsicherung benötigt.

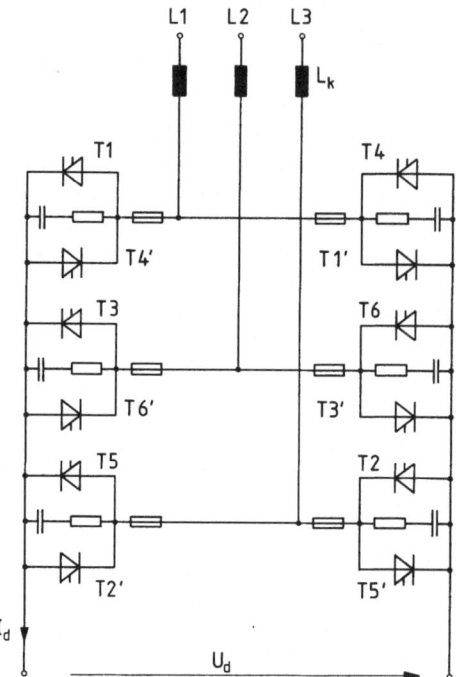

Bild 56. Stromrichter-Leistungsteil für kreisstromfreie Gegenparallelschaltung

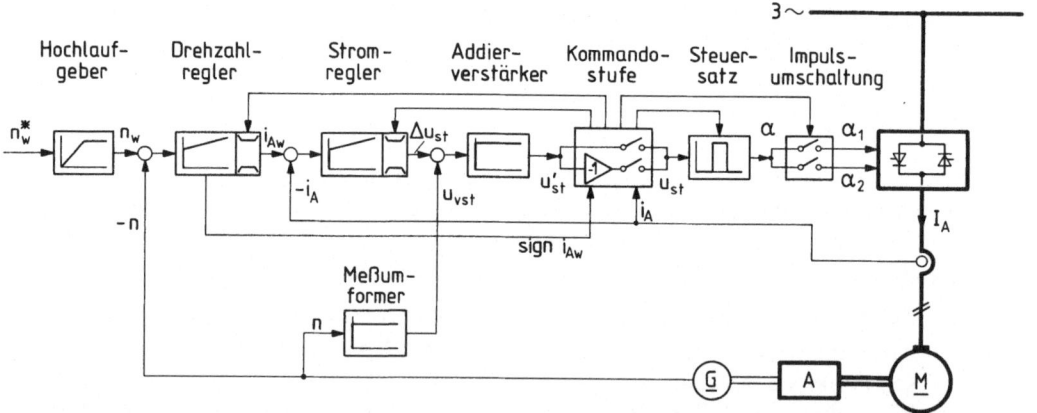

Bild 57. Stromrichtergespeiste, fremderregte Gleichstrom-Kommutatormaschine mit elektronischer Ankerumschaltung: Kreisstromfreie Gegenparallelschaltung – grundsätzlicher Schaltplan

Bei der kreisstromfreien Schaltung ist zu beachten, daß jeweils nur die Ventile eines der beiden Teilstromrichter eingeschaltet sein dürfen. Wird, während der eine Teilstromrichter Strom führt, ein Ventil des anderen Teilstromrichters leitend, so ist das Netz über die stromführenden Thyristoren einer Brückenhälfte (z.B. T1 und T2′) und die Kommutierungsdrosseln kurzgeschlossen, was zu einem steilen Stromanstieg, zum Auslösen von Sicherungen und damit zum Ausfall der Anlage führen kann. Bei einer Stromumkehr muß darauf geachtet werden, daß der Strom in dem abgebenden

Teilstromrichter zunächst sicher auf Null gebracht wird, ehe der übernehmende Teilstromrichter freigegeben werden darf.

Das anstehende Steuerungs-, Verriegelungs- und Regelproblem ist z.B. mit der Schaltung nach Bild 57 zu lösen, in der unschwer die Schaltung des Bildes 26, ergänzt durch die Vorsteuerung des Stromrichters nach Bild 36, zu erkennen ist. Dazu gekommen sind die Kommandostufe für die kreisstromfreie Schaltung und die Steuerimpulsumschaltung.

Im Grunde genommen läuft eine Vorzeichenumkehr des Drehmoments ganz ähnlich ab, wie es anhand der Bilder 54 und 55 für die mechanische Ankerkreisumschaltung beschrieben wurde, nur kann hier die Pausenzeit im Ankerstrom sehr viel kleiner gehalten werden. Durch schnelle Nullstrom-Erfassungsverfahren läßt sich mit Pausenzeiten, die etwa gleich der mittleren Totzeit des Stromrichters sind, auskommen. Das bietet die Möglichkeit, diese Pausenzeit auch mit als kleine Totzeit bei der Dimensionierung der Regelkreise zu berücksichtigen.

Wird durch den Drehzahlregler eine Momentumkehr durch Umkehr der Flußrichtung des Ankerstroms angefordert (Zeitpunkt t_1 in Bild 58), so kehrt sich die Funktion „sign i_{Aw}" um. Die Kommandostufe reagiert darauf mit folgenden Maßnahmen:

1. Die Steuerimpulse werden durch Eingriff in den Steuersatz an die Wechselrichtertrittgrenze verschoben ($\alpha = \alpha_w$), wodurch der Ankerstrom I_A mit der größtmöglichen Steilheit auf Null abgebaut wird,
2. die Begrenzung des Drehzahlreglerausgangs wird auf $i_{Aw} = 0$ gezogen,
3. die Begrenzung des Stromreglerausgangs wird auf $\Delta u_{st} = 0$ gezogen,
4. die Verbindung zwischen Eingang (u'_{st}) und Ausgang (u_{st}) der Kommandostufe wird unterbrochen.

Sobald zum Zeitpunkt t_2 der Ankerstrom zu Null ermittelt wird, sperrt die Funktionsgruppe Impulsumschaltung auf beiden Kanälen die Steuerimpulse. Wenn der Strom I_A während einer Pausenzeit von etwa einer ms Null bleibt, so hat die Kommandostufe im Zeitpunkt t_3

1. die der angeforderten Stromrichtung zugeordnete Verbindung zwischen u'_{st} und u_{st} herzustellen,
2. in der Impulsumschaltung die Steuerimpulse auf den der angeforderten Stromrichtung entsprechenden Stromrichter durchzuschalten,
3. die Ausgangsbegrenzung des Drehzahlreglers auf $\pm i_{Aw\ max}$ anzuheben,
4. die Ausgangsbegrenzung des Stromreglers aufzuheben und
5. im Steuersatz die Impulsverschiebung auf $\alpha = \alpha_w$ rückgängig zu machen.

Nach diesen Steuerungsmaßnahmen steigt der Ankerstrom i_A für $t > t_3$ der Führungsgröße i_{Aw} folgend mit umgekehrtem Vorzeichen geregelt an. Mit der beschriebenen Methode lassen sich mit 6-pulsigen Stromrichtern Stromumkehrzeiten von I_{AN} auf $-I_{AN}$ zwischen 15 bis 20 ms erreichen. Da die Zeit für die Drehmomentumkehr der Zeit für die Stromumkehr entspricht, bietet dieses Verfahren gegenüber den in den vorstehenden Abschnitten 2.6.2 und 2.6.3 besprochenen erhebliche technische Vorteile, die jedoch einen größeren Aufwand an installierter Stromrichterleistung und damit auch höhere Kosten erfordern.

In der symbolischen Darstellung der Kommandostufe und der Impulsumschaltung des Bildes 57 sind für die Umschaltung der Steuerspannung und der Steuerimpulse

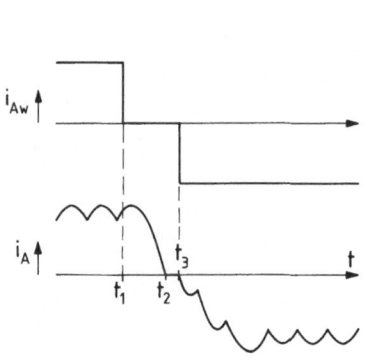

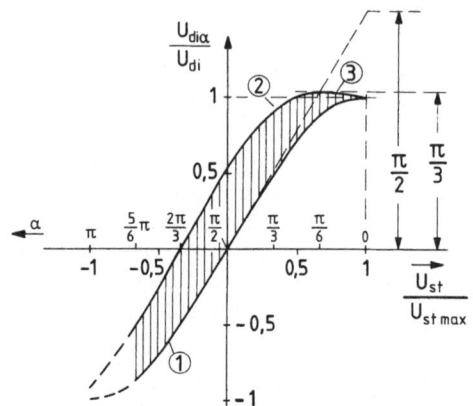

Bild 58. Stromumkehr bei der kreisstromfreien Gegenparallelschaltung nach Bild 57

Bild 59. Grenzsteuerkennlinien des Stromrichters in Drehstrombrückenschaltung für nichtlückenden (Kurve 1) und lückenden Strom bei Gegenspannung (Kurven 2 und 3).

Kurve 1: $\dfrac{U_{di\alpha}}{U_{di}} = \cos\alpha$;

Kurve 2: $\dfrac{U_{di\alpha}}{U_{di}} = \dfrac{\pi}{3}\cos\left(\alpha - \dfrac{\pi}{6}\right)$;

Kurve 3: $\dfrac{U_{di\alpha}}{U_{di}} = (\sqrt{3}\,\alpha + 1)\cos\alpha$
$\qquad\qquad\quad + (\alpha - \sqrt{3})\sin\alpha$

wegen der besseren Anschaulichkeit mechanische Schalter eingezeichnet; die realen Schaltvorgänge erfolgen selbstverständlich mit elektronischen Schaltern.

Gegenüber der noch aufwendigeren kreisstrombehafteten Schaltung hat die kreisstromfreie Schaltung den Nachteil, daß bei kleinen Ankerströmen der Stromrichter in den Lückbetrieb [25] übergeht und sich damit die Verstärkung des Stromregelkreises ändert [17]. Gleichzeitig mit der Abnahme der Regelkreisverstärkung beim Übergang in den Lückbetrieb ändert sich auch die Zuordnung von Steuerspannung U_{st} und Gleichspannung $U_{di\alpha}$ des Stromrichters. In Bild 59 sind die Grenzsteuerkennlinien für nichtlückenden Betrieb (Kurve 1) sowie für Lückbetrieb bei Gegenspannung (Kurven 2 und 3) eingetragen; Kurve 2 gilt für gegen Null gehenden Gleichstrom im Steuerwinkelbereich $\pi/6 < \alpha < \dfrac{5}{6}\pi$, Kurve 3 zeigt die Abhängigkeit der Gleichspannung vom Steuerwinkel im Bereich $0 < \alpha < \pi/6$ bei Vernachlässigung der ohmschen Widerstände des Ankerkreises.

Die Verstärkung des Stromrichters ist durch eine Lückstromadaption an den Lückbetrieb anzupassen, was auf unterschiedliche Arten geschehen kann [32,39,47,48]. Weiterhin ist bei der Schaltung nach Bild 57 die Spreizung der Steuerkennlinien im Lückbetrieb (Bild 59) zu beachten; hier empfiehlt es sich, nach erfolgter Umschaltung der Steuerimpulse von einem Teilstromrichter auf den anderen die Impulsverschiebung auf $\alpha = \alpha_w$ nicht sprunghaft, sondern in Form einer Rampenfunktion aufzuheben, um so ein starkes Überschwingen beim Übergang des Stroms aus dem Lückbereich der einen Stromrichtung in den Lückbereich der anderen

Stromrichtung zu vermeiden. Die z.Z. in Einführung befindlichen digitalen Regler auf Mikroprozessorbasis [49,50] ermöglichen in ihrer Grundkonzeption auch im Lückbereich eine gute Regeldynamik.

2.6.4.2 Kreisstrombehaftete Kreuzschaltung

Der kreisstrombehaftete Umkehrstromrichter bietet gegenüber dem kreisstromfreien folgende Vorteile:

— Weil immer beide Teilstromrichter im Eingriff sind, entfällt die stromlose Pause bei der Stromumkehr; eine schnellere Umkehr des Drehmoments wird möglich
— Der über beide Teilstromrichter fließende Kreisstrom kann so vorgegeben werden, daß der Ankerstrom und Kreisstrom führende Stromrichter auch bei kleinen Ankerströmen nicht lückt. Dadurch entfallen die am Ende das Abschnitts 2.6.4.1 beschriebenen Maßnahmen zur Adaption des Stromregelkreises an den Lückbetrieb

Diese Vorteile werden durch einen erheblich größeren Aufwand im Leistungsteil des Stromrichters erkauft. Im Gegensatz zu der in Bild 56 gezeigten, Raum, Beschaltungselemente und Sicherungen sparenden Gegenparallelschaltung zweier baulich ineinandergeschachtelter Teilstromrichter ist hier die Kreuzschaltung nach Bild 60 erforderlich. Für diese wird gegenüber der Gegenparallelschaltung auf jeden Fall ein Dreiwicklungs-Stromrichtertransformator benötigt, weiterhin sind in den im Bild 60 um die Maschine herumführenden Kreisstromweg Drosselspulen L_{Kr} einzubauen [51], die die Aufgabe haben, die Amplitudenwerte des Kreisstroms klein zu halten.

Der grundsätzliche Schaltplan des Antriebs (Bild 61) läßt sich auf den in Bild 26 wiedergegebenen zurückzuführen, nur daß hier zwei Teilstromrichter vorhanden sind und jedem dieser beiden ein eigener Stromregelkreis zugeordnet ist. Für jeden der beiden Teilstromrichter ist weiterhin eine Vorsteuerung vorgesehen.

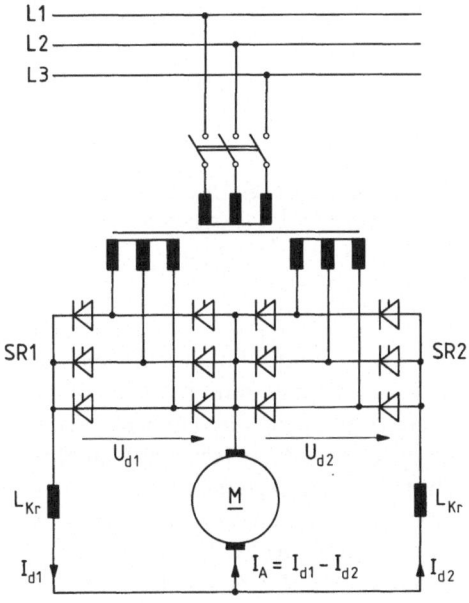

Bild 60. Umkehrantrieb mit Stromrichter in kreisstrombehafteter Kreuzschaltung – Leistungsteil

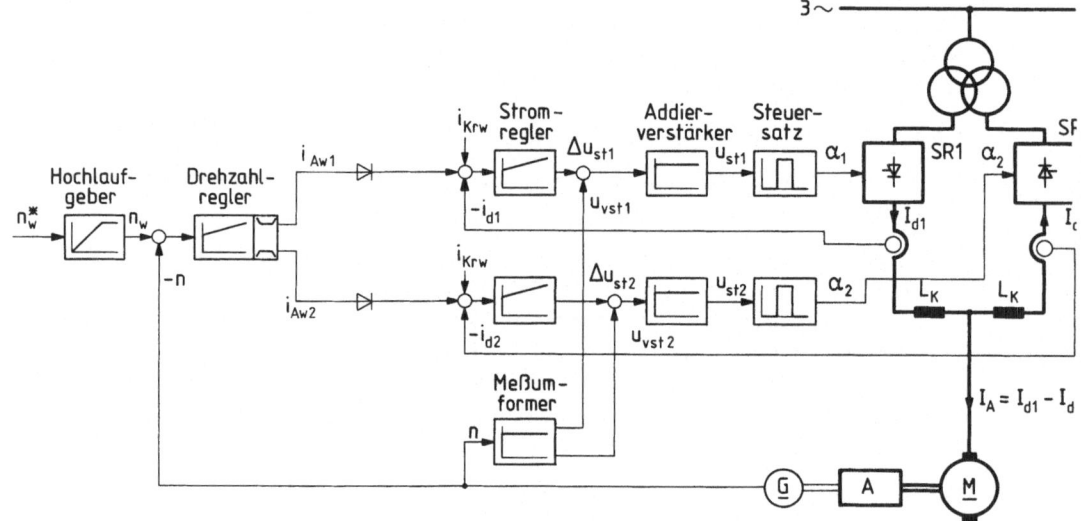

Bild 61. Stromrichtergespeiste fremderregte Gleichstrom-Kommutatormaschine in kreisstrombehafteter Kreuzschaltung – grundsätzlicher Schaltplan

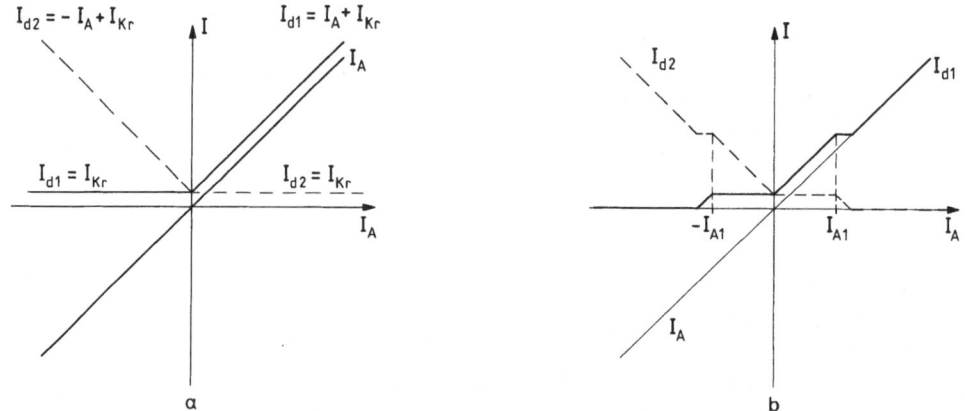

a   b

Bild 62. a Stationäre Zuordnung der Teilströme beim kreisstrombehafteten Umkehrstromrichter mit konstantem Kreisstrom; **b** stationäre Zuordnung der Teilströme beim kreisstrombehafteten Umkehrstromrichter mit Kreisstromunterdrückung für $I_A > I_{A1}$ und $I_A < -I_{A1}$

Die Führungsgrößen der Ströme I_{d1} und I_{d2} werden im Drehzahlregler zunächst als innere Größen $(i_{Aw1} = -i_{Aw2})$ gebildet. Da beide Ströme nur positive Werte annehmen können (Bild 62a), sorgt die Ausgangsbegrenzung des Drehzahlreglers dafür, daß jeweils nur der positive Sollwert ausgegeben wird, der inverse wird auf Null gesetzt; in Bild 61 wird dem durch die zwischen Drehzahlreglerausgang und den Vergleichspunkten am Eingang der Stromregler geschalteten Dioden Rechnung getragen. Dem einen der beiden Stromregler werden somit Ankerstrom und Kreisstrom $(|i_{Aw}| + i_{Krw})$ als Führungsgrößen vorgegeben, während in den anderen nur die

Führungsgröße Kreisstrom i_{Krw} eingespeist wird. Unter den vorstehend beschriebenen Bedingungen ergeben sich die stationären Kennlinien nach Bild 62a.

Neben den eingangs geschilderten regelungstechnischen Vorteilen und dem gerätemäßigen Mehraufwand hat die kreisstrombehaftete Schaltung einen weiteren Nachteil, den Kreisstrom. Der Kreisstrom belastet den den Ankerstrom führenden Teilstromrichter zusätzlich und er wirkt sich auf der Netzseite als zusätzliche Blindkomponente des Leiterstroms aus. Benötigt wird der Kreisstrom aber nur bei kleinen Werten des Ankerstroms, um ein Lücken zu vermeiden. Bei höheren, oberhalb der Lückgrenze liegenden Ankerströmen ist der Kreisstrom nicht mehr erforderlich; er kann dann durch eine ankerstromabhängige Rücknahme der Führungsgröße i_{Krw} unterdrückt werden (Bild 62b).

Mit der kreisstrombehafteten Kreuzschaltung des Ankerstromrichters läßt sich bei Optimierung des Stromregelkreises nach dem Betragsoptimum (siehe Bild 31) auch bei Stromumkehr eine Anregelzeit von

$$t_{ani} \approx 4,5\sigma_i$$

erreichen. Mit einem 6-pulsigen Umkehrstromrichter ergeben sich damit bei Anschluß an das 50-Hz-Netz Anregelzeiten in der Stromregelung und damit Umkehrzeiten für das Drehmoment von etwa 10 ms.

2.6.5 Ermittlung der erforderlichen Leerlaufgleichspannung des Stromrichters

Beim Umkehrantrieb sind gegenüber der im Abschnitt 2.4.6 für den Einquadrantantrieb niedergeschriebenen Vorgehensweise noch einige zusätzliche Gesichtspunkte zu berücksichtigen. Als erstes sei hier die Aussteuerungsbegrenzung im Wechselrichterbetrieb genannt.

Die Kommutierung des Gleichstroms vom abgebenden auf das übernehmende elektrische Ventil des Stromrichters muß abgeschlossen sein und das abgebende Ventil muß seine Sperrfähigkeit in Durchlaßrichtung wiedererlangt haben, ehe die anliegende Spannung positiv werden darf. Beim netzgeführten Stromrichter führt diese Bedingung zur Festlegung einer Aussteuerungsbegrenzung α_w, die im Wechselrichterbetrieb nicht überschritten werden darf; ganz allgemein gilt

$$\alpha_w < 180°,$$

gewählt wird meist

$$\alpha_w \approx 150°.$$

Aus der konventionellen Theorie der netzgeführten Stromrichter [20] folgt, daß die Beziehung

$$180° - \alpha_w \geq \gamma_{min} + u_w \tag{69}$$

eingehalten werden muß; γ_{min} ist der minimale Löschwinkel, in dem die Freiwerdezeit t_q der elektrischen Ventile, der Steuerwinkelfehler des Steuersatzes und die Unsymmetrien in der Netzspannung berücksichtigt werden, u_w ist der stromabhängige Überlappungswinkel beim Steuerwinkel α_w. Gl. (69) läßt sich umformen in

$$\alpha_w + u_w \leq 180° - \gamma_{min}. \tag{70}$$

Um für vorgegebene Belastungsverhältnisse den Steuerwinkel α_w für die Wechselrichtertrittgrenze bestimmen zu können, muß noch eine weitere Beziehung aus der konventionellen Stromrichtertheorie herangezogen werden:

$$d_x = 1 - \cos u_0 = \cos \alpha - \cos (\alpha + u). \tag{71}$$

Die bezogene induktive Spannungsänderung d_x ist aus Gl. (25a) und (25b) zu entnehmen; u_0 ist der Anfangsüberlappungswinkel ($\alpha = 0$) bei maximalem Gleichstrom $I_{d\,max}$. Speziell für $\alpha = \alpha_w$ geht Gl. (71) über in

$$d_x = \cos \alpha_w - \cos (\alpha_w + u_w). \tag{72}$$

Mit Gl. (70) läßt sich schreiben

$$d_x \leq \cos \alpha_w - \cos (180° - \gamma_{min})$$

und

$$\alpha_w \leq \arccos [d_x + \cos (180° - \gamma_{min})]. \tag{73}$$

Die höchste Gegenspannung, die ein nichtlückender Stromrichter im Wechselrichterbetrieb bei kleinem Ankerstrom aufbringen kann, ist damit

$$U_{d\alpha w} = U_{di} \cos \alpha_w. \tag{74}$$

Um die Gleichstrom-Kommutatormaschine bei Grunddrehzahl auch mit kleinem Strom abbremsen zu können, gilt für die innere Spannung U_i der Maschine die Forderung

$$|U_{iN}| \leq |U_{di} \cos \alpha_w|. \tag{75}$$

Diese Bedingung wird, wie die anhand des Bildes 63 noch anzustellenden Überlegungen zeigen werden, bei kreisstrombehafteten Antrieben mit einem Verhältnis $I_{d\,max}/I_{dN} > 1$ und einer normalen, nicht zu großen induktiven Spannungsänderung d_x praktisch immer eingehalten.

Bild 63a zeigt den Zusammenhang von Ankernennspannung U_{AN}, Spannungsfall im Ankerkreis $R_A I_{AN}$ und innerer Spannung U_{iN} bei Nennbetrieb mit Grunddrehzahl n_g. Wird zur Ankernennspannung die Summe der Spannungsfälle ΣD bis zur Leerlaufgleichspannung des Stromrichters addiert (siehe auch Abschnitt 2.4.6.7), so

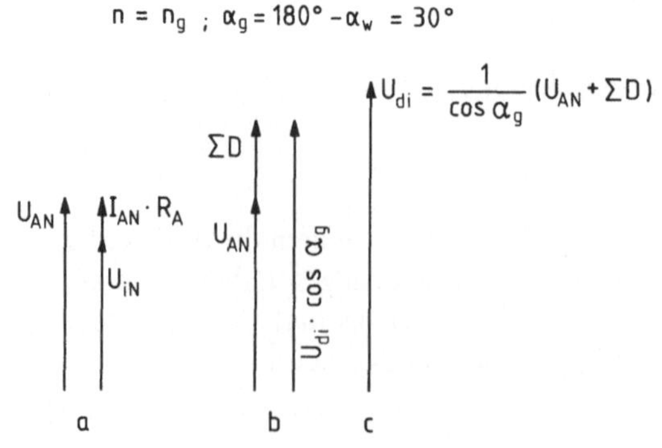

$$n = n_g \;;\; \alpha_g = 180° - \alpha_w = 30°$$

Bild 63. Zur Bestimmung der ideellen Leerlaufgleichspannung des Umkehrstromrichters. **a** Nennbetrieb des Motors; **b** bei Belastung mit maximalem Ankerstrom erforderliche Leerlaufspannung des Stromrichters; **c** bei Belastung mit maximalem Ankerstrom erforderliche ideelle Leerlaufgleichspannung des Stromrichters

ergibt sich

$$U_{AN} + \Sigma D = U_{di} \cos \alpha_g,$$ (76)

wobei α_g der minimale Gleichrichtersteuerwinkel, auch Gleichrichtertrittgrenze genannt, ist.

Beim kreisstrombehafteten Umkehrstromrichter darf der Kreisspannungsmittelwert

$$U_{Kr} = U_{d1} + U_{d2}$$

nicht größer als Null werden, da sonst der Kreisstrom I_{Kr} in dem niederohmigen Kreisstromweg sehr große Werte annehmen würde. Setzt man

$$U_{Kr} = 0,$$

so folgt

$$U_{d1} = -U_{d2}$$

oder

$$U_{di} \cos \alpha_1 = -U_{di} \cos \alpha_2.$$ (77)

Wird die Wechselrichteraussteuerung also auf α_w begrenzt, so muß auch die Gleichrichteraussteuerung bei Vernachlässigung der Spannungsfälle in den Stromrichtern auf

$$\alpha_g = 180° - \alpha_w$$ (78)

begrenzt werden. Die erforderliche Leerlaufgleichspannung des Stromrichters ergibt sich aus Gl. (76) zu

$$U_{di} = \frac{U_{AN} + \Sigma D}{\cos \alpha_g}.$$ (79)

Bei kreisstromfreien Umkehrstromrichtern ebenso wie bei der mechanischen Ankerkreisumschaltung und der Feldumkehrschaltung ist die Beziehung (75) bei der Ermittlung der Leerlaufgleichspannung zu beachten, ansonsten kann nach Gl. (34) vorgegangen werden.

2.7 Mehrquadrantenantriebe mit selbstgeführtem Stromrichter

Im Abschnitt 2.5.7 (Bild 49) wurde darauf hingewiesen, daß — wenn besonders kurze mittlere Totzeiten des Stromrichters gefordert werden, um kleine Anregelzeiten zu erreichen — der Einsatz von elektronischen Gleichstromstellern Vorteile bringen kann. Gleichstromstellergespeiste Gleichstrom-Kommutatormaschinen haben ein weiteres Anwendungsgebiet dort, wo elektrische Energie nur in Form von Gleichstromenergie zur Verfügung steht. Hingewiesen sei auf den Einsatz in Fahrzeugen, in denen der elektrische Antrieb entweder aus der Bordbatterie oder aus einem Gleichstromfahrdraht gespeist wird. Anwendungsbeispiele für den ersten Fall sind Elektrokarren, Gabelstapler, Elektroautos [52] und Batterietriebwagen, für den zweiten seien Gleichstrombahnen [53−56] und Oberleitungsbusse erwähnt.

2.7.1 Grundschaltungen eines über elektronischen Gleichstromsteller gespeisten Antriebs

Die Grundschaltung einer über Gleichstromsteller gespeisten motorisch arbeitenden Gleichstrom-Kommutatormaschine zeigt Bild 64. Ist der elektronische Schalter ES eingeschaltet, so liegt die Netzspannung U_n an den Klemmen der Gleichstrommaschine und der Strom I_A steigt an. Wird ES ausgeschaltet, so fließt der Ankerstrom, der durch die in der Induktivität des Ankerkreises im Schaltaugenblick gespeicherte magnetische Energie zunächst aufrecht erhalten wird, über die Diode weiter. I_A wird gegen die Spannung $U_i + R_A I_A$ abgebaut; die Ankerspannung ist in diesem Zeitabschnitt Null [24]. Die mittlere Klemmenspannung läßt sich unter idealisierenden Bedingungen im Bereich $0 \leq U_A \leq U_n$ über das Einschaltzeitverhältnis einstellen. Die maximale Arbeitsfrequenz des elektronischen Schalters hängt von den eingesetzten Bauelementen ab, sie bewegt sich zwischen einigen hundert Hz bei rückwärtssperrenden Frequenzthyristoren und einigen zig kHz bei Leistungs-Feldeffekttransistoren.

Soll der Antrieb abgebremst werden, so sind im Schaltplan (Bild 65) elektronischer Schalter und Diode bei Umkehr der Durchlaßrichtung miteinander zu vertauschen. Bei dieser Anordnung kehrt der Strom I_A seine Richtung um, womit bei konstant erregter Gleichstrommaschine eine Umkehr des Drehmoments erzielt wird. Ist ES eingeschaltet, so sind die Klemmen der Maschine kurzgeschlossen und I_A steigt an. Wird ES geöffnet, so wird die in der Induktivität des Ankerkreises gespeicherte magnetische Energie bei absinkendem Ankerstrom gegen die Netzspannung abgebaut; es wird Energie in das Gleichspannungsnetz rückgespeist.

Bei den Gleichstromstellern der Bilder 64 und 65 handelt es sich in beiden Fällen um Einquadrantsteller bezogen auf die Strom-Spannungsebene. Der Steller nach Bild 64 wird auch als Tiefsetzsteller bezeichnet, da die abgegebene Spannung U_A kleiner als die Netzspannung U_n ist. Der Steller des Bildes 65 ist dagegen ein Hochsetzsteller, da er Energie von einer Quelle kleinerer Spannung (U_A) in eine Senke höherer Spannung (U_n) transportiert.

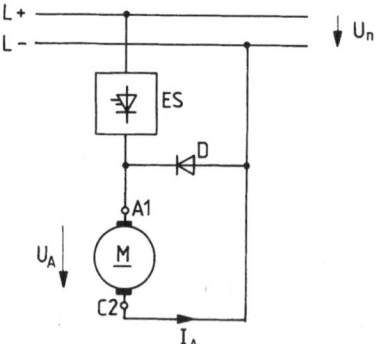

Bild 64. Motorbetrieb einer über Gleichstromsteller (Tiefsetzsteller) gespeisten fremderregten Gleichstrom-Kommutatormaschine – grundsätzlicher Schaltplan des Leistungsteils

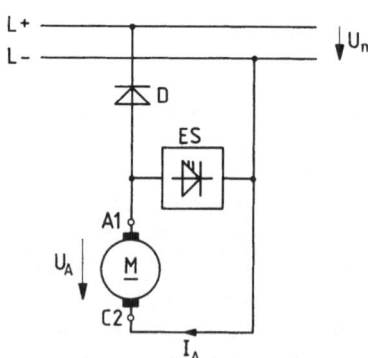

Bild 65. Elektrisches Bremsen einer fremderregten Gleichstrom-Kommutatormaschine über Gleichstromsteller (Hochsetzsteller) mit Rückspeisung der Bremsenergie in das Gleichstromnetz – grundsätzlicher Schaltplan des Leistungsteils

2.7.2 Mechanische Umschaltung des Stellers und des Ankerkreises

Soll mit den elektronischen Bauelementen eines Einquadrant-Gleichstromstellers (Bild 64) ein Vierquadrantenantrieb verwirklicht werden, so sind zwei Umschalter (S1 und S2 in Bild 66) erforderlich. Mit dem Umschalter S1 läßt sich der Tiefsetzsteller des Bildes 64 in den Hochsetzsteller des Bildes 65 überführen, es ist also der Übergang von Treiben auf Bremsen in einer Drehrichtung möglich. Um auch die Drehrichtung ändern zu können, ist der Umschalter S2 erforderlich, der die Umschaltung des Ankerkreises bewirkt.

Bei der Regelung des Antriebs und der Steuerung der Umschaltvorgänge ist ebenso wie im Falle der Speisung über einen netzgeführten Stromrichter (Abschnitt 2.6.3) darauf zu achten, daß die Umschalter nur im stromlosen Zustand betätigt werden, um eine lange Lebensdauer der Schaltkontakte zu sichern.

Beim Übergang von Treiben auf Bremsen tritt auch hier die Umschaltzeit von S1 als Totzeit auf, um die die Umkehr der Richtung des Drehmoments verzögert wird; die Pause, in der das Maschinenmoment $M_M = 0$ ist, beträgt je nach Größe und Ausführung der Umschalter etwa 60 bis 100 ms.

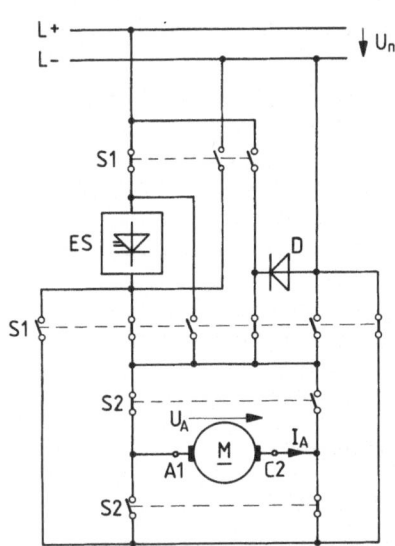

Bild 66. Über Gleichstromsteller gespeiste fremderregte Gleichstrom-Kommutatormaschine mit mechanischer Umschaltung – grundsätzlicher Schaltplan des Leistungsteils. S1 Umschalter Treiben – Bremsen, S2 Umschalter Rechtslauf – Linkslauf

2.7.3 Elektronische Umsteuerung des Ankerstroms

Werden sehr kleine Umkehrzeiten für das Drehmoment gefordert, wie das bei Servoantrieben häufig der Fall ist, so ist auf eine elektronische Umschaltung oder Umsteuerung des Ankerstroms überzugehen.

Die gestellten Forderungen lassen sich mit einem Vierquadranten-Gleichstromsteller nach Bild 67 erfüllen. Bei positivem Ankerstrom werden nur die elektronischen Schalter ES 1 und ES 2 angesteuert. ES 3 und ES 4 bleiben gesperrt; bei negativer Richtung des Ankerstroms ist es umgekehrt. Die beiden einer Ankerstromrichtung entsprechenden elektronischen Schalter und die in der Numerierung zugeordneten

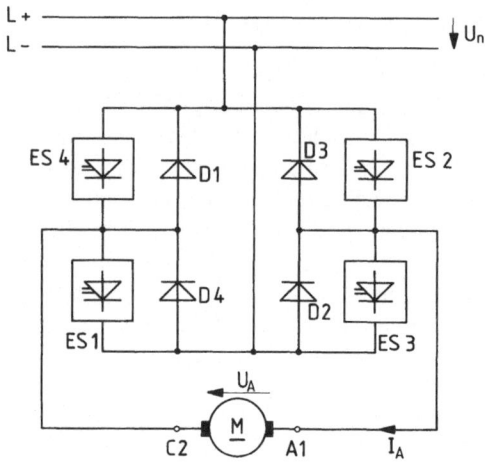

Bild 67. Umkehrantrieb mit über Vierquadranten-Gleichstromsteller gespeister fremderregter Gleichstrom-Kommutatormaschine – grundsätzlicher Schaltplan des Leistungsteils

Freilauf- bzw. Rückspeisedioden bilden jeweils einen Zweiquadrantensteller nach Bild 49, mit dem bei nichtlückendem Gleichstrom unter idealisierenden Voraussetzungen Spannungssteuerung im Bereich $-U_n \leqq U_A \leqq U_n$ möglich ist. Die Schaltung nach Bild 67 gestattet damit – vom Gleichstromsteller her betrachtet – Betrieb in allen vier Quadranten der Drehmoment-Drehzahlebene.

Auch hier dürfen, ähnlich wie bei der kreisstromfreien Schaltung (siehe Abschnitt 2.6.4.1), jeweils nur die zu einer Stromrichtung gehörenden elektronischen Schalter gleichzeitig eingeschaltet werden (entweder ES 1 und ES 2 oder ES 3 und ES 4). Das gleichzeitige Einschalten der zu einer Brückenseite gehörenden elektronischen Schalter (z.B. ES 1 und ES 4) würde zu einem Kurzschluß des Gleichstromnetzes führen, hätte einen steilen Stromanstieg im Kurzschlußkreis zur Folge und würde den Ausfall des Antriebs nach sich ziehen.

Der Aufbau der Regelkreise und die Steuerung der elektronischen Ankerkreisumschaltung kann ähnlich erfolgen, wie es anhand der Bilder 57 und 58 für den kreisstromfreien netzgeführten Stromrichter beschrieben wurde.

2.7.4 Umkehrantriebe zum Anschluß an das Drehstromnetz

Bei Servoantrieben werden häufig folgende Forderungen gestellt:

– kürzere Anregelzeiten als sie sich mit netzgeführten Stromrichtern nach Abschnitt 2.6 erreichen lassen,
– Anschluß des Antriebs an das Drehstromnetz,
– guter Leistungsfaktor und geringe Netzrückwirkungen auf der Netzseite.

Diese Bedingungen können mit der Schaltung nach Bild 68 erfüllt werden [57]. Bei motorischem Betrieb wird die Antriebsleistung über den ungesteuerten Gleichrichter in Drehstrombrückenschaltung dem Drehstromnetz entnommen. Ein L-C-Glättungskreis sorgt dafür, daß die Gleichspannung U_d am Eingang des Vierquadranten-Gleichstromstellers hinreichend gut geglättet ist. Der ungesteuerte Gleichrichter ermöglicht einen guten Grundschwingungs-Verschiebungsfaktor $\cos \varphi_1$ (siehe auch Abschnitt 2.8 und Bild 72), die Glättungsinduktivität L_g glättet den Eingangsstrom I_{dG} und hält damit die Verzerrungsleistung (siehe Band 1, Seiten 16 und 17) klein, die

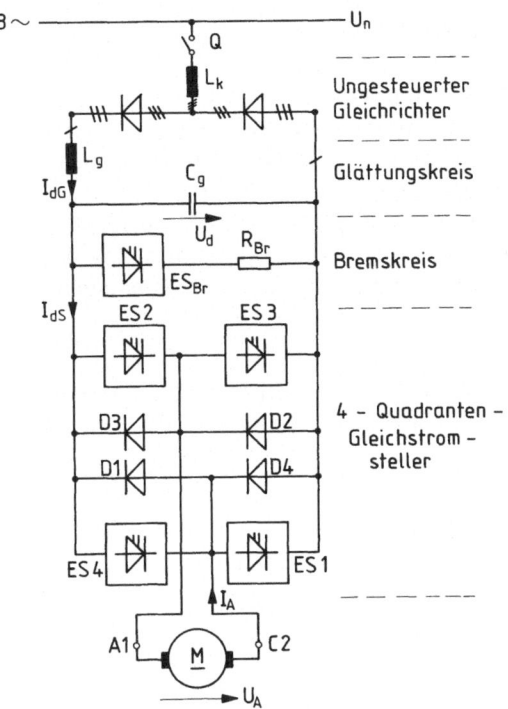

Bild 68. Umkehrantrieb mit stromrichtergespeister fremderregter Gleichstrom-Kommutatormaschine: Der Leistungsteil des Stromrichters besteht aus den Komponenten ungesteuerter, netzgeführter Stromrichter, Glättungskreis, Bremskreis und Vierquadranten-Gleichstromsteller

Kommutierungsinduktivität L_k begrenzt die Kommutierungs-Spannungseinbrüche auf der Drehstromseite [25].

Bei den für Servoantriebe erforderlichen Leistungen (siehe Abschnitt 2.1.1.2) können als elektronische Schalter bipolare Transistoren oder auch Feldeffekttransistoren eingesetzt werden, mit denen sich Arbeitsfrequenzen des Vierquadranten-Gleichstromstellers im unteren bzw. mittleren kHz-Bereich verwirklichen lassen. Eine hohe Arbeitsfrequenz bedeutet eine kleine mittlere Totzeit des Stromrichters und ermöglicht kurze Anregelzeiten in der Stromregelung (siehe Abschnitt 2.5.4).

Beim Antrieb nach Bild 68 ist eine Rückspeisung der Bremsenergie in das Drehstromnetz nicht möglich. Im Bremsbetrieb kehrt der Eingangsstrom I_{dS} des Gleichstromstellers sein Vorzeichen um und lädt die Kapazität C_g auf, wobei die Gleichspannung U_d ansteigt. Überschreitet U_d den zulässigen Wert, so wird der elektronische Bremsschalter ES_{Br} so lange eingeschaltet, bis sich C_g über den Widerstand R_{Br} so weit entladen hat, daß die Gleichspannung eine untere Toleranzgrenze erreicht, dann wird er wieder ausgeschaltet. Beim Abbremsen des Antriebs arbeitet ES_{Br} im Pulsbetrieb; die Bremsenergie wird auf diese Weise im Bremswiderstand R_{Br} in Wärme überführt.

In einer Werkzeugmaschine oder in einem Industrieroboter sind meist mehrere Servoantriebe eingesetzt. Die einem solchen Bearbeitungssystem zugeordneten Antriebe können jeweils aus einer Gleichspannungsquelle versorgt werden, d.h. Drehstromanschluß, Gleichrichter, Glättungskreis und Bremskreis sind für mehrere Antriebe nur einmal erforderlich.

2.8 Netzrückwirkungen und Blindleistungsbedarf

Im Fall der am Drehstromnetz arbeitenden stromrichtergespeisten Gleichstrom-Kommutatormaschine formt der Stromrichter bei motorischer Belastung Drehstromenergie in Gleichstromenergie um, bei generatorischem Betrieb Gleichstromenergie in Drehstromenergie. Der dem Netz entnommene Strom ist dabei nicht sinusförmig, er enthält neben der Grundschwingung Oberschwingungen [25]. Wird eine sinusförmige symmetrische Netzspannung vorausgesetzt, so kann nur die Grundschwingung des Stroms Wirkleistung übertragen. Diese dem Drehstromnetz entnommene Leistung ist

$$P = \sqrt{3} U_L I_L \lambda, \tag{80}$$

wobei U_L die Leiterspannung, I_L der Leiterstrom und λ der Leistungsfaktor ist. Die im Leiterstrom enthaltenen Oberschwingungen bilden mit der Spannung die Verzerrungsleistung

$$D = \sqrt{3} U_L \sqrt{\sum_{\nu=2}^{\infty} I_{L\nu}^2}. \tag{81}$$

Das Drehstromnetz wird mit der gesamten Scheinleistung

$$S = \sqrt{3} U_L I_L \tag{82}$$

belastet, die sich auch als

$$S = \sqrt{P^2 + Q^2} \tag{83}$$

schreiben läßt. Die gesamte Blindleistung ergibt sich zu

$$Q = \sqrt{Q_1^2 + D^2}, \tag{84}$$

wobei die Grundschwingungsblindleistung

$$Q_1 = \sqrt{3} U_L I_{L1} \sin \varphi_1 \tag{85}$$

ist.

Die Spannungs- und Stromverhältnisse am Eingang eines Stromrichters, z.B. an den Eingangsklemmen 1U, 1V und 1W des Stromrichtergeräts nach Bild 21, zeigt Bild 69. Oben sind die Potentialverläufe u_{UN}, u_{VN} und u_{WN} der Eingangsklemmen gegenüber dem Sternpunkt N des vorgeschalteten Transformators bzw. gegenüber dem Mittelpunktleiter eingetragen, darunter der über die Klemme 1U fließende Leiterstrom i_U. Dieser ist der Spannung u_{UN} zugeordnet: Wäre i_U sinusförmig und mit u_{UN} in Phase, hätten weiterhin auch die Ströme I_V und I_W einen sinusförmigen Verlauf und würden sie mit I_U ein symmetrisches Stromsystem bilden, so würde das Netz mit dem Leistungsfaktor $\lambda = 1$ belastet werden. Ein Stromrichter wirkt auf das speisende Netz jedoch als eine nichtlineare Belastung, d.h. auch bei sinusförmigen Leiterspannungen sind die Leiterströme nicht sinusförmig; die harmonische Analyse zeigt, daß neben der Grundschwingung Oberschwingungen in das Netz eingeleitet werden. Der zeitliche Verlauf des Leiterstroms während des Kommutierungsvorganges und die unvollkommene Glättung des Gleichstroms I_d wirken sich auf die Größe der Oberschwingungen aus [58].

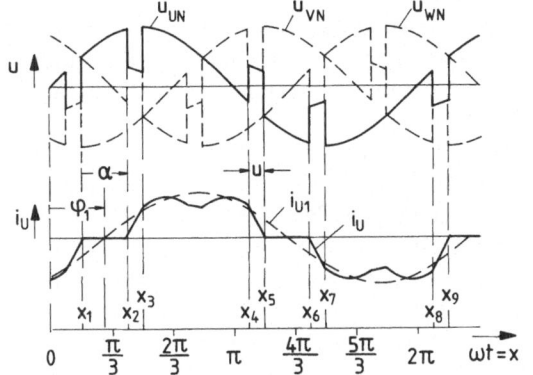

Bild 69. Zur Erläuterung der Netzrückwirkungen des Stromrichterbetriebs: Zeitlicher Verlauf der Sternspannungen U_{UN}, U_{VN} und U_{WN} und des Leiterstroms I_U am Drehstromanschluß eines Stromrichtergeräts in Drehstrombrückenschaltung nach Bild 21

Bei den im Bild 69 dargestellten Verhältnissen könnte das die positive Halbschwingung von I_U führende Ventil T1 den Strom im Zeitpunkt x_1 übernehmen, da im Bereich $x_1 \leqq x \leqq x_2$ das Ventil T1 ein höheres Anodenpotential als das vorher stromführende Ventil T5 hat, oder, anders geschrieben, $u_{UN} > u_{WN}$ ist. Die Stromübernahme wird jedoch um den Steuerwinkel α bis zum Zeitpunkt x_2 verzögert. Im Bereich $x_2 \leqq x \leqq x_3$ kommutiert der Gleichstrom vom Ventil 5 auf das Ventil 1, i_U steigt auf die Höhe des Gleichstroms an. Während der Kommutierung sind die Klemmen 1U und 1W über die stromführenden Ventile T1 und T5 kurzgeschlossen, sie liegen in dieser Zeit auf demselben mittleren Potential.

Im Abschnitt $x_3 \leqq x \leqq x_4$ führt das Ventil T1 den Gleichstrom I_d, es ist $i_U = i_d$. Im Zeitpunkt x_4 erhält das Ventil T3 einen Einschaltimpuls, als Folge kommutiert der Gleichstrom im Bereich $x_4 \leqq x \leqq x_5$ auf dieses Ventil, T1 ist ab x_5 stromlos und sperrt. Während dieser Kommutierung ist $u_{UN} = u_{VN}$.

Im Bereich $x_5 \leqq x \leqq x_6$ ist $i_U = 0$. Im Zeitpunkt x_6 wird das Ventil T4 der anderen Brückenhälfte angesteuert und der Strom I_d kommutiert im Zeitraum $x_6 \leqq x \leqq x_7$ von T2 auf T4. Der Strom I_U steigt dabei ins Negative an und erreicht im Zeitpunkt x_7 den Wert $i_U = -i_d$. Das gilt, bis im Zeitpunkt x_8 die Kommutierung des Gleichstroms von T4 auf T6 beginnt, die in x_9 abgeschlossen ist.

Zum vorstehend diskutierten Verlauf des Stromes I_U ist in Bild 69 die Grundschwingung i_{U1} gestrichelt eingetragen.

Vorstehende Betrachtung zeigt, daß die von der stromrichtergespeisten Gleichstrom-Kommutatormaschine dem Netz entnommene Blindleistung aus mehreren Komponenten besteht.

— Durch die Zündverzögerung gegenüber dem natürlichen Zündzeitpunkt (x_1 in Bild 69) wird die Stromschwingung gegenüber der Spannungsschwingung zeitlich verzögert. Der daraus resultierende Anteil wird Steuerblindleistung genannt.

— Durch die endliche Dauer der Kommutierung tritt eine zusätzliche Verschiebung der Stromfunktion in Richtung der Zeitachse ein. Dieser Effekt bedingt die Kommutierungsblindleistung.

— Die im Stromverlauf enthaltenen Oberschwingungen führen zur Verzerrungsleistung (siehe Gl. (81)).

Aus Bild 69 ist zu entnehmen, daß der Grundschwingungs-Verschiebungswinkel φ_1 wegen der Kommutierungsblindleistung größer als der Steuerwinkel α sein muß; Steuerblindleistung und Kommutierungsblindleistung verursachen gemeinsam die Grundschwingungsblindleistung nach Gl. (85).

Die Stromoberschwingungen belasten nicht nur zusätzlich das Netz, was durch die Verzerrungsleistung zum Ausdruck gebracht wird, sondern sie rufen an den Netzimpedanzen Spannungsfälle und dadurch eine Verzerrung der Netzspannung hervor. Bei einem hohen Anteil von Verbrauchern mit nichtlinearer Strom-Spannungskennlinie machen sich Oberschwingungskomponenten auch in der Netzspannung deutlich bemerkbar, deren zeitlicher Verlauf dann sichtbar von der Sinusform abweicht.

In den folgenden Bildern (70 bis 72) ist für die wichtigsten der bisher besprochenen Stromrichterschaltungen die Ortskurve der Grundschwingung des Netzstroms I_{n1} bei Belastung mit Nennmoment in Abhängigkeit von der Drehzahl dargestellt. Der Toleranzbereich der Netzspannung, die induktive Spannungsänderung D_x und der innere Spannungsfall $I_{AN}R_A$ in der Maschine wurden für alle drei Fälle gleich angenommen. Die Darstellungen wurden jeweils für $U_n = U_{nN}$ gezeichnet, wobei davon ausgegangen wurde, daß die Gleichstrom-Kommutatormaschine auch bei $U_n = 0{,}95 U_{nN}$ noch ihr Nennmoment bei Grunddrehzahl abgeben kann.

Bild 70 gilt für einen Einquadrantantrieb. Da dieser voraussetzungsgemäß bei $U_n = 0{,}95 U_{nN}$ und voller Aussteuerung ($\alpha = 0$) gerade Nennmoment bei Grunddrehzahl abgeben kann, muß bei $U_n = U_{nN}$ die Aussteuerung entsprechend zurückgenommen werden. Auch bei $n = n_g$ tritt somit schon Steuerblindleistung auf; dazu kommt die Kommutierungsblindleistung. Die Stromortskurve ist näherungsweise ein Kreisabschnitt, da konstantes Drehmoment einen konstanten Ankerstrom erfordert, der wiederum einem näherungsweise konstanten Grundschwingungsanteil des Netzstroms entspricht. Bei $n = 0$ wird aus dem Netz im wesentlichen die Verlustleistung der Maschine bei schlechtem Leistungsfaktor gedeckt.

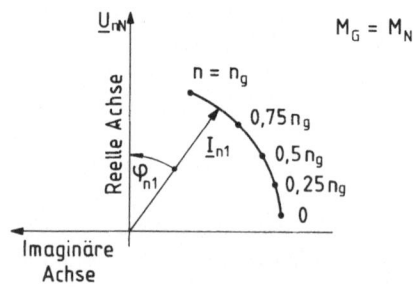

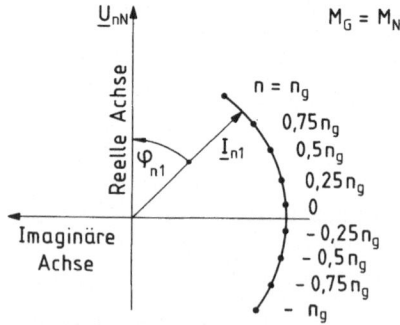

Bild 70. Ortskurve der Grundschwingung des Netzstroms I_{n1} einer über netzgeführten Stromrichter gespeisten Gleichstrom-Kommutatormaschine als Einquadrantantrieb. Toleranzbereich der Netzspannung $0{,}95\,U_{nN} \leqq U_n \leqq 1{,}05\,U_{nN}$; induktive Spannungsänderung $D_x = 0{,}03\,U_{di}$, $I_{AN}R_A = 0{,}1\,U_{di}$

Bild 71. Ortskurve der Grundschwingung des Netzstroms I_{n1} einer über einen netzgeführten kreisstrombehafteten Umkehrstromrichter gespeisten Gleichstrom-Kommutatormaschine als Umkehrantrieb. Toleranzbereich der Netzspannung $0{,}95\,U_{nN} \leqq U_n \leqq 1{,}05\,U_{nN}$; induktive Spannungsänderung $D_x = 0{,}03\,U_{di}$, $I_{AN}R_A = 0{,}1\,U_{di}$; Wechselrichtertrittgrenze $\alpha_w = 150°$; Gleichrichtertrittgrenze $\alpha_g = 30°$

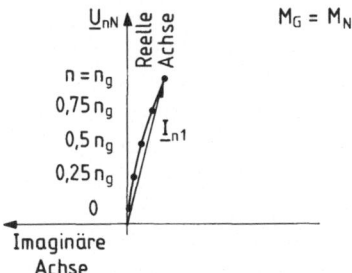

Bild 72. Ortskurve der Grundschwingung des Netzstroms I_{n1} einer über Stromrichter nach Bild 68 gespeisten, fremderregten Gleichstrom-Kommutatormaschine. Induktive Spannungsänderung $D_x = 0,03\,U_{di}$; $I_{AN}R_A = 0,1\,U_{di}$

Die Ortskurve des Bildes 71 gilt für einen kreisstrombehafteten Umkehrantrieb nach den Bildern 60 und 61. Wie im Abschnitt 2.6.5 erläutert, ist bei dieser Schaltung, um eine Gleichspannungskomponente in der Kreisspannung zu vermeiden, die Gleichrichteraussteuerung auf α_g zu begrenzen, wobei $\alpha_g \approx 180° - \alpha_w$ sein muß. Bei $U_n = 0,95 U_{nN}$ und $\alpha_g = 30°$ kann der Antrieb gerade Nennmoment bei Grunddrehzahl abgeben. Bei U_{nN} wird, da die Aussteuerung zurückgenommen werden muß, $\alpha > 30°$. Die Steuerblindleistung für $n = n_g$ ist hier deutlich größer als in Bild 70, sonst gelten für die Konstruktion der Ortskurve ähnliche Überlegungen wie oben. Falls nicht mit einer Kreisstromunterdrückung nach Bild 62b gearbeitet wird, ist in der Stromortskurve von I_{n1} neben den durch Steuerblindleistung und Kommutierungsblindleistung bedingten Blindstromkomponenten noch eine für den Kreisstrom zu berücksichtigen. Ein konstanter Kreisstrom würde die Ortskurve insgesamt weiter nach rechts in Richtung höherer Blindstromaufnahme verschieben.

Die Ortskurve des Bildes 72 schließlich gilt für einen Antrieb nach Bild 68. Da der Eingangsstromrichter ein ungesteuerter Gleichrichter ist, entfällt die Steuerblindleistung, der Antrieb benötigt nur Kommutierungsblindleistung. Der Eingangsgleichstrom I_{dG} des Stromrichters ist bei konstanter Spannung U_d im Glättungskreis nur der Ausgangsleistung $U_A I_A$ proportional. Ist $I_A = I_{AN}$ wegen $M_G = M_N$, so heißt das, daß sich unter den vorliegenden Bedingungen der Eingangsstrom I_{dG} etwa proportional zur Ankerspannung U_A ändert. Die Blindleistungsaufnahme geht hier mit sinkender Drehzahl deutlich zurück, während sie unter sonst gleichen Bedingungen bei den Stromortskurven nach den Bildern 70 und 71 erheblich ansteigt.

Durch den Einsatz von selbstgeführten Stromrichtern kann die Blindleistungsaufnahme einer stromrichtergespeisten Gleichstrom-Kommutatormaschine erheblich reduziert werden. Das gilt insbesondere, wenn der netzseitige Teilstromrichter mit hoher Arbeitsfrequenz selbstgeführt arbeitet und dem Netz Ströme mit einem Leistungsfaktor $\lambda \approx 1$ entnommen werden [59]. Schaltungen dieser Art lassen sich mit Leistungstransistoren oder abschaltbaren Thyristoren verwirklichen; sie sind verglichen mit dem normalen netzgeführten Thyristorstromrichter jedoch erheblich kostenaufwendiger.

2.9 Abschließende Überlegungen

Die geregelte stromrichtergespeiste Gleichstrom-Kommutatormaschine hat heute einen hohen technischen Stand erreicht; das gilt sowohl für die einzelnen Antriebskomponenten, als auch für den Antrieb insgesamt. Für die breite Anwendung stehen listenmäßig konfektionierte Antriebe zur Verfügung, die weltweit nach den gleichen vorstehend beschriebenen Prinzipien ausgeführt werden. Der zur Zeit anlaufende Umstellungsprozeß auf eine digitale Regelung mit Hilfe von Mikroprozessoren wird noch Fortschritte in der Regelqualität bringen. Trotz dieser im großen und ganzen positiven Situation erwächst der stromrichtergespeisten Gleichstrommaschine in den derzeit für die meisten Anwendungen noch teureren stromrichtergespeisten Drehstrommaschinen eine ernsthafte Konkurrenz.

Die Gleichstrom-Kommutatormaschine hat gegenüber den Drehstrommaschinen, insbesondere gegenüber der permanenterregten Synchronmaschine und der Asynchronmaschine mit Kurzschlußläufer zwei gravierende Nachteile, sie hat

— einen Kommutator und
— eine ausgeprägte isolierte Läuferwicklung, die Ankerwicklung.

Der Kontakt zwischen Kommutator und Bürste, der als mechanischer Stromrichter wirkt und den Strom in der kommutierenden Spule zum richtigen Zeitpunkt wendet, ist verschleißbehaftet, wobei sich der Verschleiß im wesentlichen auf die Elektrographitbürsten beschränkt. Der entstehende leitfähige Graphitstaub kann sich, wenn keine besonderen Vorkehrungen getroffen werden, im Inneren der Maschine absetzen und zu leitfähigen Brücken zwischen blanken Kontaktstellen unterschiedlichen Potentials führen, Kriechwege können sich ausbilden, es kann zum Überschlag und zum Ausfall der Maschine bei unzureichender Wartung kommen. Wartung heißt hier also vor allem Kontrolle des Bürstenverschleißes und des Verschmutzungsgrades, gegebenenfalls Bürstenwechsel und Reinigung der Maschine.
Die mechanisch-elektrische Kommutierung mit ihren Problemen [16] bestimmt in einem weiten Drehzahlbereich die Grenzleistung P_{gr} der Gleichstrommaschine (Bild 73), die sich oberhalb einer Drehzahl von etwa 200 min^{-1} zu

$$\frac{P_{gr}}{MW} = \frac{\min^{-1}}{n} 300 \tag{86}$$

ergibt. Wie Bild 73 zeigt, liegen die mit Drehstrommaschinen bei hohen Drehzahlen erreichbaren Grenzleistungswerte deutlich höher, wobei sich insbesondere Maschinen mit Massivläufer ohne isolierte Läuferwicklung auszeichnen. Regelungstechnisch bietet die kompensierte Gleichstrom-Kommutatormaschine den Vorteil, daß sie über zwei getrennte Stromkreise, den Erregerkreis mit den Klemmen F1 und F2 und den Ankerkreis mit den Klemmen A1 und C2, verfügt. Jeder Stromkreis kann für sich stromgeregelt betrieben werden. Der Erregerstrom I_f erregt den Hauptpolfluß Φ_H. Wird Φ_H, wie im Grunddrehzahlbereich üblich, auf dem Nennwert Φ_{HN} konstant gehalten, so ist nach Gl. (7) das Drehmoment M_M dem Ankerstrom I_A proportional. Bild 74a gibt eine vereinfachte idealisierte Darstellung der kompensierten Gleichstrom-Kommutatormaschine des Bildes 11 wieder, Bild 74b zeigt die elektrische Durchflutung der Wicklungen in Raumzeigerdarstellung. Der Erregerstrom I_f ruft den Hauptpolfluß Φ_H hervor, der den Anker der Maschine in Richtung der statorfesten α-Achse durchsetzt. Die elektrischen Durchflutungen des Ankerstroms I_A und des Kompensationswicklungstroms I_K, die beide in der β-Achse liegen, heben sich gegenseitig auf, so daß das Hauptpolfeld nicht verzerrt und Φ_H durch I_A nicht beeinflußt wird ($I_K = I_A$, $i_K = -i_A$). Auf die im Hauptpolfluß liegenden stromdurchflossenen Leiter der Ankerwicklung und der Kompensationswicklung wirken die

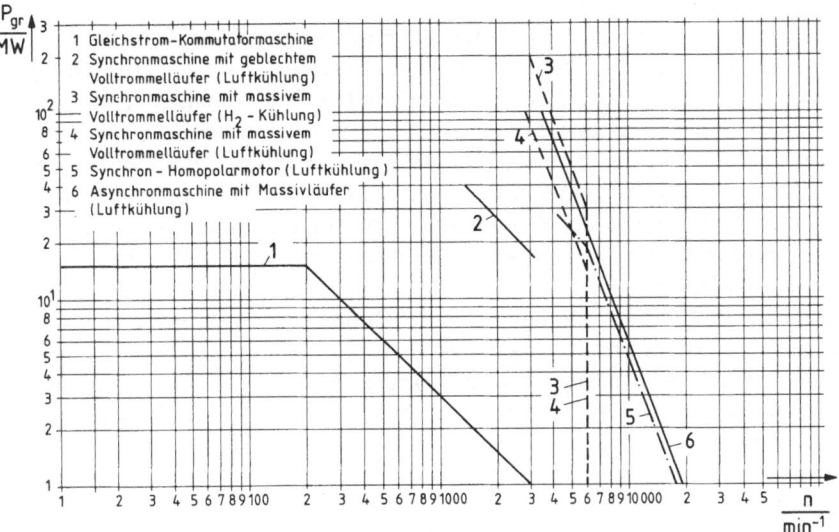

Bild 73. Grenzleistung elektrischer Maschinen als Funktion der Drehzahl

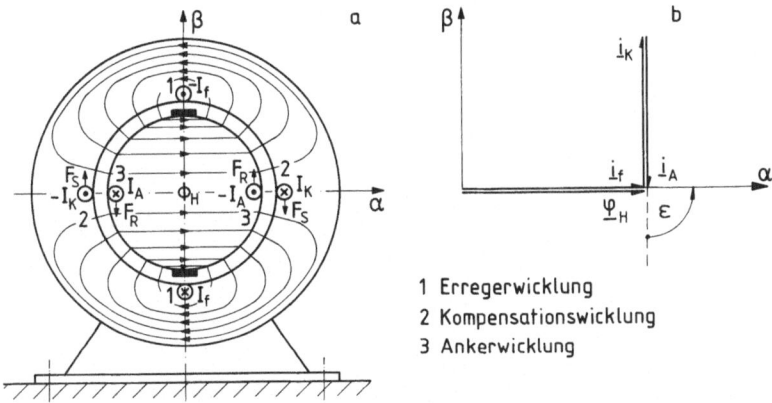

1 Erregerwicklung
2 Kompensationswicklung
3 Ankerwicklung

Bild 74. Elektrische Durchflutungen, magnetisches Feld und Kräfte bei der Gleichstrom-Kommutatormaschine nach Bild 11 (idealisierte Darstellung). **a** gegenständliche Darstellung; **b** Raumzeigerdarstellung

Kräfte F_R und F_S. Die auf den Stator wirkenden Kräfte F_S werden über die Konstruktionsteile auf das Fundament übertragen, die auf den Rotor wirkenden Kräfte F_R rufen an der Welle der Maschine ein Drehmoment der Größe

$$m_M = c_2 i_A \varphi_H \sin \varepsilon \tag{87}$$

hervor. Bei hinreichend großer Lamellenzahl ist der Winkel ε zwischen dem die Richtung der elektrischen Ankerdurchflutung angebenden Ankerstrom-Raumzeiger $\underline{i}_A$ und dem in Richtung der elektrischen Erregerdurchflutung liegenden Erregerstrom-Raumzeiger $\underline{i}_f$ immer nahezu 90°, so daß Gl. (87) wieder in Gl. (42) bzw. für den stationären Betrieb in Gl. (7) übergeht.

Die vorstehend beschriebene Eigenschaft der stromrichtergespeisten Gleichstrom-Kommutatormaschine erlaubt es, über zwei getrennte Eingänge, die Erregerwicklung und die Ankerwicklung, die beiden drehmomentbildenden Komponenten I_A und Φ_H von einander unabhängig und rückwirkungsfrei zu verstellen, wobei Φ_H mit dem Erregerstrom I_f über die Magnetisierungskennlinie zusammenhängt. Rückwirkungsfrei soll sagen, daß die beiden Komponenten entkoppelt sind (siehe Bild 74), daß also eine Ankerstromänderung dank der Kompensationswicklung keine Änderung des Hauptpolflusses hervorruft und andererseits eine Änderung von Φ_H im Ankerkreis keine transformatorische Spannung induziert.

Diese getrennte entkoppelte Einstellmöglichkeit des flußbildenden Stroms I_f und des „momentbildenden" Ankerstroms I_A sichern der Gleichstrom-Kommutatormaschine unter den regelbaren elektrischen Maschinen seit langer Zeit den ersten Rang. Erst seit Anfang der 70er Jahre gelang es mit feldorientierten Steuer- und Regelverfahren [60] auch bei Drehstrommaschinen eine ähnlich gut entkoppelte Stellmöglichkeit für die flußbildende und die momentbildende Komponente des Statorstroms zu verwirklichen; damit wurde der Weg zu geregelten stromrichtergespeisten Drehstrommaschinen frei, die der stromrichtergespeisten Gleichstrom-Kommutatormaschine bezüglich der erreichbaren Regeldynamik nicht nachstehen.

3 Geregelte stromrichtergespeiste Drehstrommaschinen

3.1 Überblick

Während sich bei der im Kapitel 2 behandelten Gleichstrom-Kommutatormaschine weitgehend standardisierte Antriebslösungen herausgebildet haben, ist das nun zu beschreibende Gebiet der stromrichtergespeisten Drehstrommaschinen noch in rascher Entwicklung begriffen, was sich in einer sehr großen Zahl am Markt angebotener Antriebsvarianten zeigt.

Anhand von Tabelle 8 sollen die möglichen Hauptvarianten, für alle gibt es Ausführungsbeispiele, geschildert werden. In der ersten Spalte sind die in Frage kommenden Grundtypen von Drehstrommaschinen aufgeführt: Die Synchronmaschine, die Asynchronmaschine mit Käfigläufer und die Asynchronmaschine mit Schleifringläufer. Jede dieser Maschinenarten kann mit einer der sechs Stromrichtergrundtypen, die durch die Spalten 2 und 3 charakterisiert sind, kombiniert werden, so daß es bezüglich des Leistungsteils schon 18 Grundvarianten gibt. Die Steuerung und Regelung kann nach einem der drei in Spalte 4 angegebenen grundsätzlichen Verfahren erfolgen, so daß sich allein 54 Grundvarianten für den gesamten Antrieb ergeben.

Die Zahl der wirklich möglichen Varianten ist erheblich größer, da z.B. in Spalte 1 die Synchronmaschine sowohl permanenterregt als auch elektrisch erregt ausgeführt, die Asynchronmaschine mit Schleifringläufer sowohl mit einer Wicklung an das Netz und mit der anderen an einen Stromrichter als auch mit beiden Wicklungen an denselben Stromrichter bzw. mit jeder Wicklung an einen anderen Stromrichter angeschlossen werden kann.

Tabelle 8. Stromrichtergespeiste Drehstrommaschinen – tabellarische Darstellung der möglichen Antriebsvarianten

Art der Drehstrommaschine	Speisung des maschinenseitigen Stromrichters aus	Führung des maschinenseitigen Stromrichters	Steuer- und Regelverfahren basierend auf
Synchronmaschine	Drehstromnetz (Direktumrichter)	netzgeführt selbstgeführt	$U_S - f_S$-Kennlinie $I_S - f_R$-Kennlinie
Asynchronmaschine mit Käfigläufer	Gleichstromquelle (I_d variabel)	maschinengeführt selbstgeführt	feldorientierten Verfahren
Asynchronmaschine mit Schleifringläufer	Gleichspannungsquelle (U_d variabel)	selbstgeführt	
	Gleichspannungsquelle ($U_d \approx$ konstant)	selbstgeführt	

Die Gleichstromquelle in Spalte 2 kann durch einen netzgeführten Stromrichter oder einen an ein Gleichspannungsnetz angeschlossenen Gleichstromsteller verwirklicht werden. Genauso gibt es für die Gleichspannungsquelle mit näherungsweise konstanter Spannung mehrere Varianten: Sie kann durch einen an ein Drehstromnetz angeschlossenen Gleichrichter dargestellt werden oder — falls bei einem Umkehrantrieb Rückspeisung der Energie erforderlich ist durch einen Umkehrstromrichter bzw. durch einen an ein Gleichspannungsnetz angeschossenen Einquadrant-, Zweiquadranten- oder Vierquadranten-Gleichstromsteller.

Auch bei den in Spalte 4 aufgeführten Steuer- und Regelverfahren gibt es eine große Zahl von Varianten. Die Kennliniensteuerungen lassen sich mit recht unterschiedlichen Regelstrukturen verbinden und auch bei den feldorientierten Verfahren gibt es Varianten bezüglich der Erfassung des Fluß-Raumzeigers und der Strukturen der verwendeten Regelkreise.

Der Vollständigkeit halber sei noch auf die über Spannungsrichter [61] gespeiste Synchronmaschine hingewiesen. Spannungsrichter sind ähnlich wie Stromrichter mit elektrischen Ventilen aufgebaut, jedoch läuft der Kommutierungsvorgang anders ab.

Vorstehendes zeigt, daß die Zahl der möglichen Varianten bei den geregelten stromrichtergespeisten Drehstromantrieben sehr groß ist. Aufgabe dieses Kapitels kann es daher nicht sein, einen vollständigen Überblick über die möglichen oder auch nur über die in der Literatur veröffentlichten Schaltungsvarianten zu geben. Es soll vielmehr versucht werden, die Lösungen zu beschreiben, die entweder schon ein breiteres Anwendungsfeld gefunden haben oder von denen der Autor meint, daß sie in absehbarer Zukunft einen größeren Einsatzbereich finden könnten.

Dabei wird jeweils auch die Auswirkung der Stromrichterspeisung auf die elektrische Maschine und auf das Betriebsverhalten des Antriebs diskutiert werden. Die Stromrichterspeisung bedingt Oberschwingungen in den Klemmenspannungen und Strangströmen der angeschlossenen elektrischen Maschine. Oberschwingungen im Strom verursachen zusätzliche Verluste und rufen einen Wechselanteil im Drehmoment (Pendelmomente) hervor, der insbesondere bei kleinen Drehzahlen zu einer unzulässigen Ungleichförmigkeit im Drehzahlverlauf führen kann.

Die folgen Ausführungen werden sich ausschließlich auf geregelte stromrichtergespeiste Synchronmaschinen und Asynchronmaschinen mit Käfigläufer beschränken, da über stromrichtergespeiste Asynchronmaschinen mit Schleifringläufer schon im letzten Drittel des Bandes 1 berichtet wurde.

3.2 Stromrichtergespeiste Synchronmaschinen

Bei den stromrichtergespeisten Synchronmaschinen sind zwei grundsätzliche Ausführungsarten zu unterscheiden, einmal die stromrichtergespeiste Gleichstrom-Stromrichtermaschine, bei der der maschinenseitige Stromrichter, die Synchronmaschine und ein von der Polradlage oder der Richtung des Luftspaltflusses abgeleitetes Steuerverfahren das Betriebsverhalten einer Gleichstrom-Kommutatormaschine nachbilden, zum anderen der Betrieb der Synchronmaschine an einer nach Ausgangsgröße und -frequenz steuerbaren Drehspannungs- oder Drehstromquelle, wobei für die Regelung des Antriebs vorteilhaft ein feldorientiertes Verfahren eingesetzt wird.

3.2.1 Stromrichtergespeiste Gleichstrom-Stromrichtermaschine (Stromrichtermotor, elektronisch kommutierter Gleichstrommotor, Elektronikmotor)

3.2.1.1 Vergleich mit der Gleichstrom-Kommutatormaschine

Bild 75 gibt eine gegenüber Bild 74 geänderte, ebenfalls vereinfachte Darstellung der Gleichstrom-Kommutatormaschine wieder. Die Wicklungen sind hier als Spulen gezeichnet. Die Ankerwicklung geht in dieser Darstellung in eine Polygonspule über, die aus einzelnen, jeweils an zwei benachbarte Kommutatorlamellen angeschlossenen Spulenabschnitten besteht; außerhalb der durch die Bürsten kurzgeschlossenen Spulenabschnitte fließt durch jede der beiden Seiten des Polygons jeweils der Strom $I_A/2$. In dieser Darstellung wird der Wickelsinn der Spulen so vorausgesetzt, daß die Stromrichtung durch eine Spule und die Richtung der durch den Strom bedingten elektrischen Durchflutung gleich sind. Daraus folgt, daß die Erregerdurchflutung in Richtung der α-Achse und die Ankerdurchflutung gegen die Richtung der β-Achse wirken. Die Raumzeiger $\underline{i}_f$ und $\underline{i}_A$ haben damit dieselbe Richtung wie in Bild 74b, was ein Maschinenmoment M_M in der in Bild 75 eingetragenen Richtung zur Folge hat.

Die Gleichstrom-Stromrichtermaschine soll möglichst ohne Schleifkontakte ausgeführt werden. Daraus folgt, daß gegenüber der Gleichstrom-Kommutatormaschine Stator und Rotor ihre Funktion tauschen müssen. Die Erregung wird in den Rotor verlegt; um ohne bewegte Schleifkontakte auszukommen, kann die Erregung durch Permanentmagnete oder durch eine bürstenlose elektrische Erregung (siehe Abschnitt 3.2.1.4) erfolgen. Die Drehstromwicklung wird im Stator angeordnet und über die Maschinenklemmen mit dem Stromrichter verbunden.

Aus der Beschreibung geht hervor, daß die elektrische Maschine von der Bauart her eine Synchronmaschine ist, die allerdings in Kombination mit dem Stromrichter und

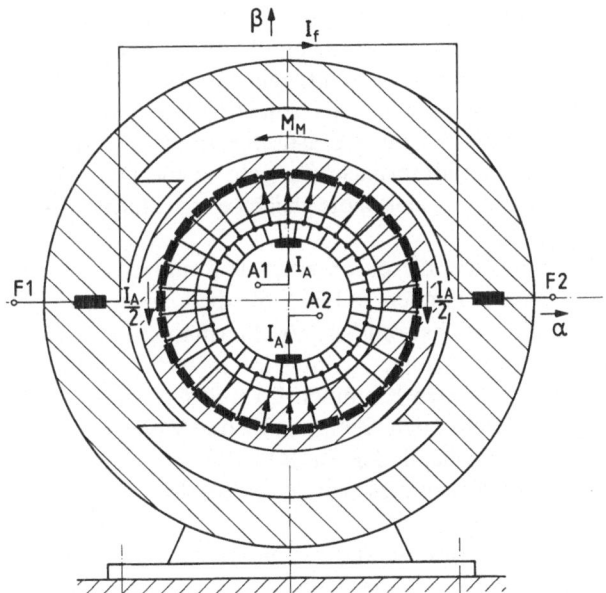

Bild 75. Gleichstrom-Kommutatormaschine: Vereinfachte Darstellung der elektrischen Durchflutung der Erregerwicklung (F1–F2) durch den Erregerstrom I_f und der Polygonwicklung des Ankers (A1–A2) durch den Ankerstrom I_A

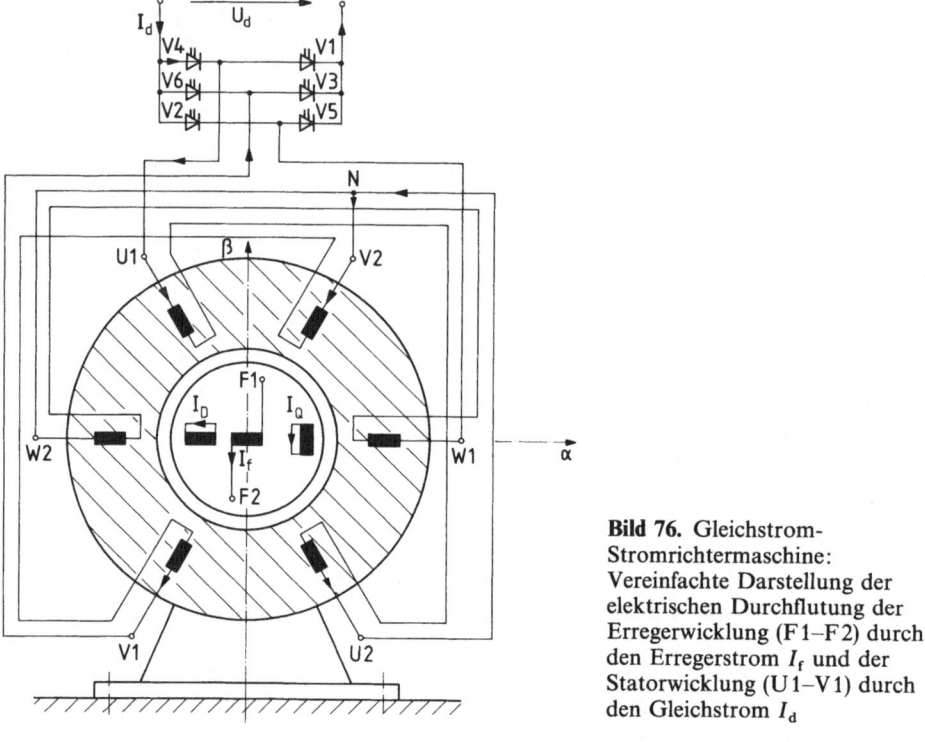

Bild 76. Gleichstrom-Stromrichtermaschine: Vereinfachte Darstellung der elektrischen Durchflutung der Erregerwicklung (F1–F2) durch den Erregerstrom I_f und der Statorwicklung (U1–V1) durch den Gleichstrom I_d

der Steuerung die Betriebsweise einer Gleichstrom-Kommutatormaschine annimmt. Bild 76 zeigt die entsprechende Darstellung der Gleichstrom-Stromrichtermaschine. Der Gleichstrom I_d, der als gut geglättet angenommen wird, wird nicht mehr durch einen mechanischen Stromrichter, den Kommutator, sondern durch einen elektronischen Kommutator, einen Stromrichter in Drehstrom-Brückenschaltung, von einem Wicklungsstrang in den folgenden kommutiert. Da elektrische Halbleiterventile spannungsmäßig erheblich höher belastet werden können als benachbarte Kommutatorlamellen, kann die Anzahl der erforderlichen Teilspulen drastisch verringert werden. Die Polygonwicklung der Gleichstrom-Kommutatormaschine geht in die Dreieckwicklung der Gleichstrom-Stromrichtermaschine oder in die gleichwertige Sternwicklung (Bild 76) über.

Im Bild 77 sind die Raumzeiger der Ströme, die gleichzeitig als Raumzeiger der elektrischen Durchflutungen gedeutet werden können [62,64], für die Gleichstrom-Kommutatormaschine (Bild 77a) und die Gleichstrom-Stromrichtermaschine (Bild 77b) dargestellt. Bild 77b gilt unter der Voraussetzung, daß im betrachteten Zeitpunkt der Strom I_d über das Ventil V4, den zwischen den Klemmen U1 und U2 liegenden Wicklungsstrang, den Sternpunkt N, den zwischen den Klemmen V2 und V1 liegenden Wicklungsstrang und das Ventil V3 entsprechend den in Bild 76 eingetragenen Pfeilrichtungen fließt. In beiden dargestellten Fällen wirkt auf den Rotor der Maschine ein Moment M_M in mathematisch positiver Richtung.

Während bei der Gleichstrom-Kommutatormaschine wegen der meist großen Anzahl von Lamellen bzw. Teilwicklungen die Größe des Moments nahezu unabhän-

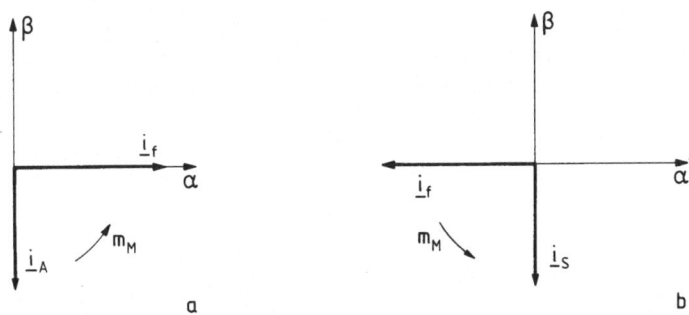

Bild 77. Elektrische Durchflutungen, dargestellt als Raumzeiger der elektrischen Ströme, und Richtung des Drehmoments bei **a** der Gleichstrom-Kommutatormaschine und **b** der Gleichstrom-Stromrichtermaschine

gig von der Läuferstellung ist, macht sich bei der Gleichstrom-Stromrichtermaschine die Stellungsabhängigkeit durchaus bemerkbar.

Um die grundsätzliche Wirkungsweise der Gleichstrom-Kommutatormaschine beschreiben zu können, wurde der in den Gln. (17) und (18) definierte magnetische Fluß Φ eingeführt. Bei den anschließend zu behandelnden Drehstrommaschinen wird mit Vorteil auf den Verkettungsfluß Ψ übergegangen. Zwischen Verkettungsfluß Ψ und Fluß Φ besteht die Beziehung

$$\Psi = w\Phi \ ,$$

wobei w die Anzahl der mit dem Fluß Ψ verketteten Spulenwindungen ist. Sind nicht alle Windungen mit dem selben Fluß Φ verkettet, tritt also ein Streufluß auf, so ergibt sich der Verkettungsfluß Ψ als die Summe der Windungsflüsse Φ_n zu

$$\Psi = \sum_{n=1}^{w} \Phi_n.$$

Abkürzend wird im folgenden auch der Verkettungsfluß Ψ auch als Fluß bezeichnet.

3.2.1.2 Grundsätzliche Wirkungsweise

Bei den folgenden Überlegungen wird die den mit der Erregerwicklung verketteten Polradfluß Ψ_R schwächende Wirkung der Statordurchflutung (entsprechend der Ankerrückwirkung der unkompensierten Gleichstrom-Kommutatormaschine) zunächst nicht berücksichtigt, es wird also vorausgesetzt, daß Größe und Richtung des Polradflusses und damit auch des Luftspaltflusses nur von der Größe des Erregerstroms abhängig sind. Weiterhin wird die Sättigung der Eisenwege vernachlässigt, es wird somit

$$\Psi_R = K_1 I_f \tag{88}$$

gesetzt, wobei K_1 eine Proportionalitätskonstante ist. Schließlich wird die Induktivität des Kommutierungskreises, die die Kommutierung des Gleichstroms I_d von einem Wicklungsstrang auf den Folgestrang verzögert, zunächst vernachlässigt.

Der Stromrichter ist mit abschaltbaren elektrischen Ventilen (V1 bis V6 in Bild 76) ausgerüstet, was durch zwei Steueranschlüsse an den Thyristorsymbolen ausgedrückt wird.

Unter den genannten Bedingungen ergibt sich das größte mittlere Drehmoment, wenn der mittlere Winkel $\bar{\varepsilon}$ zwischen Statorstromraumzeiger $\underline{i}_\mathrm{S}$ und Erregerstromraumzeiger $\underline{i}_\mathrm{f}$ auf $\bar{\varepsilon} = 90\ °$ gehalten wird (Bild 78). Mit Gl. (88) folgt für den Zeitwert des Maschinendrehmoments

$$m_\mathrm{M} = k_2 I_\mathrm{S} I_\mathrm{f} \sin \varepsilon \ . \tag{89}$$

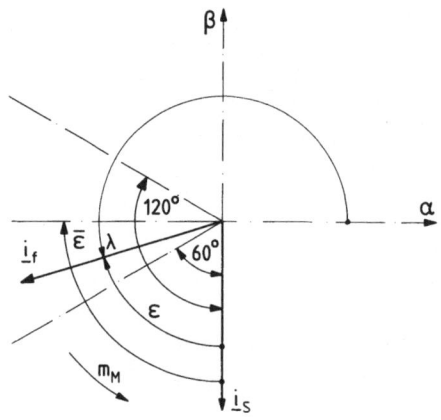

Bild 78. Durch Wechselwirkung zwischen den mit dem Statorstrom I_s und dem Erregerstrom I_f verketteten magnetischen Feldern wirkt auf die Welle der Maschine nach Bild 76 ein Drehmoment der Größe $m_\mathrm{M} = k_2 I_\mathrm{s} I_\mathrm{f} \sin \varepsilon$

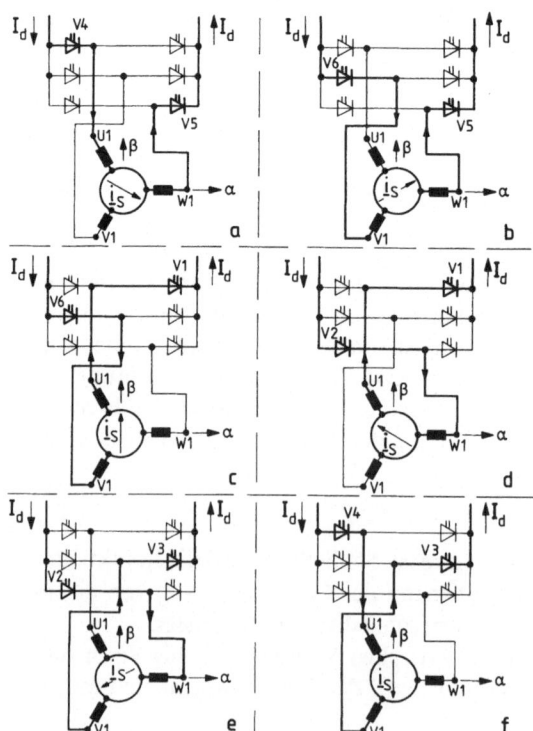

Bild 79. Die sechs Schaltzustände eines elektronischen Kommutators in B6-Schaltung und die jeweils zugeordnete Lage des Raumzeigers $\underline{i}_\mathrm{S}$ des Statorstroms

Der Zusammenhang zwischen dem Effektivwert des Stator-Strangstroms I_S und dem Raumzeiger $\underline{i}_S$ des Statorstroms wird durch die Gleichung

$$\underline{i}_S = \sqrt{\frac{3}{2}}\, I_S e^{j(\lambda - \varepsilon)}$$

beschrieben.

Der Raumzeiger $\underline{i}_f$ ist in seiner Lage fest an die Längsachse (d-Achse) des Synchronmaschinenläufers gebunden. Durch eine Drehung des Läufers mit dem oder gegen das Maschinenmoment m_M ändert der Winkel ε seine Größe und läuft gegen eine der bei 60° und 120° gestrichelt eingezeichneten Grenzen. Wird eine dieser Grenzstellungen erreicht, so ist die Statordurchflutung weiterzuschalten mit dem Ziel, den Winkel zwischen $\underline{i}_S$ und $\underline{i}_f$ immer im Bereich $60° \leqq \varepsilon \leqq 120°$ zu halten.

Bei der hier vorliegenden Kombination aus einem selbstgeführten Stromrichter mit eingeprägtem Gleichstrom und einer zweipoligen Drehstrom-Synchronmaschine gibt es sechs mögliche Richtungen der Statordurchflutung und damit des Stromraumzeigers $\underline{i}_S$. Bild 79a—f zeigt die vom Gleichstrom I_d durchflossenen Ventile und Wicklungsstränge während eines Umlaufs von $\underline{i}_S$ in Sprüngen von jeweils 60°.

Die Steuerung des Stromrichters, also das Ein- und Ausschalten der Ventile, hat unter diesen idealisierenden Voraussetzungen in Abhängigkeit von der Lage des Polrads zu erfolgen. Bild 80a—f zeigt einen Umlauf des Polrads bei motorischem Betrieb. Der Winkel ε zwischen $\underline{i}_S$ und $\underline{i}_f$ durchläuft jeweils einen Bereich zwischen 120° und 60°. Wird die 60°-Grenzstellung erreicht, so ändert die Steuerung den Schaltzustand des Stromrichters und $\underline{i}_S$ springt um 60° weiter nach vorne, so daß ε wieder auf

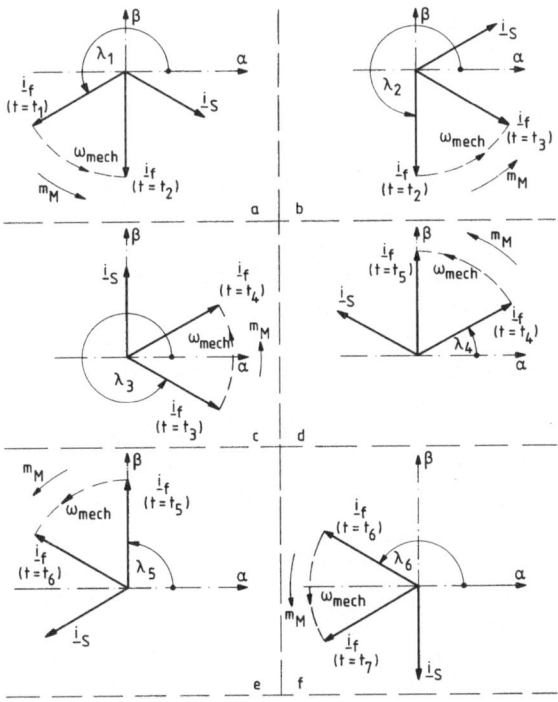

Bild 80. Drehbewegung des Läufers und des an die Lage der Läuferlängsachse gebundenen Raumzeigers $\underline{i}_f$ des Erregerstroms bei in Abhängigkeit von der Läuferstellung weiterspringendem Statorstromraumzeiger $\underline{i}_s$; motorischer Betrieb

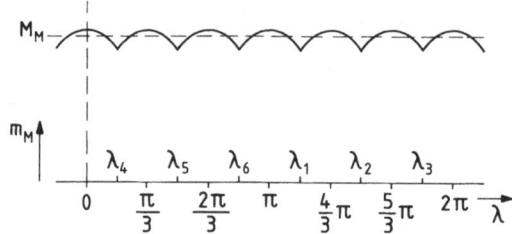

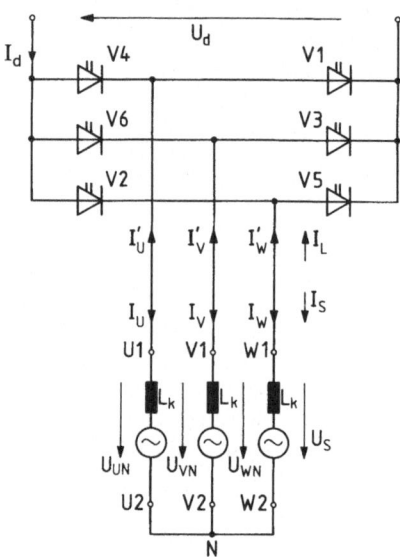

Bild 81. Verlauf m_M des Drehmoments in Abhängigkeit vom Drehwinkel λ des Polrads ($\bar{\varepsilon} = 90°$)

Bild 82. Schematische Darstellung des Leistungsteils einer Gleichstrom-Stromrichtermaschine bestehend aus einer in Stern geschalteten Drehstrom-Synchronmaschine und einem selbstgeführten Stromrichter in Drehstrom-Brückenschaltung

120° vergrößert wird. Der im Bild 80 eingetragene Drehwinkel λ gibt die Lage der Längsachse des Läufers gegenüber der statorfesten α-Achse an.

Im Bild 81 schließlich ist der Verlauf des Maschinendrehmoments m_M über dem Drehwinkel λ dargestellt. Es zeigt sich, daß dem mittleren Moment M_M ein Wechselanteil, ein Pendelmoment überlagert ist.

Für die weiteren Überlegungen wird angenommen, daß die Maschine mit konstanter Drehzahl umläuft ($\omega_{\text{mech}} = const$). Voraussetzung dafür ist ein hinreichend großes Summenträgheitsmoment J von Synchronmaschine und Arbeitsmaschine. In der Drehstromwicklung der Synchronmaschine wird durch den mit dem Polrad umlaufenden Fluß eine Drehspannung induziert. Bild 82 gibt eine schematische Darstellung des Leistungsteils einer Gleichstrom-Stromrichtermaschine wieder, wobei die Synchronmaschine als Drehspannungsquelle mit in Reihe geschalteter Kommutierungsinduktivität dargestellt ist. Für die Ströme zwischen Synchronmaschine und Stromrichter sind, um das Verständnis zu erleichtern, zwei Richtungspfeile eingezeichnet. Einer gilt für die in der Stromrichtertechnik gebräuchlicheren Leiterströme I_L, die von der Spannungsquelle weg in Richtung Stromrichter angegeben werden (I'_U, I'_V, I'_W). Der andere gibt die Richtung des Statorstroms I_S an, wie sie bei der Darstellung überwiegend motorisch arbeitender elektrischer Maschinen meist verwendet wird (I_U, I_V, I_W).

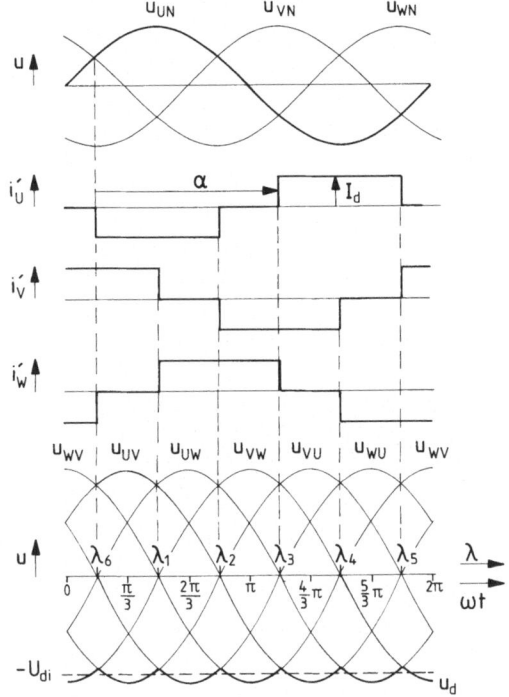

Bild 83. Verläufe der charakteristischen Spannungen und Ströme an einem Gleichstrom-Stromrichtermotor nach Bild 76 bzw. Bild 82 Schaltbefehlgabe nach Bild 80 ($\bar{\varepsilon} = 90°$; $\alpha = 180°$; $\omega_{\mathrm{mech}} = \mathrm{const}$)

Wird eine örtlich sinusförmige Verteilung der magnetischen Flußdichte über den Rotorumfang vorausgesetzt, so werden in der Drehstromwicklung zeitlich sinusförmige Spannungen induziert. In der obersten Zeile des Bildes 83 ist der zeitliche Verlauf der Sternspannungen U_{UN}, U_{VN} und U_{WN} dargestellt, darunter der Verlauf der drei Leiterströme I_{U}, I_{V} und I_{W}, wie sie sich unter den anhand von Bild 80 beschriebenen Bedingungen für $\bar{\varepsilon} = 90°$ ergeben. Im Bild unten sind dünn ausgezogen die Leiterspannungen eingetragen und stärker der Verlauf der ungeglätteten Gleichspannung u_{d} sowie deren Mittelwert, der im vorliegenden Fall $U_{\mathrm{di}\alpha} = -U_{\mathrm{di}}$ ist. Daraus folgt, daß dieser Betriebszustand von der Stromrichterseite her betrachtet der vollen Wechselrichteraussteuerung ($\alpha = 180°$) entspricht.

Aus der Stromrichtertechnik ist bekannt, daß vor allem wegen der endlichen Induktivität im Kommutierungskreis ($L_{\mathrm{k}} > 0$) und der Freiwerdezeit der elektrischen Ventile volle Wechselrichteraussteuerung nur mit einem selbstgeführten Stromrichter erreicht werden kann. Da dieser kostenaufwendiger ist als ein netz- oder lastgeführter, mit normalen Thyristoren bestückter Stromrichter, besteht insbesondere bei Antrieben großer Leistung der Wunsch, den maschinenseitigen Stromrichter lastgeführt zu betreiben, d.h. die erforderliche Kommutierungs- und Steuerblindleistung von der Synchronmaschine aufbringen zu lassen.

Um dieses Ziel zu erreichen, ist der Stromrichtersteuerwinkel auf etwa $\alpha = 150°$, wie im Bild 84 dargestellt, zurückzunehmen. Werden für Drehzahl n und Erregerstrom I_{f} dieselben Werte zugrunde gelegt wie im Bild 83, so steigt die Gleichspannung U_{d} von

$-U_{\mathrm{di}}$ auf den Wert $U_{\mathrm{di}\alpha} = -\dfrac{\sqrt{3}}{2} U_{\mathrm{di}}$ an. Hat andererseits die Gleichspannung U_{d}

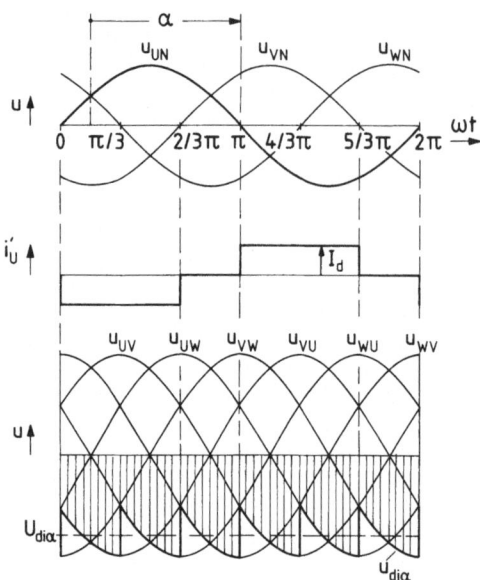

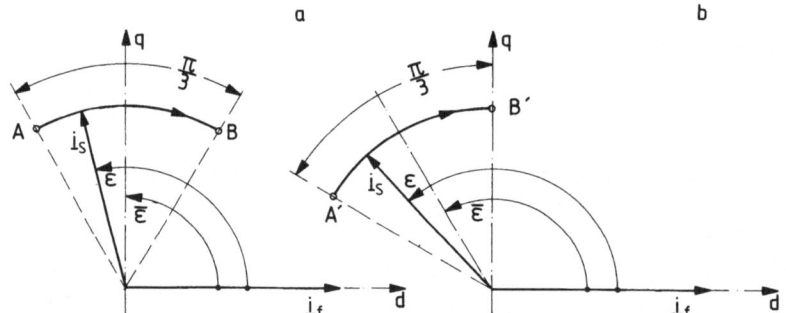

Bild 84. Verläufe der charakteristischen Spannungen und Ströme an einem Gleichstrom-Stromrichtermotor nach Bild 76 bzw. Bild 82 bei einem Steuerwinkel des Stromrichters von $\alpha = 150°$ ($\bar{\varepsilon} = 120°$; $\omega_{mech} = \text{const}$)

Bild 85. Darstellung des Erregerstromraumzeigers i_f und der Ortskurve des Statorstromraumzeigers i_s im auf die Läuferachse bezogenen (d, q)-Koordinatensystem. **a** bei selbstgeführtem Stromrichter ($\bar{\varepsilon} = 90°$, $\alpha = 180°$); **b** bei maschinengeführtem Stromrichter ($\bar{\varepsilon} = 120°$, $\alpha = 150°$)

dieselbe Größe wie in Bild 83, so vergrößert sich der Effektivwert der Drehspannung um den Faktor $\dfrac{2}{\sqrt{3}}$.

In Bild 80 wurde die Zuordnung der Raumzeiger des Erregerstroms I_f und des Statorstroms I_S für eine Periode der Statorgrundschwingung in (α, β)-Koordinaten gezeigt; der Steuerwinkel des Stromrichters betrug dabei $\alpha = 180°$. Dieser Vorgang läßt sich mit geringerem Aufwand auch in den rotorfesten (d, q)-Koordinaten darstellen. Die d-Achse ist die Längsachse des Rotors, sie fällt mit der Wicklungsachse der Erregerwicklung zusammen, die q-Achse ist die Querachse des Rotors, sie steht bei der zweipoligen Maschine senkrecht auf der d-Achse. Der Raumzeiger i_f liegt somit in Richtung der d-Achse [65]. Wird der anhand des Bildes 80 beschriebene Vorgang in läuferfesten Koordinaten betrachtet (Bild 85a), so beschreibt der Raumzeiger i_S

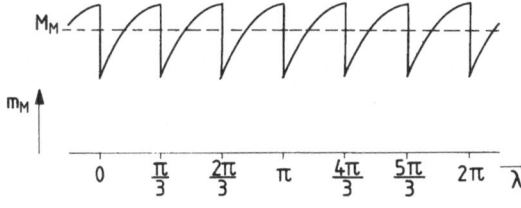

Bild 86. Verlauf m_M des Drehmoments in Abhängigkeit vom Drehwinkel λ des Polrads bei einem Steuerwinkel des Stromrichters von $\alpha = 150°$ ($\bar{\varepsilon} = 120°$)

zwischen zwei Kommutierungsvorgängen einen Kreisbogen der Länge $\pi/3$ innerhalb der Punkte A und B, der Winkel ε durchläuft dabei den Bereich $2\pi/3 \geqq \varepsilon \geqq \pi/3$. Bei jeder Kommutierung, also jedem Sprung der Statordurchflutung um den Winkel $\pi/3$ im (α, β)-Koordinatensystem, springt im (d,q)-System der Raumzeiger um den Winkel $\pi/3$ aus dem Punkt B in den Punkt A, um von dort aus mit der Winkelgeschwindigkeit ω_{mech} in den Punkt B zurück zu laufen. Dem Steuerwinkel $\alpha = 180°$ entspricht dabei ein mittlerer Winkel zwischen i_S und i_f von $\bar{\varepsilon} = 90°$.

Bei einem Steuerwinkel von $150°$, wie er bei einem maschinengeführten Stromrichter in Frage kommt, durchläuft der Winkel ε den Bereich $\dfrac{5}{6}\pi \geqq \varepsilon \geqq \dfrac{\pi}{2}$ zwischen den Punkten A' und B' (Bild 85b) und springt im Zeitpunkt der Kommutierung des Gleichstroms in den nächsten Wicklungsstrang zurück in den Punkt A'. Der mittlere Winkel zwischen i_S uns i_f ergibt sich zu $\bar{\varepsilon} = 120°$. Da sich in Abhängigkeit vom Steuerwinkel α auch der Winkel $\bar{\varepsilon}$ und damit der Winkelbereich von ε ändert, muß sich für $\alpha = 150°$ nach Gl. (89) auch für der Verlauf des Drehmoments M_M über dem Drehwinkel λ gegenüber dem im Bild 81 für $\alpha = 180°$ dargestellten ändern (Bild 86).

3.2.1.3 Steuerung des maschinenseitigen Stromrichters

Bei der Beschreibung der grundsätzlichen Wirkungsweise wurde im Abschnitt 3.2.1.2 die Rückwirkung des Statorstroms auf den magnetischen Fluß des Rotors und damit auch auf den Luftspaltfluß vernachlässigt. Da sich Größe und Phasenlage des Statorstroms I_S jedoch über dessen Rückwirkung auf die Gesamtdurchflutung auch auf den Hauptfluß Ψ_h der Synchronmaschine und damit auf die Summe der Winkel α und $\bar{\varepsilon}$ auswirken, hat das eine unterschiedliche Qualität der üblichen Steuerverfahren zur Folge. Aus diesem Grunde soll die Rückwirkung des Stroms I_S auf den Hauptfluß Ψ_h im folgenden berücksichtigt werden.

Der Zusammenhang zwischen den Grundschwingungsströmen und -spannungen einer über einen maschinengeführten Stromrichter gespeisten Synchronmaschine verdeutlicht Bild 87. Bild 87a zeigt einen vereinfachten, für eine Vollpolmaschine geltenden Ersatzschaltplan und Bild 87b die dazugehörige Zeitzeigerdarstellung der Ströme und Spannungen. Der Magnetisierungstrom I_μ, der bei vernachlässigtem Sättigungseinfluß dem Hauptfluß Ψ_h der Synchronmaschine proportional ist, ergibt sich aus der geometrischen Addition von Statorstrom I_S und dem auf die Statorseite bezogenen Erregerstrom I'_f. Da der Strom I_S gegenüber dem in der Stromrichtertechnik üblichen Leiterstrom I_L um $180°$ gedreht ist (siehe Bild 82: $I_S = -I_L$), muß der Steuerwinkel α von der negativen reellen Achse aus gezählt werden. Der Steuerwinkel α wird, da der Winkel zwischen Statorspannung U_S und innerer Spannung U_i wegen $X_{S\sigma} = \omega_S L_{S\sigma}$ auch von der Statorkreisfrequenz ω_S und damit von der Drehzahl abhän-

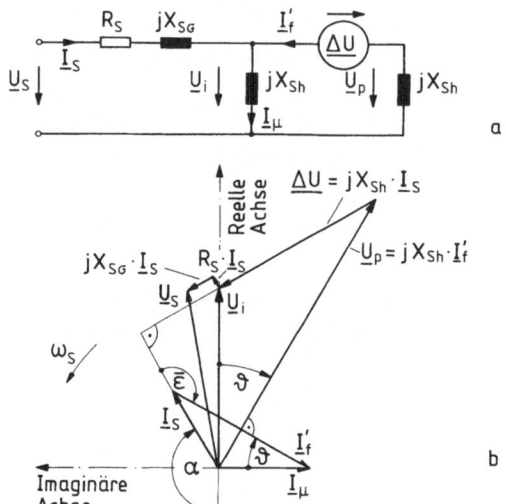

Bild 87. Vereinfachter Ersatzschaltplan der Vollpol-Synchronmaschine (a) und Zeitzeigerdarstellung der Ströme und Spannungen bei Motorbetrieb (b)

gig ist, im Fall der Gleichstrom-Stromrichtermaschine mit Vorteil auf den Zeiger der inneren Spannung U_i und nicht, wie sonst in der Leistungselektronik üblich, auf den der Klemmenspannung U_S bezogen.

Bei Motorbetrieb, für den Bild 87b gezeichnet ist, eilt der Erregerstromzeiger I_f' dem Magnetisierungsstromzeiger I_μ um den Polradwinkel ϑ nach. Aus der Darstellung der Ströme ist zu ersehen, daß die im vorstehenden Abschnitt bei der Beschreibung der grundsätzlichen Wirkungsweise getroffene Vereinfachung $I_\mu \approx I_f'$ nur zulässig ist, wenn der Magnetisierungsstrom I_μ sehr groß gegenüber dem Statorstrom I_S und der Polradwinkel ϑ angenähert Null ist. Für $\vartheta = 0$ ergibt sich $\alpha + \bar\varepsilon = \frac{3}{2}\pi + \vartheta$. Für $\vartheta \neq 0$ dagegen wird $\alpha + \bar\varepsilon = \frac{3}{2}\pi + \vartheta$; es besteht somit kein fester Zusammenhang zwischen α und $\bar\varepsilon$. Bei z.B. festem Steuerwinkel α und konstantem Gegenmoment ist ϑ von der Größe des Erregerstroms abhängig.

Zur Steuerung des Stromrichters kann jeweils nur einer der Winkel vorgegeben werden; entweder der Winkel $\bar\varepsilon$ zwischen Statorstrom- und Erregerstromzeiger oder der Stromrichter-Steuerwinkel α. Für konstantes $\bar\varepsilon$ kann die Steuerung des Stromrichters von der Lage des Polrads, die über einen Polradlagegeber erfaßt wird, abgeleitet werden. Soll die Lage des Stromzeigers I_S über den Steuerwinkel α vorgegeben werden, so ist dazu aus den Klemmgrößen U_S und I_S der Zeiger U_i der inneren Spannung oder der Magnetisierungsstromzeiger I_μ zu errechnen; U_i oder I_μ werden zur Synchronisierung des Steuersatzes des maschinenseitigen Stromrichters benötigt.

Beide vorstehend erwähnten Arten der Steuerung sind heute im Einsatz. Die Steuerung über Polradlagegeber wird vielfach bei Antrieben kleiner Leistung, meist in Verbindung mit permanenterregten Synchronmaschinen und einem selbstgeführten maschinenseitigen Stromrichter, angewandt [66]. Bei Antrieben großer Leistung, die vornehmlich mit maschinengeführtem Stromrichter und elektrisch erregter Synchronmaschine ausgeführt werden, wird dagegen der Steuerung über den Steuerwinkel α der Vorzug gegeben [67].

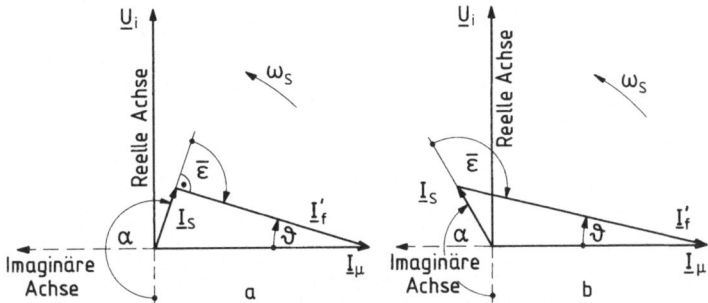

Bild 88. Zeitzeigerdarstellung der inneren Spannung U_i, des Statorstroms I_S, des Erregerstroms I'_f und des Magnetisierungsstroms I_μ bei Motorbetrieb. **a** für selbstgeführten Stromrichter ($\bar\varepsilon = 90°$); **b** für maschinengeführten Stromrichter ($\alpha = 150°$)

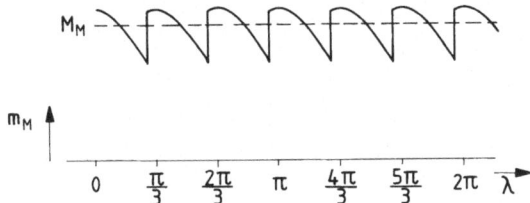

Bild 89. Verlauf m_M des Drehmoments in Abhängigkeit vom Drehwinkel λ des Polrads bei Steuerung des Stromrichters in Abhängigkeit von der Lage des Polrads ($\bar\varepsilon = 90°$) im Falle einer Belastung nach Bild 88a

    Bild 88 gibt die Zeitzeigerdarstellungen der inneren Spannung U_i und der Ströme I_S, I'_f und I_μ für die beiden vorstehend geschilderten Fälle wieder. In Bild 88a wird der selbstgeführte Stromrichter in Abhängigkeit von der Lage des Polrads gesteuert, wobei der Winkel $\bar\varepsilon$ fest mit 90° vorgegeben ist. Der Stromrichtersteuerwinkel stellt sich lastabhängig auf $\alpha > 180°$ ein, was im Verlauf des Drehmoments über dem Drehwinkel λ (Bild 89) eine erhöhte Welligkeit hervorruft. Im Bild 88b wird der Steuerwinkel des maschinengeführten Stromrichters fest mit $\alpha = 150°$ vorgegeben und der Winkel $\bar\varepsilon$ stellt sich lastabhängig auf $\bar\varepsilon > 90°$ ein. Der Verlauf des Drehmoments entspricht dabei dem in Bild 86 dargestellten.

    Anhand der Bilder 90 bis 93 soll demonstriert werden, warum bei einem Antrieb mit einem maschinengeführten Stromrichter und einer Synchronmaschine mit elektrischer Erregung die Steuerung über den Steuerwinkel α gegenüber der Vorgabe eines festen Winkels $\bar\varepsilon$ Vorteile bietet. Bei elektrisch erregten Maschinen ist im Gegensatz zu permanenterregten Maschinen mit auf der Polradoberfläche angeordneten Magneten der wirksame Luftspalt kleiner und damit die Rückwirkung des Statorstroms auf den Hauptfluß der Maschine größer [68]. Analog zur Ankerrückwirkung der Gleichstrom-Kommutatormaschine läßt sich hier von einer Statorrückwirkung sprechen.

    Vorausgesetzt wird bei den folgenden Überlegungen, daß mit Rücksicht auf die endliche Kommutierungsdauer des Gleichstroms von einem Wicklungsstrang in den nächsten der Steuerwinkel bei Belastung mit maximalem Drehmoment $\alpha = 150°$ betragen soll. Der Erregerstrom wird im Grunddrehzahlbereich konstant auf $I_f = I_{fN}$ gehalten. Unter den vorausgesetzten idealisierenden Annahmen ergibt sich das mittlere

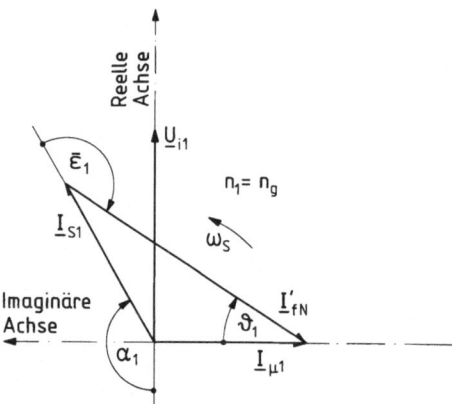

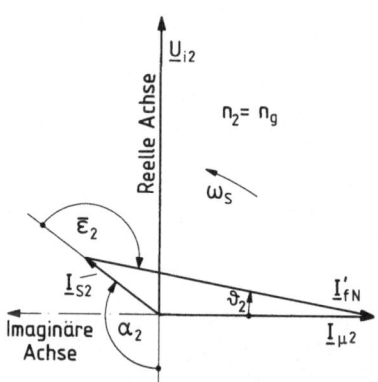

Bild 90. Zeitzeigerdarstellung der inneren Spannung U_i, des Statorstroms I_S, des Erregerstroms I_f und des Magnetisierungsstroms I_μ bei Betrieb mit Grunddrehzahl n_g und maximalem Moment. Belastungsfall 1: $M_{M1} = 2\,M_N$; $\alpha_1 = 150°$; $\bar{\varepsilon}_1 = 153°$; $\vartheta_1 = 33°$; $I'_{f1} = I'_{fN}$; $I_{\mu1} = 0,526\,I'_{fN}$; $I_{S1} = 0,632\,I'_{fN}$

Bild 91. Zeitzeigerdarstellung der inneren Spannung U_i, des Statorstroms I_S, des Erregerstroms I'_f und des Magnetisierungsstroms I_μ bei Betrieb mit Grunddrehzahl n_g und Nennmoment M_N (Steuerung über Rotorlagegeber: $\bar{\varepsilon}_2 = \bar{\varepsilon}_1$). Belastungsfall 2: $M_{M2} = M_N$; $\alpha_2 = 128,4°$; $\bar{\varepsilon}_2 = 153°$; $\vartheta_2 = 11,4°$; $I'_{f2} = I'_{fN}$; $I_{\mu2} = 0,733\,I'_{fN}$; $I_{S2} = 0,316\,I'_{fN}$

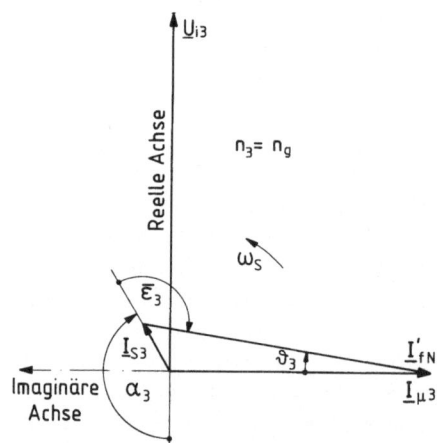

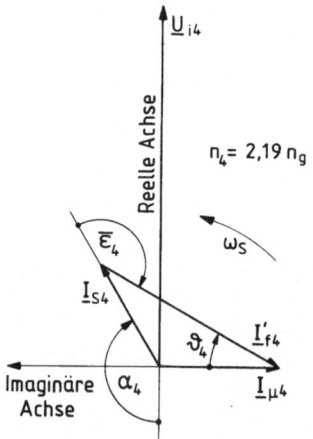

Bild 92. Zeitzeigerdarstellung der inneren Spannung U_i, des Statorstroms I_S, des Erregerstroms I'_f und des Magnetisierungsstroms I_μ bei Betrieb mit Grunddrehzahl n_g und Nennmoment M_N (Steuerung über den Raumzeiger des Magnetisierungsstroms: $\alpha_3 = \alpha_1$). Belastungsfall 3: $M_{M3} = M_N$; $\alpha_3 = 150°$; $\bar{\varepsilon}_3 = 129,6°$; $\vartheta_3 = 9,6°$; $I'_{f3} = I'_{fN}$; $I_{\mu3} = 0,892\,I'_{fN}$; $I_{S3} = 0,186\,I'_{fN}$

Bild 93. Zeitzeigerdarstellung der inneren Spannung U_i, des Statorstroms I_S, des Erregerstroms I'_f und des Magnetisierungsstroms I_μ bei Betrieb mit Nennmoment im Feldschwächbereich (Steuerung über den Raumzeiger des Magnetisierungsstroms: $\alpha_4 = \alpha_3 = \alpha_1$). Belastungsfall 4: $M_{M4} = M_N$; $\alpha_4 = 150°$; $\bar{\varepsilon}_4 = 150°$; $\vartheta_4 = 30°$; $I'_{f4} = 0,7\,I'_{fN}$; $I_{\mu4} = 0,408\,I'_{fN}$; $I_{S4} = 0,408\,I'_{fN}$

Drehmoment der Maschine zu

$$M_M = -K_2 I_\mu I_S \cos \alpha \tag{90}$$

oder zu

$$M_M = K_2 I_f' I_S \sin \bar{\varepsilon}, \tag{91}$$

wobei K_2 eine Proportionalitätskonstante ist.

Im Belastungsfall 1 (Bild 90) gibt der Antrieb bei Grunddrehzahl das zweifache Nennmoment ab ($M_{M1} = 2M_N$). Mit $\alpha_1 = 150°$ und einem Polradwinkel $\vartheta_1 = 33°$ ergibt sich $\bar{\varepsilon}_1 = 270° + \vartheta_1 - \alpha_1 = 153°$. Wird der Stromrichter von der Lage des Polrads her gesteuert, so muß, ausgehend von diesem Fall der maximalen Belastung der Winkel $\bar{\varepsilon} = \bar{\varepsilon}_1 = 153°$ fest eingestellt werden.

Wird das Drehmoment nun auf seinen Nennwert zurückgenommen (Belastungsfall 2, Bild 91), so geht bei $\bar{\varepsilon}_2 = \bar{\varepsilon}_1$ der Steuerwinkel auf $\alpha_2 = 128,4°$ zurück. Weil der Erregerstrom I_f auf seinem Nennwert gehalten wird, steigt der Magnetisierungsstrom $I_{\mu 2}$ gegenüber dem Belastungsfall 1 auf das etwa 1,4-fache an. Im gleichen Verhältnis ändert sich bei konstanter Drehzahl ($n_2 = n_g$) auch die innere Spannung, die sich analog zur für die Gleichstrom-Kommutatormaschine geltenden Gl. (4) zu

$$U_i = k_1 n \Psi_h \tag{92}$$

ergibt, wobei k_1 eine Proportionalitätskonstante ist und voraussetzungsgemäß der Hauptfluß Ψ_h dem Magnetisierungsstrom I_μ proportional sein soll.

Bei der gegebenen Konfiguration ist

$$U_{i1} \cos \alpha_1 = U_{i2} \cos \alpha_2, \tag{93}$$

d.h. unter Vernachlässigung des Spannungsfalls an der Statorimpedanz

$$U_S - U_i = I_S(R_S + jX_{S\sigma}),$$

die in etwa der Vernachlässigung der Kommutierungsinduktivität L_k (siehe Bild 82) entspricht, ist die Gleichspannung

$$U_d = U_S \cos \alpha \tag{94}$$

in beiden Belastungsfällen gleich groß. Bei Steuerung des Stromrichters in Abhängigkeit von der Lage des Polrads ist somit wie bei der kompensierten Gleichstrom-Kommutatormaschine ein näherungsweise linearer Zusammenhang zwischen der Gleichspannung am Eingang des Stromrichters und der Drehzahl des Antriebs gegeben; die lastabhängige Änderung von U_i und die ebenfalls lastabhängige Änderung von α heben sich unter den getroffenen Voraussetzungen auf.

Nachteilig bei dieser Lösung ist die durch den kleinen Steuerwinkel ($\alpha < 150°$) bedingte große Blindkomponente des Statorstroms bei Nennbetrieb, die die Statorleiterverluste erhöht.

Wird, ausgehend von der Lage des Zeigers der inneren Spannung U_i oder des Magnetisierungsstroms I_μ, der Steuerwinkel α unter der Voraussetzung $I_f = I_{fN}$ konstant gehalten, so gilt für Betrieb mit Nennmoment der Belastungsfall 3 (Bild 92).

Ausgehend von den Gln. (90) und (91) ergibt sich gegenüber dem Belastungsfall 2 ein um den Faktor $I_{S3}/I_{S2} = 0,59$ kleinerer Statorstrom und ein um den Faktor $I_{\mu 3}/I_{\mu 2} = 1,22$ größerer Magnetisierungsstrom. Der kleinere Statorstrom senkt die Statorleiterverluste gegenüber Belastungsfall 2 auf etwa 35 %, das ist der große Vorteil dieser Lösung. Der größere Magnetisierungsstrom läßt die innere Spannung um 22 % ansteigen. Zusammen mit der Vergrößerung des Steuerwinkels α bedingt das einen Anstieg des Betrags der Gleichspannung im Verhältnis

$$\frac{U_{d3}}{U_{d2}} = \frac{I_{\mu 3}}{I_{\mu 2}} \frac{\cos \alpha_3}{\cos \alpha_2} = 1{,}69$$

Bei konstant gehaltener Gleichspannung U_d an den Eingangsklemmen des Stromrichters tritt bei Steuerung mit konstantem Winkel α somit ein lastabhängiger Anstieg der Drehzahl ähnlich wie bei der nichtkompensierten Gleichstrom-Kommutatormaschine ein. Beim geregelten Antrieb ist die Gleichspannung entsprechend lastabhängig zu korrigieren.

Bild 93 schließlich gilt für Betrieb im Feldschwächbereich. Der Erregerstrom wurde auf $I'_{f4} = 0{,}7 I'_{fN}$ zurückgenommen. Bei Betrieb mit Nennmoment und Steuerung mit $\alpha_4 = 150°$ steigt der Statorstrom gegenüber dem Belastungsfall 3 auf das 2,19-fache an. Der um denselben Faktor 2,19 kleiner gewordene Magnetisierungsstrom ruft bei konstant gehaltener innerer Spannung ($U_{i4} = U_{i3}$) einen Drehzahlanstieg auf $n_4 = 2{,}19 n_g$ hervor.

3.2.1.4 Gesamter Antrieb: Ausführungsbeispiele, Anwendungsbereich

Der Leistungsbereich, in dem stromrichtergespeiste Gleichstrom-Stromrichtermaschinen eingesetzt werden, ist sehr groß. Seine untere Grenze liegt wie bei der Gleichstrom-Kommutatormaschine bei etwa 1 W, die obere Leistungsgrenze wird durch die Grenzleistung der Synchronmaschine (siehe Bild 73) bestimmt; Leistungen bis 30 MW für Gaspumpen- und Lüfterantriebe wurden ausgeführt. Dem großen Leistungsbereich und den unterschiedlichen betrieblichen Anforderungen entsprechend, haben sich unterschiedliche technische Lösungen herausgebildet, die im folgenden anhand von Beispielen beschrieben werden.

3.2.1.4.1 Antriebe kleiner Leistung

Im untersten Teil des Leistungsbereichs bis zu Antriebsleistungen von etwa 1 kW kommt es mehr auf geringe Anschaffungskosten als auf eine hohe Maschinenausnutzung und auf einen guten Wirkungsgrad an. Für diesen Leistungsbereich werden die Synchronmaschinen meist mit permanenterregtem Polrad und einer in Stern geschalteten viersträngigen Statorwicklung ausgeführt [69] (Bild 94). Der maschinenseitige Stromrichter in vierpulsiger Mittelpunktschaltung benötigt nur vier ein- und ausschaltbare Ventile; hier werden Transistoren eingesetzt. Der geringe Ventilaufwand bedingt eine schlechte Ausnutzung der Statorwicklungen, da schaltungsbedingt der Effektivwert des gesamten Strangstroms groß gegenüber dem der Grundschwingung ist. Die Lage des Polrads kann über Hallsonden oder durch einen in die elektrische Maschine integrierten Polradlagegeber erfaßt werden. Die Steuerung der Ventile wird dabei so eingestellt, daß sich ein möglichst großes mittleres Drehmoment mit möglichst geringen Pendelmomenten ergibt, d.h. $\bar{\varepsilon}$ wird zu 90° gewählt.

Bild 95a zeigt die Ortskurve des Statorstroms I_S bezogen auf das rotorfeste (d, q)-Koordinatensystem in Raumzeigerdarstellung. Zwischen zwei Kommutierungen des Gleichstrom I_d wird sie vom Punkt A bis zum Punkt B durchlaufen, im Kommutierungszeitpunkt springt der Zeiger i_S um den Winkel $\frac{\pi}{2}$ nach A zurück. Die

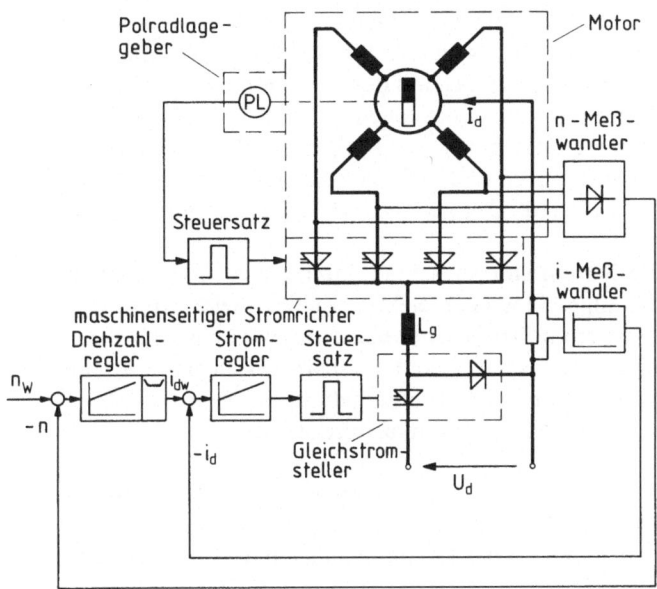

Bild 94. Grundsätzlicher Schaltplan eines aus einer Gleichspannungsquelle über einen Gleichstromsteller gespeisten Gleichstrom-Stromrichtermotors mit polradorientierter Taktung des maschinenseitigen selbstgeführten Stromrichters

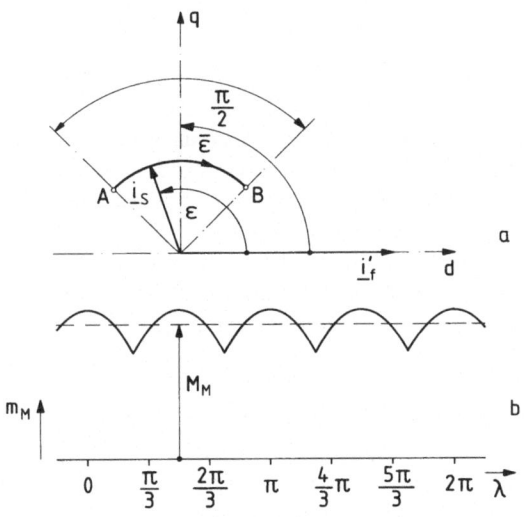

Bild 95. a Raumzeigerdarstellung des Erregerstroms I'_f und der Ortskurve des Statorstroms I_s zwischen zwei Kommutierungsvorgängen im auf die Läuferachse bezogenen (d, q)-Koordinatensystem und **b** Verlauf m_M des Drehmoments in Abhängigkeit vom Drehwinkel λ beim Stromrichtermotor nach Bild 94 ($\bar{\varepsilon} = 90°$)

magnetisierende Wirkung der Permanentmagnete ist im Bild 95a durch einen in der Wirkung äquivalenten, auf den Stator bezogenen Erregerstrom I'_f dargestellt.

Der Verlauf m_M des Drehmoments, unter Vernachlässigung der Statorrückwirkung über dem Drehwinkel λ aufgetragen (Bild 95b), zeigt eine größere Welligkeit als der vergleichbare Vorgang bei dreisträngiger Maschine in Kombination mit einem sechspulsigen Stromrichter (siehe Bild 81). Wird die Rückwirkung des Statorstroms auf den Hauptfluß der Maschine berücksichtigt, so ändert sich der Wechselanteil im Drehmoment lastabhängig (siehe Bild 89). Von der Konstruktion der Maschine hängt es ab, wie stark diese Statorrückwirkung sich auf das Drehmoment auswirkt. Ist der magnetisch wirksame Luftspalt groß, bei Maschinen mit auf die Poloberfläche aufgeklebten Permanentmagneten ist dies immer der Fall, so ist die Rückwirkung klein. Wird dagegen mit Flußkonzentratoren und nicht lamellierten Polen gearbeitet, so ist der magnetisch wirksame Luftspalt kleiner und die Rückwirkung ist somit größer.

Der Gleichstrom I_d wird der Stromrichtermaschine durch einen an ein Gleichstromnetz mit der Spannung U_d angeschlossenen elektronischen Gleichstromsteller eingeprägt (Bild 94). Da die Gleichstrom-Stromrichtermaschine, wie in den Abschnitten 3.2.1.2 und 3.2.1.3 dargelegt, etwa das gleiche Betriebsverhalten hat wie eine Gleichstrom-Kommutatormaschine, kann die Antriebsregelung wie im Abschnitt 2.5 beschrieben ausgeführt werden. Bild 94 zeigt eine Drehzahlregelung mit unterlagerter Stromregelung.

Da der netzseitige Stromrichter in Bild 94 nur ein Einquadrant-Gleichstromsteller ist, kann nicht elektrisch gebremst werden; der dargestellte Antrieb kann somit nur motorisch, d.h. in den Quadranten I und III der Drehmoment-Drehzahlebene (siehe Bild 50) betrieben werden.

Antriebe dieser Art sind unter Bezeichnungen wie „Elektronikmotor" oder „Elektronisch kommutierte Gleichstromantriebe" auf dem Markt. Sie finden z.B. in Büromaschinen, in Phonogeräten und in der Auto-Elektrik Verwendung.

3.2.1.4.2 Antriebe größerer Leistung

Bei Antrieben größerer Leistung, gemeint ist hier der Leistungsbereich von etwa 1 kW an aufwärts, werden die Maschinen zunächst dreisträngig, bei Leistungen im MW-Bereich dann zweimal dreisträngig, also sechssträngig, ausgeführt. Als maschinenseitiger Stromrichter wird durchweg die Drehstrom-Brückenschaltung verwendet; bei der zweimal dreisträngigen Wicklungsausführung wird jedes Dreiphasensystem an einen Stromrichter in Drehstrom-Brückenschaltung angeschlossen [70].

Die Ausführung des Stromrichters kann dabei unterschiedlich sein. Im unteren Teil des Leistungsbereichs werden auf der Maschinenseite häufig selbstgeführte Stromrichter eingesetzt, im oberen dagegen praktisch ausschließlich maschinengeführte.

Anfahrvorgang mit selbstgeführtem maschinenseitigen Stromrichter

Maschinenseitige selbstgeführte Stromrichter werden heute meist mit Thyristoren ausgerüstet und mit Phasenfolgelöschung [71] betrieben (Bild 96). Für künftige Anwendungen wird an den Einsatz von abschaltbaren rückwärtssperrenden Thyristoren gedacht, die die Reihenschaltung des symmetrischen Tyristors und der Entkopplungsdiode in SR2 ablösen können; anstelle der Kommutierungskondensatoren der Phasenfolgelöschung wären dann Siebkondensatoren zwischen die Maschinenklemmen zu schalten. Der Stromrichter SR2 (Bild 96) bildet gemeinsam mit der Synchronmaschine M den Leistungsteil der Gleichstrom-Stromrichtermaschine. Der von dieser für die jeweilige Momentanforderung benötigte Gleichstrom I_d wird vom netzseitigen Stromrichter SR1 her eingeprägt. Eine Glättungsdrosselspule mit der Induktivität L_g glättet den Strom im Zwischenkreis des Umrichters und entkoppelt damit die beiden in Reihe geschalteten Teilstromrichter SR1 und SR2.

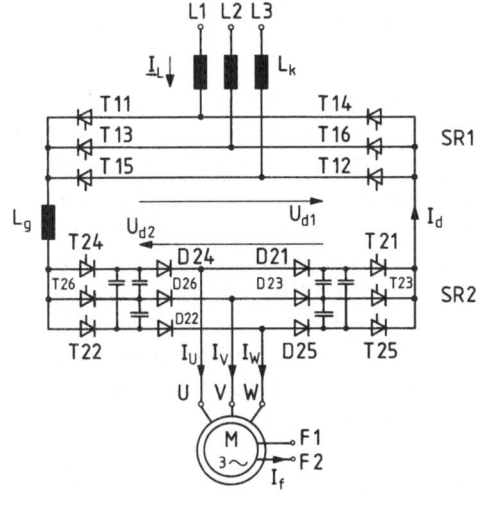

Bild 96. Leistungsteil einer stromrichtergespeisten Synchronmaschine mit selbstgeführtem maschinenseitigen Stromrichter in Drehstrombrückenschaltung mit Phasenfolgelöschung – grundsätzlicher Schaltplan

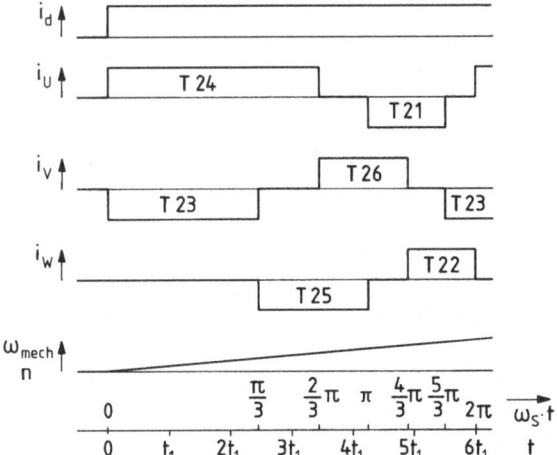

Bild 97. Zeitlicher Verlauf der charakteristischen Ströme und der Drehzahl beim Anlauf des Antriebs nach Bild 96 unter der Annahme eines konstanten Beschleunigungsmoments ($m_b = \text{const}$; $\omega_{mech} = kt$)

Wenn der maschinenseitige Stromrichter selbstgeführt ist, stellt der Anlaufvorgang kein Problem dar. Ist die Lage des Polrades bei stillstehender Maschine bekannt, so kann der Stromrichter SR2 während des Hochlaufs mit dem Steuerwinkel $\alpha = 180°$ ($\bar{\varepsilon} \approx 90°$) betrieben weden, wodurch sich ein dem Gleichstrom I_d proportionales mittleres Drehmoment M_M einstellt, das relativ pendelmomentarm ist (siehe Bild 81). Im Zeitpunkt $t = 0$ des Bildes 97 bekommt der Antrieb nach Bild 96 seinen Anlaufbefehl. Von der überlagerten Antriebsregelung (siehe Bild 103) wird entsprechend der Momentanforderung mit dem netzseitigen Stromrichter als Leistungsstellglied im Stromzwischenkreis ein konstanter Gleichstrom I_d eingeprägt. In Abhängigkeit von der Lage des Polrads werden die Ventile T23 und T24 des maschinenseitigen Stromrichters angesteuert und sie übernehmen den Strom; bis zur ersten Kommutierung bei $\omega_S t = \dfrac{\pi}{3}$ ist $i_U = i_d$ und $i_V = -i_d$. ω_S ist die Winkelgeschwindigkeit der

Grundschwingung der elektrischen Statorgrößen, die im stationären Zustand bei der Synchronmaschine über die Beziehung

$$\omega_S = p\omega_{mech}$$

mit der mechanischen Winkelgeschwindigkeit verbunden ist. Die Maschine entwickelt ein Drehmoment, dessen Größe durch Gl. (91) beschrieben wird und dessen Verlauf über dem Drehwinkel je nach Art der Steuerung des maschinenseitigen Stromrichters zwischen den in den Bildern 81 und 89 dargestellten Verläufen liegen wird. Das Drehmoment beschleunigt die Maschine. Ein konstaner Gleichstrom I_d hat ein konstantes mittleres Drehmoment M_M zur Folge. Wenn angenommen wird, daß das Summen-Trägheitsmoment J von elektrischer Maschine und Arbeitsmaschine groß genug ist, um einen Einfluß der dem mittleren Drehmoment überlagerten Pendelmomente auf den Drehzahlverlauf weitergehend zu unterdrücken, so steigt die Drehzahl n linear an.

Für $\omega_S t = \dfrac{\pi}{3}$ ist, um das Drehmoment aufrecht zu erhalten, der Gleichstrom vom Ventil T23 auf das Ventil T25 zu kommutieren, dabei wird $i_V = 0$ und $i_W = -i_d$. Bei $\omega_S t = \dfrac{2\pi}{3}$ findet eine Kommutierung in der anderen Brückenhälfte statt, i_d kommutiert von T24 auf T26, dabei wird $i_U = 0$ und $i_V = i_d$ usw.

Anfahrhilfen für Antriebe mit maschinengeführtem maschinenseitigen Stromrichter

Soll, wie bei großen Antriebsleistungen üblich, der maschinenseitige Stromrichter in seinem Arbeitsbereich maschinengeführt betrieben werden, so benötigt er , da die Synchronmaschine die Führung erst oberhalb einer Mindestdrehzahl übernehmen kann, eine Anfahrhilfe. Die Synchronmaschine muß erst über eine Mindestklemmspannung verfügen, um die für den Stromrichter erforderliche Kommutierungsspannung und Kommutierungsbildleistung abgeben zu können.

Die Kommutierung des maschinenseitigen Stromrichters kann z.B. mit Hilfe der im Bild 98 mit SR3 bezeichneten Summenlöscheinrichtung bewirkt werden. Vor Beginn des Hochlaufvorgangs (Zeitpunkt $t = 0$ in Bild 99) ist die Kommutierungskapazität C3 über den Widerstand R3 aus der Quelle der Hilfsspannung U_{d3} durch Schließen des Schalters S3 aufzuladen. Der Anlauf beginnt genau wie bei dem anhand des Bildes 97 beschriebenen mit dem Einprägen des Gleichstroms I_d in den Zwischenkreis und über die Ventile T23 und T24 in die Stränge U und V der Maschine. Wird bei $\omega_S t = \dfrac{\pi}{3}$ der erste Kommutierungszeitpunkt erreicht, so ist das Ventil T3 einzuschalten. Die Ladung der Kapazität C3 schwingt dann über die Induktivität L3 um, wobei das elektrische Potential des Punkts A unter das des Punktes B absinkt. Das hat zur Folge, daß der Gleichstrom I_{d1}, der durch die Glättungsinduktivität des Zwischenkreises näherungsweise konstant gehalten wird, aus den Wicklungssträngen der Maschine in den Löschkreis kommutiert. I_{d1} fließt für eine kurze Zeit, die größer als die Freiwerdezeit der Ventile des Stromrichters SR2 sein muß, als I_{d3} über die Kapazität C3 und lädt diese wieder auf. Mit ansteigendem Potential des Punktes A kommutiert I_{d1} nach Einschalten der Ventile T24 und T25 wieder in den Maschinenkreis, I_d fließt jetzt über die Stränge U und W.

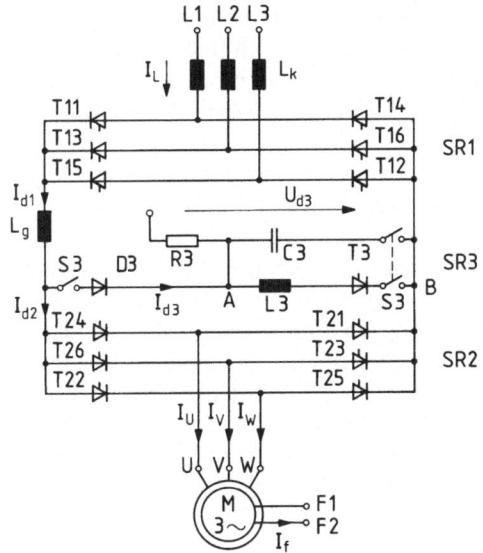

Bild 98. Leistungsteil einer stromrichtergespeisten Gleichstrom-Stromrichtermaschine – grundsätzlicher Schaltplan. Der maschinenseitige Stromrichter arbeitet bei kleinen Drehzahlen über die Summenlöscheinrichtung (SR 3) selbstgeführt, sonst maschinengeführt

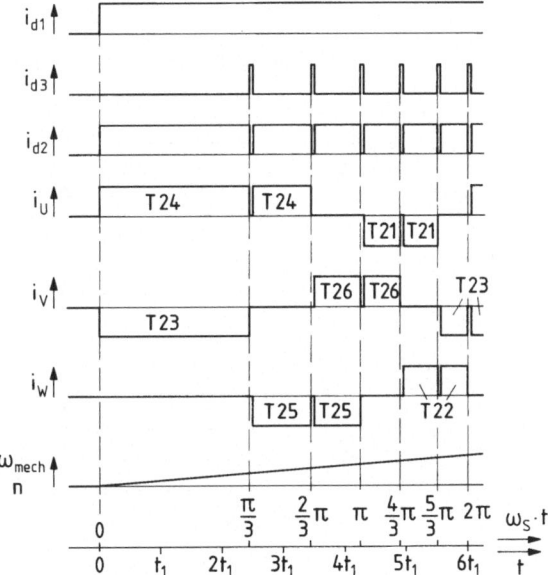

Bild 99. Zeitlicher Verlauf der charakteristischen Ströme und der Drehzahl beim Anlauf des Antriebs nach Bild 98 unter der Annahme eines konstanten Beschleunigungsmoments (m_b = const; $\omega_{mech} = kt$)

Wie vorstehend beschrieben und in Bild 99 schematisch dargestellt, laufen auch die weiteren Kommutierungsvorgänge innerhalb der Gleichstrom-Stromrichtermaschine ab. Während jeder Kommutierung wird der eingeprägte Gleichstrom I_{d1} kurzzeitig auf die Summenlöscheinrichtung umgeleitet, der der Maschine zugeführte Gleichstrom I_{d2} wird dabei kurzzeitig zu Null. In dieser Zeit kann das jeweils zu löschende Ventil abschalten und das Folgeventil wird eingeschaltet.

In den Zeitabschnitten, in denen $i_{d2} = 0$ ist, ist auch das das Drehmoment $m_M = 0$. Der Verlauf des Drehmoments wird, verglichen mit dem Anlauf nach Bild 97, welliger. Diese durch das Anlaufverfahren hervorgerufene zusätzliche Welligkeit wird um so störender, je weniger die stromlose Zeit ($i_{d2} = 0$) gegenüber der Dauer eines Stromblocks ($i_{d2} = I_{d1}$) vernachlässigt werden kann.

Der Antrieb wird auf die geschilderte Weise bis auf die Mindestdrehzahl hochgefahren, von der ab ein maschinengeführter Betrieb möglich ist; im allgemeinen liegt diese bei etwa 5 bis 10 % der Nenndrehzahl. Es empfiehlt sich, während der ersten Anlaufphase, also bei selbstgeführtem Betrieb des maschinenseitigen Stromrichters, mit einem Steuerwinkel von $\alpha_2 = 180°$ ($\bar{\varepsilon} \approx 90°$) zu erarbeiten, um in Anbetracht der drehmomentfreien Zeiten während der Kommutierung ein hinreichend großes mittleres Drehmoment bei möglichst geringen Pendelmomenten zu erreichen. Beim Übergang auf den maschinengeführten Stromrichterbetrieb ist der Steuerwinkel dann mit Rücksicht auf die endliche Kommutierungsdauer auf etwa $\alpha_2 = 150°$ zurückzunehmen. Nach erfolgtem Übergang wird die Summenlöscheinrichtung nicht mehr benötigt, sie kann durch Öffnen des Schalters S3 abgeschaltet werden.

Eine andere häufig verwendete Starthilfe ist die Zwischenkreistaktung [68,72]; sie hat gegenüber der vorstehend beschriebenen Summenlöschung den Vorteil, daß sie

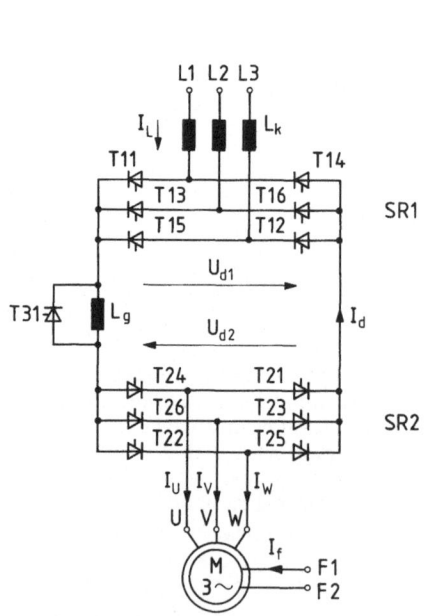

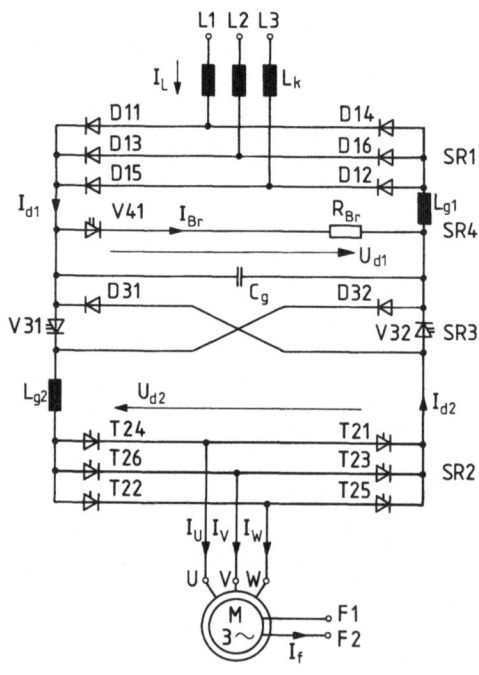

Bild 100. Leistungsteil einer stromrichtergespeisten Gleichstrom-Stromrichtermaschine mit Zwischenkreistaktung bei kleinen Drehzahlen – grundsätzlicher Schaltplan

Bild 101. Leistungsteil einer über Gleichstromsteller gespeisten Gleichstrom-Stromrichtermaschine – grundsätzlicher Schaltplan. Bei kleinen Drehzahlen erfolgt die Kommutierung des Gleichstroms im maschinenseitigen Stromrichter mittels Zwischenkreistaktung

außer dem Freilaufthyristor (T31 in Bild 100) keine zusätzlichen Bauteile für den Leistungsteil benötigt. Der zeitliche Verlauf der Strangströme ist mit dem in Bild 99 dargestellten praktisch identisch. Der Strom I_d im Zwischenkreis entspricht dem Verlauf von I_{d2} in Bild 99. Die Lücken im Stromverlauf werden durch entsprechende Aussteuerung des netzseitigen Stromrichters erreicht. Wenn vom Steuersatz 2 des maschinenseitigen Stromrichters SR2 (siehe Bild 104) das Kommando zum Kommutieren gegeben wird, so wird der Steuerwinkel des netzseitigen Stromrichters SR1 an die Wechselrichtertrittgrenze ($\alpha_1 = \alpha_{1w}$) gesetzt und damit der Gleichstrom I_d mit der größtmöglichen Gegenspannung abgebaut. Gleichzeitig wird der Freilaufthyristor T31 eingeschaltet; der in der Induktivität L_g eingeprägte Strom kann während des Kommutierungsvorganges über P31 weiterfließen, die in L_g gespeicherte magnetische Energie braucht nicht abgebaut zu werden. Hat I_d den Wert Null erreicht, so ist er für eine Zeit, die der erforderlichen Schonzeit der Ventile des Stromrichters SR2 entspricht, auf diesem Wert zu halten. Anschließend wird der Steuerwinkel α_1 des netzseitigen Stromrichters wieder freigegeben und der Steuerimpuls von T31 weggenommen. Der Strom I_d wird wieder aufgebaut und fließt über die vom Steuersatz 2 angesteuerten Ventile in die entsprechenden Wicklungsstränge der Ständerwicklung der Maschine.

Im Betriebsbereich oberhalb der Mindestdrehzahl für den maschinengeführten Betrieb des maschinenseitigen Stromrichters entsprechen die Schaltungen nach Bild 98 und Bild 100 einander, sie zeigen das gleiche Verhalten. Wird zunächst nur der motorische Betrieb betrachtet, so sind von der Netzseite her die stromrichtergespeisten Gleichstrom-Stromrichtermaschinen der Bilder 98 und 100 gleich zu bewerten und auch der Antrieb nach Bild 96 zeigt ein ähnliches Verhalten. Alle drei Ausführungsarten sind bezüglich der Netzrückwirkung und des Blindleistungsbedarfs mit der stromrichtergespeisten Gleichstrom-Kommutatormaschine des Bildes 21 vergleichbar. Wie im Abschnitt 2.8 gezeigt wurde, kann die Blindleistungsaufnahme des Antriebes drastisch reduziert werden, wenn der netzseitige Stromrichter ungesteuert ausgeführt wird und ein nachgeschalteter Gleichstromsteller den Strom in die Gleichstrommaschine einprägt (siehe Bild 68). Das gleiche Prinzip wird auch bei der stromrichtergespeisten Gleichstrom-Stromrichtermaschine angewendet (Bild 101).

Der zwischen Glättungskapazität C_g und maschinenseitigen Stromrichter SR2 geschaltete Zweiquadranten-Gleichstromsteller SR3 dient als Leistungsstellglied im Stromregelkreis. Mit seiner Hilfe kann der Gleichstrom I_{d2} des maschinenseitigen Stromrichters schnell zu Null gemacht und auf diese Weise eine Zwischenkreistaktung für den Anfahrvorgang verwirklicht werden.

Strukturen der Steuerung und Regelung bei drehzahlgeregelten Vierquadrantenantrieben

Die Gleichstrom-Stromrichtermaschine kann nicht nur, wie bisher beschrieben, motorisch, sondern auch generatorisch betrieben werden. Für die Variante mit selbstgeführtem maschinenseitigen Stromrichter wird man $\bar{\varepsilon}$ so wählen, daß auch im Generatorbetrieb die Zeiger $\underline{I}_S$ und $\underline{I}_f$ möglichst senkrecht aufeinander stehen; daraus folgt $\bar{\varepsilon} \approx 270°$ (Bild 102a). Im Fall des maschinengeführten Stromrichters wird der Steuerwinkel mit $\alpha = 0$ vorgegeben, um so den Statorstrom möglichst klein halten zu können (Bild 102b). Beim Übergang vom Motor- in den Generatorbetrieb muß somit der die Zündzeitpunkte der Stromrichterventile bestimmende Winkel verstellt werden.

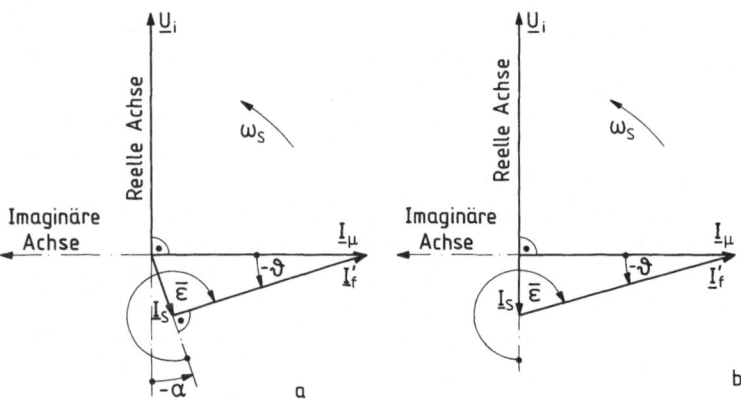

Bild 102. Zeitzeigerdarstellung der inneren Spannung U_i, des Statorstroms I_S, des Erregerstroms I'_f und des Magnetisierungsstroms I_μ bei Generatorbetrieb. **a** für selbstgeführten Stromrichter ($\bar{\varepsilon} = 270°$); **b** für maschinengeführten Stromrichter ($\alpha = 0$)

Wird in Abhängigkeit von der Polradlage gesteuert, so ist $\bar{\varepsilon}$ zum Beispiel von 90° auf 270° zu ändern, wird von der Lage des Flußraumzeigers ausgegangen und der Stromrichter SR2 maschinengeführt betrieben, so muß α von ungefähr 150° auf 0° umgesteuert werden.

Geht die Synchronmaschine in den Generatorbetrieb über, so kehrt sich die Flußrichtung der Energie um. Im Gegensatz zur Gleichstrom-Kommutatormaschine kehrt jedoch nicht der Gleichstrom I_d seine Richtung um, sondern durch die Steuerwinkeländerung des Stromrichters SR2 wechselt die Gleichspannung U_d ihre Polarität. Für die Teilstromrichter SR1 und SR2 der Bilder 96, 98 und 100 bedeutet dies einen Tausch ihrer Betriebsweise. Im Generatorbetrieb arbeitet der maschinenseitige Stromrichter als Gleichrichter und der netzseitige speist als Wechselrichter die Bremsleistung in das Drehstromnetz ein. Antriebe, deren Leistungsteile den Bildern 96, 98 und 100 entsprechen, sind somit Vierquadrantenantriebe, sie können in beiden Drehrichtungen sowohl motorisch als auch generatorisch arbeiten.

Beim Antrieb nach Bild 101 ist die Situation anders. Wegen des ungesteuerten netzseitigen Stromrichters SR1 kann die Bremsleistung nicht in das Drehstromnetz eingespeist werden. Wenn durch Übergang des Stromrichters SR2 in den Gleichrichterbetrieb die Spannung U_{d2} positiv wird, so wird bei gut geglättetem Gleichstrom I_{d2} die Stromführungsdauer der Rückspeisedioden D31 und D32 des Gleichstromstellers SR3 länger als die Stromführungsdauer der abschaltbaren elektrischen Ventile V31 und V32. Damit wird die Glättungskapazität C_g aufgeladen, U_{d1} steigt an. Wird ein einstellbarer oberer Spannungsgrenzwert überschritten, so schaltet eine Überwachungseinrichtung das Ventil V41 des Bremsstromrichters SR4 ein, und die Kapazität C_g entlädt sich über den Bremswiderstand R_{Br}. Nach Erreichen eines unteren Spannungsgrenzwerts wird V41 ausgeschaltet. Während des Bremsvorgangs wird, ähnlich wie bei einem der anhand des Bildes 68 beschriebenen Schaltung, der Bremswiderstand B_{Br} über V41 periodisch ein- und ausgeschaltet. Die Bremsenergie wird bei Antrieb nach Bild 101 somit in Wärme umgesetzt. Ist nur gelegentliches

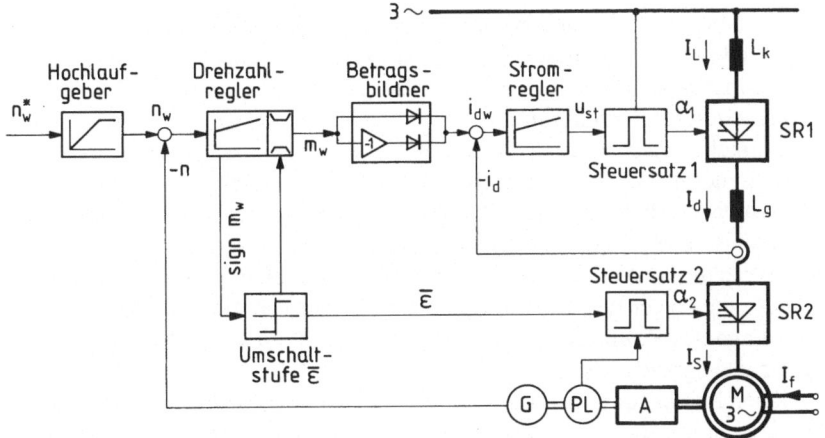

Bild 103. Drehzahlgeregelte stromrichtergespeiste Gleichstrom-Stromrichtermaschine (z. B. nach Bild 96) mit polradorientierter Taktung des maschinenseitigen selbstgeführten Stromrichters – grundsätzlicher Schaltplan

Bremsen erforderlich oder ist die Bremsenergie im Verhältnis zur motorisch umgesetzten Energie klein, so spielt die Frage nach der „verlorenen" Bremsenergie keine wesentliche Rolle.

Bild 103 zeigt einen der möglichen grundsätzlichen Schaltpläne einer drehzahlgeregelten stromrichtergespeisten Gleichstrom-Stromrichtermaschine. Der Drehzahlregelkreis mit dem zwischen Drehzahl- und Stromregler geschalteten Betragsbildner erinnert stark an die in den Bildern 52 und 54 für die elektronische Feldumkehrschaltung bzw. die mechanische Ankerkreisumschaltung wiedergegebenen. Hier wie dort kehrt sich beim Übergang vom motorischen in den generatorischen Betrieb der Gleichstrom im netzseitigen Stromrichter nicht um, die Umkehr des Drehmoments muß durch Eingriff an anderer Stelle bewirkt werden; im Beispiel des Bildes 103 erfolgt sie durch den Polaritätswechsel der Zwischenkreisspannung U_d. Dieser wird von der „Umschaltstufe $\bar{\varepsilon}$" eingeleitet. Wird vom Drehzahlregler ein Richtungswechsel des Drehmoments angefordert, so ändert sign m_w das Vorzeichen. Daraufhin wird die Ausgangsbegrenzung des Drehzahlreglers auf Null gesetzt und die Umschaltung des Winkels $\bar{\varepsilon}$ von 90° auf 270° bzw. umgekehrt durchgeführt, anschließend wird die Ausgangsbegrenzung des Drehreglers bis zum Betrag des maximalen Drehmomentsollwerts $m_{w\ max}$ freigegeben. Die Steuergröße $\bar{\varepsilon}$ wird im Steuersatz 2 in Kombination mit den vom Polradlagegeber PL gelieferten Signalen in Steuerimpulse mit dem Steuerwinkel α_2 umgesetzt, es gilt die Beziehung

$$\alpha_2 + \bar{\varepsilon} = \frac{3}{2}\pi + \vartheta$$

(siehe Bild 88 für den Motorbetrieb und Bild 102 für den Generatorbetrieb).

Findet der Übergang vom generatorischen zum motorischen Betrieb bei gegebener Richtung des Drehmoments durch Umkehr der Drehrichtung statt, z.B. beim Reversieren, so erfolgt die Änderung von $\bar{\varepsilon}$ um 180° nicht duch die „Umschaltstufe $\bar{\varepsilon}$", sondern direkt durch den Drehrichtungswechsel.

Zusammenfassend läßt sich feststellen, daß der Antrieb nach Bild 103, von der erheblich höheren Welligkeit im zeitlichen Verlauf des Drehmoments einmal abgesehen, ein ähnliches Betriebsverhalten zeigt wie die drehzahlgeregelte stromrichtergespeiste Gleichstrom-Kommutatormaschine.

Soll nicht der Winkel $\bar{\varepsilon}$ zwischen den Zeitzeigern $\underline{I}_S$ und $\underline{I}_f$ (Bild 102), sondern der Steuerwinkel α als Steuergröße der Gleichstrom-Stromrichtermaschine vorgegeben werden, so muß entweder die Lage des Raumzeigers der inneren Spannung U_i oder die des Hauptflusses Ψ_h bzw. des Magnetisierungsstroms I_μ im statorfesten (α, β)-Koordinatensystem ermittelt werden. Bei den ersten Untersuchungen in dieser Richtung wurde auf den Zeiger der inneren Spannung Bezug genommen [73], heute wird meist auf die Lage des Raumzeigers des Hauptflusses Ψ_h bzw. des Magnetisierungsstromes I_μ zurückgegriffen [68, 74].

Eine der möglichen Steuerungsstrukturen der Gleichstrom-Stromrichtermaschine ist in Bild 104 dargestellt. Bei drehender Maschine, sobald eine ausreichende Klemmenspannung vorhanden ist, kann die Lage des Flußraumzeigers $\underline{\psi}_h$ aus den Klemmenspannungen und Statorströmen der Synchronmaschine errechnet werden [75].

Aus dem auf das statorfeste (α, β)-Koordinatensystem bezogenen Bild 105 kann die Aufgabenstellung abgeleitet werden. Die dargestellten Raumzeiger der Grundschwingungsgrößen laufen mit der Winkelgeschwindigkeit ω_{S1} um. Die Lage des Flußraumzeigers $\underline{\psi}_h$ gegenüber der statorfesten α-Achse ist durch den Winkel φ_S bestimmt, der zu errechnen ist. Bild 106 zeigt, wie, ausgehend von den Größen Statorspannung U_S und Statorstrom I_S, der Winkel φ_S bestimmt werden kann. Die im

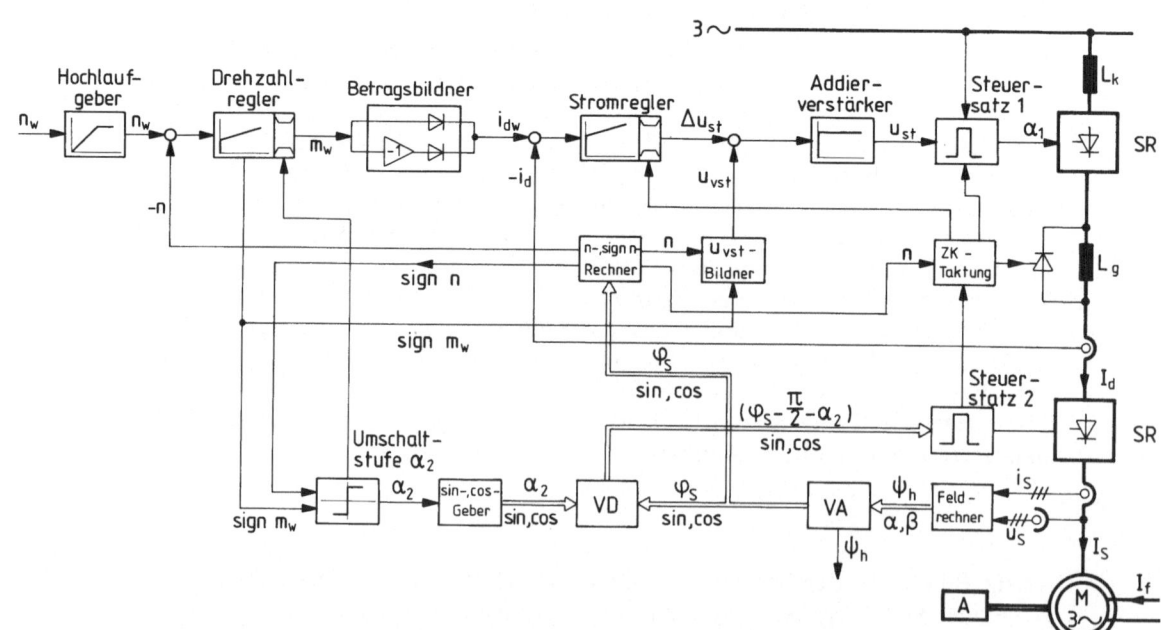

Bild 104. Drehzahlgeregelte stromrichtergespeiste Gleichstrom-Stromrichtermaschine nach Bild 100 mit feldorientierter Taktung des maschinenseitigen maschinengeführten Stromrichters – grundsätzlicher Schaltplan. VA Vektoranalysator, VD Vektordreher

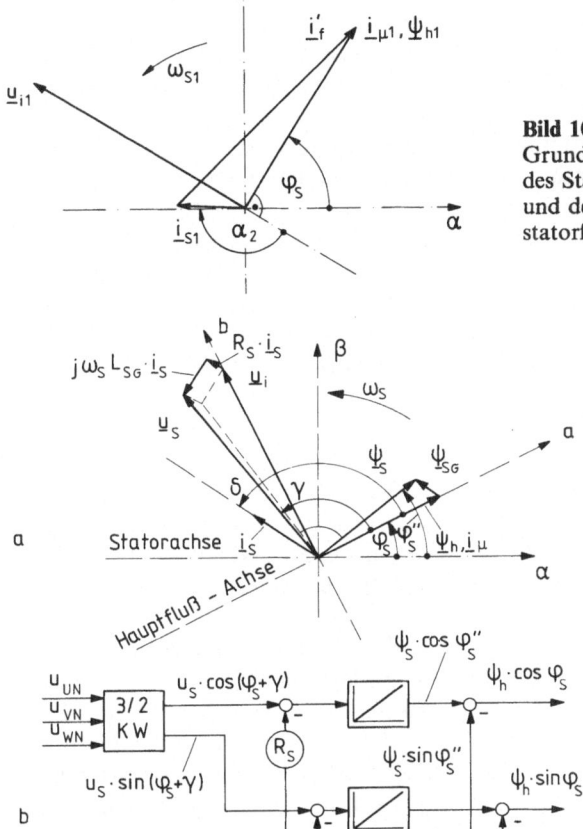

Bild 105. Raumzeigerdarstellung der Grundschwingung der inneren Spannung U_i, des Statorstroms I_S, des Erregerstroms I'_f und des Magnetisierungsstroms I_μ im statorfesten (α, β)-Koordinatensystem

Bild 106. Ermittlung der (α, β)-Komponenten des Hauptfluß-Raumzeigers ψ_h aus den gemessenen Stranggrößen Statorspannung und Statorstrom im Feldrechner (Spannungsmodell).
a Raumzeigerdarstellung;
b Rechenschaltung

klemmenbezogenen (U, V, W)-System gemessenen Größen werden in einem 3/2-Koordinatenwandler in das in Bild 106a dargestellte statorfeste (α, β)-Koordinatensystem transformiert [63]. Das auf die Hauptflußachse bezogene (a, b)-Koordinatensystem rotiert mit der Winkelgeschwindigkeit ω_S gegenüber dem statorfestem (α, β)-Koordinatensystem. Der Drehwinkel zwischen beiden Systemen ist φ_S. Der Stromzeiger i_S eilt gegenüber dem Flußzeiger ψ_h um den Winkel δ vor, der Spannungszeiger u_S um γ. Wird $u_S - R_S i_S$ gebildet und diese Spannung integriert, so ergibt sich der Raumzeiger ψ_S des Statorflusses. Von diesem ist der Zeiger des Statorstreuflusses $\psi_{S\sigma}$ abzuziehen, um den Hauptflußzeiger ψ_h zu erhalten. Am Ausgang der Rechenschaltung nach Bild 106b liegt der Hauptfluß in (α, β)-Koordinaten vor, es ist

$$\psi_{h\alpha} = \psi_h \cos \varphi_S$$

und

$$\psi_{h\beta} = \psi_h \sin \varphi_S \; .$$

Diese Ausgangswerte des Feldrechners (Bild 104) werden in einem Vektoranalysator in den Betrag ψ_h und in die Phasenlage φ_S umgeformt. Aus dem Drehwinkel φ_S des Flußzeigers ψ_h ist unter Berücksichtigung des Steuerwinkels α_2 die Information für die Steuerimpulsbildung des Steuersatzes 2 abzuleiten. Der Steuerwinkel α_2 wird von der „Umschaltstufe α_2" entsprechend dem Vorzeichen der Drehmomentanforderung (sign m_w) und dem Vorzeichen der Drehzahl (sign n) vorgegeben; bei motorischem Betrieb wird der mit Rücksicht auf den maschinengeführten Betrieb des Stromrichters SR2 zulässige Steuerwinkel eingestellt ($\alpha_2 \approx 150°$), bei generatorischem $\alpha_2 = 0°$ (siehe Bilder 88b und 102b). Die Information über die Größe des Winkels α_2 wird in die entsprechenden sin- und cos-Werte umgesetzt und gemeinsam mit den sin- und cos-Werten des Drehwinkels φ_S einem Vektordreher VD zugeführt. Dieser bildet aus φ_S und α_2 die gewünschte Lage des Stromraumzeigers i_{S1} und leitet diese als sin- und cos-Funktionen an den Steuersatz 2 weiter (Bild 105), der daraus die Steuerbefehle für die Thyristoren des Stromrichters SR2 ableitet.

Aus Umlaufgeschindigkeit und Drehrichtung des Flußzeigers können die Drehzahl n und die Drehrichtungsinformation sign n abgeleitet werden [68,76]; ein Tachogenerator ist für diesen Antrieb somit nicht erforderlich. Bei kleinen Drehzahlen, wenn die Statorspannung der Maschine für die Kommutierung des Gleichstroms I_d im maschinenseitigen Stromrichter SR2 nicht ausreicht, erfolgt die Weiterschaltung des Statorstroms mit Hilfe der anhand der Bilder 99 und 100 geschilderten Zwischenkreistaktung.

Die Struktur und die Wirkungsweise des Drehzahlregelkreises entsprechen weitgehend der Beschreibung zu Bild 103, nur daß hier zur Entlastung des Stromreglers eine Vorsteuerung des Stromrichters SR1 vorgesehen ist. Es gelten bezüglich der mit der Vorsteuerung zu erzielenden Vorteile die gleichen Überlegungen, wie sie anhand der Bilder 36 und 61 für die stromrichtergespeiste Gleichstrom-Kommutatormaschine dargestellt wurden. Die Vorsteuerspannung u_{vst} wird in Abhängigkeit von der Drehzahl n und dem Vorzeichen der Führungsgröße m_w gebildet.

Im Stillstand bzw. bei sehr kleinen Drehzahlen liefert der Feldrechner nach dem Spannungsmodell keine befriedigenden Ergebnisse. Bei einer Maschine mit elektrischer Erregung nach Bild 104 kann die Stellung des Polrads durch Ausnutzung der beim Einschalten des Erregerstroms I_f in der Ständerwicklung transformatorisch induzierten Spannungen ermittelt werden. Ist kein Dauerbetrieb bei sehr kleinen Drehzahlen vorgesehen, so reicht diese Stellungsinformation für das Anfahren aus [68]. Soll der Antrieb über längere Zeit bei sehr kleinen Drehzahlen mit vollem Drehmoment gefahren werden, so muß in diesem mit dem Spannungsmodell nicht zu erfassenden Drehzahlbereich für die Steuerung des maschinenseitigen Stromrichters ein Polradlagegeber eingesetzt werden.

Beim Anlauf eines Antriebs mit permanenterregter Synchronmaschine gegen ein kleines Anlaufmoment, z.B. wenn die Arbeitsmaschine ein Lüfter oder eine Kreiselpumpe ist, kann mit einem mechanischen Modell gearbeitet werden [74]. Ausgehend von den Gln. (89) und (38) läßt sich, wenn $m_G = 0$ gesetzt werden kann, schreiben

$$J \frac{d\omega_{mech}}{dt} = k_2 I_S I_f \sin \varepsilon .\tag{95}$$

Wird die Statorrückwirkung vernachlässigt, so kann $\alpha + \bar{\varepsilon} = \frac{3}{2}\pi$ gesetzt werden (siehe Abschnitt 3.2.1.3). Wird der Steuerwinkel bei Drehzahlen unterhalb des maschinengeführten Drehzahlbereichs mit $\alpha_2 = 180°$ vorgegeben, so wird $\bar{\varepsilon} \approx 90°$. Ist der Statorstrom I_S nach Größe und Winkellage (siehe Bild 80) eingeprägt, so kann über Gln. (95) die Winkelgeschwindigkeit ω_{mech} errechnet und durch Integration von ω_{mech} der Rotordrehwinkel λ ermittels werden. Ist ein Gegenmoment vorhanden ($m_G \neq 0$), so wird λ nur näherungsweise errechnet und der vorgegebene Winkel $\bar{\varepsilon} = 90°$ wird nicht eingehalten. Nach [74] ist ein Anlauf gegen das halbe Nennmoment bei Ermittlung des Drehwinkels λ über das mechanische Modell durchaus möglich; der Übergang auf das Spannungsmodell kann schon bei etwa 2 bis 3 % der Nenndrehzahl erfolgen. Vor dem Wechsel der Steuerung des Stromrichters SR2 von einem Modell auf das andere ist, um unliebsame Ausgleichsvorgänge zu vermeiden, das die Steuerung übernehmende Modell mit dem abgebenden zu synchronisieren.

Elektrisch erregte Gleichstrom-Stromrichtermaschine ohne bewegte Kontakte

Gleichstom-Stromrichtermaschinen haben gegenüber Gleichstrom-Kommutatormaschinen den Vorteil, daß sie keinen mechanischen Kommutator haben und mit dem Bürstenkontakt ein wesentliches Verschleißteil entfällt. Bei Antrieben, die extrem wartungsarm und extrem betriebssicher sein müssen, z.B. bei Pumpenantrieben im Reaktorteil eines Atomkraftwerks, darf der Kommutatorschleifkontakt der Gleichstrom-Kommutatormaschine nicht durch den Schleifringkontakt einer elektrisch erregten Gleichstrom-Stromrichtermaschine ersetzt werden.

Hier bietet sich die in Bild 107 dargestellte Lösung an. Ein drehstromerregter Erregergenerator wird baulich mit der Synchronmaschine in einem Gehäuse integriert. Die im Rotor dieses Generators induzierte Drehspannung wird in dem auf der Maschinenwelle mitrotierenden Gleichrichter SR4 gleichgerichtet und der Erregerwicklung der Synchonmaschine zugeführt [5].

Die Erregermaschine muß drehstromerregt sein, damit auch bei Drehzahl Null in der Läuferwicklung eine Spannung induziert wird. Bei Umkehrantrieben ist darauf zu achten, daß innerhalb des Drehzahlbereichs der Schlupf des Erregergenerators

$$s = \frac{n_{sy} - n}{n_{sy}}$$

keine Nullstelle hat, da, wenn Drehfeld und Rotor gleich schnell in gleicher Richtung umlaufen, in der Läuferwicklung keine Spannung induziert werden kann (siehe Band

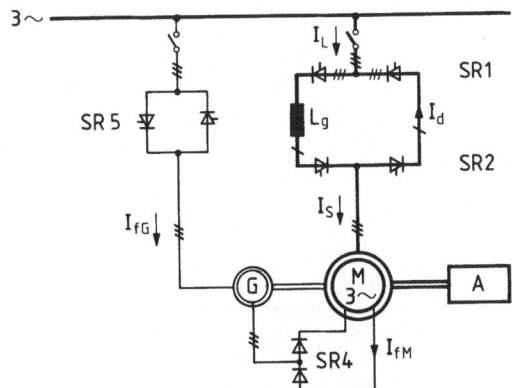

Bild 107. Stromrichtergespeiste Gleichstrom-Stromrichtermaschine mit drehstromerregter Erregermaschine und rotierenden Gleichrichtern – grundsätzlicher Schaltplan

1, Abschnitt 4.1, Bild 115). Bei der dem kleinsten betriebsmäßig auftretenden Schlupf entsprechenden Drehzahl muß die bei direktem Anschluß der Statorwicklung an das Drehstromnetz in der Läuferwicklung induzierte Spannung groß genug sein, um den erforderlichen Erregergleichstrom I_{fM} zu treiben. Bei allen anderen Drehzahlen wäre die Rotorspannung dann zu groß, und es würde ein zu großer Erregerstrom I_{fM} fließen. Deshalb ist zwischen Netz und Statorwicklung ein Drehstromsteller (SR5) vorgesehen, mit dessen Hilfe über die Größe des Hilferregerstroms I_{fG} der Haupterregerstrom I_{fM} auf seinem Sollwert gehalten werden kann.

Maßnahmen zur Verminderung der Welligkeit des Drehmoments

Ein Nachteil des Antriebs mit stromrichtergespeister Gleichstrom-Stromrichtermaschine in den bisher beschriebenen Ausführungsformen ist die aus den Bildern 81, 86, 89 und 95 zu entnehmende, gegenüber der Gleichstrom-Kommutatormaschine höhere Welligkeit des Drehmoments, die, insbesondere bei kleinen Drehzahlen (siehe auch Abschnitt 3.3.5), zu einer unerwünscht großen Welligkeit in der Drehzahl führen kann. Es gibt einige Möglichkeiten, diese Momentenwelligkeit im Bereich kleiner Drehzahlen erheblich zu reduzieren.

Sind beim Antrieb nach Bild 101 z.B. die Ventile V31 und V32 durch schnelle bipolare Transistoren verwirklicht, so kann der Gleichstromsteller SR3 mit hoher Taktfrequenz (z.B. 10 kHz) betrieben werden. Damit steht ein schnelles Stellglied für den Gleichstrom I_{d2} zur Verfügung, mit dessen Hilfe I_{d2} so moduliert werden kann, so daß der Anteil der niederen Frequenzen im Welligkeitsspektrum des Drehmoments im Anlaufbereich erheblich verringert wird [74].

Ein anderer Weg wird bei Servoantrieben beschritten (Bild 108). In Abwandlung des Antriebs nach Bild 101 wird hier der maschinenseitige Stromrichter SR2

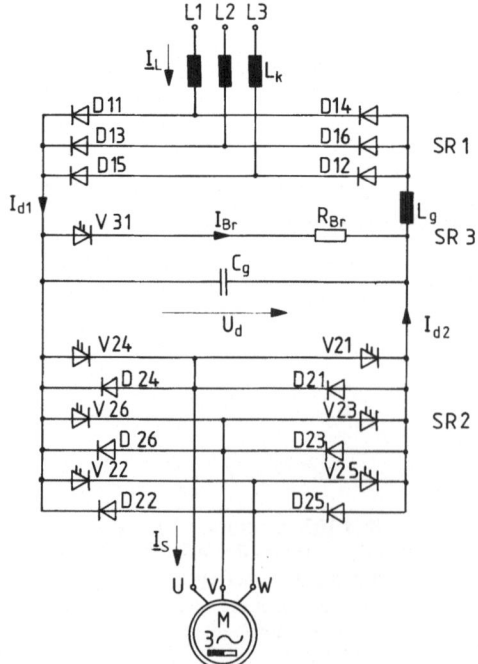

Bild 108. Über Umrichter mit Gleichspannungszwischenkreis und selbstgeführtem maschinenseitigen Stromrichter gespeiste permanenterregte Synchronmaschine

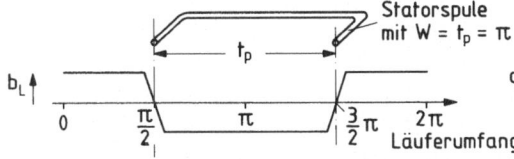

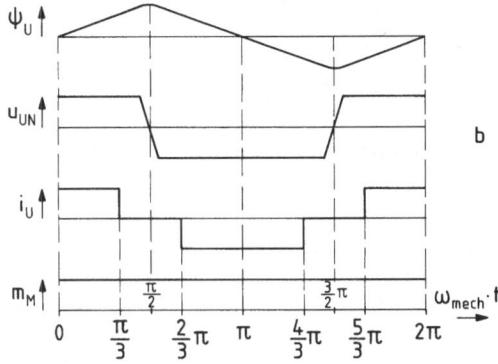

Bild 109. Zur Unterdrückung von Pendelmomenten bei der permanenterregten Gleichstrom-Stromrichtermaschine. **a** örtlicher Verlauf der magnetischen Flußdichte B_L im Luftspalt über dem Läuferumfang; **b** zeitlicher Verlauf der charakteristischen magnetischen, elektrischen und mechanischen Größen bei konstanter Drehzahl ($2p = 2$; $q = 1$; $\omega_{mech} = \text{const}$)

selbstgeführt betrieben, die Ventile V21 bis V26 und V31 werden heute durch bipolare Transistoren verwirklicht [67,77]. Durch die erreichbare hohe Schaltfrequenz ist es möglich, in die Wicklungsstränge abschnittsweise konstante Ströme einzuprägen, wie es in Bild 109b für den Strang U dargestellt ist. Im Abschnitt $0 < \omega_{mech}t < \frac{\pi}{3}$ z.B. arbeiten die Ventile V24 und V25 gemeinsam mit den Dioden D21 und D22 wie ein Zweiquadranten-Gleichstromsteller im Pulsbetrieb; die überlagerte Steuerung und Regelung hält in diesem Bereich den Strom konstant. Für $\omega_{mech}t = \frac{\pi}{3}$ wird die Statordurchflutung um 60° weitergeschaltet (siehe Bild 80), der konstante Strom fließt jetzt durch die Stänge V und W weiter, V25, V26, D22 und D23 arbeiten im Pulsbetrieb usw.

Um bei dieser Art der Stromeinprägung zu einem zeitlich konstanten Drehmoment zu gelangen, darf die örtliche Verteilung der magnetischen Flußdichte B_L im Luftspalt über dem Umfang des Läufers nicht sinusförmig, sondern sie muß möglichst rechteckförmig sein (Bild 109a). Durch auf die Oberfläche eines zylindrischen Läufers aufgeklebte SmCo$_5$-Magnete mit entsprechender Magnetisierung läßt sich ein derartiger Verlauf näherungsweise erreichen. Werden die Statorspulen als Durchmesserspulen ausgeführt und wird die Nutzzahl je Pol und Phase zu $q = 1$ gewählt, so ergibt sich bei drehendem Läufer für den von der Spule des Strangs U umfaßten Fluß Ψ_U in Abhängigkeit vom Drehwinkel λ eine Dreieckfunktion, für $\omega_{mech} = const$, entspricht diese auch dem zeitlichen Verlauf. Die im Strang U induzierte Spannung U_{UN} hat kann wieder einen nahezu rechteckförmigen zeitlichen Verlauf.

Unter den genannten Voraussetzungen ist somit, während in den Strang U ein konstanter Strom eingeprägt wird ($-\frac{\pi}{3} < \omega_{mech}t < \frac{\pi}{3}$; $\frac{2\pi}{3} < \omega_{mech}t < \frac{4\pi}{3}$;

$\dfrac{5\pi}{3} < \omega_{\text{mech}}t < \dfrac{7\pi}{3}$), die Strangspannung konstant und hat dasselbe Vorzeichen wie der Strom. In diesen Abschnitten nimmt der Antrieb über den Strang U eine zeitlich konstante Leistung auf. Lösen sich die einzelnen Stränge in der Stromführung lückenlos ab, so nimmt die elektrische Maschine insgesamt eine zeitliche konstante elektrische Leistung auf und gibt diese, Maschinenverluste vernachlässigt, als konstante mechanische Leistung wieder ab. Aus Gl. (1), die auch für Augenblickswerte gilt, läßt sich

$$m_{\text{M}} = \frac{p_{\text{mech}}}{\omega_{\text{mech}}}$$

ableiten. Sind p_{mech} und ω_{mech} zeitlich konstant, so muß auch m_{M} zeitlich konstant sein.

Beim realen Antrieb werden die vorausgesetzten idealisierten Bedingungen nur näherungsweise eingehalten; so läßt sich der Verlauf der magnetischen Flußdichte nach Bild 109a nur angenähert erreichen, da das Magnetmaterial in Form von ebenen Plättchen und nicht als Hohlzylinder oder Hohlzylindersegmente zur Verfügung steht. Weiterhin braucht die Kommutierung des Stromblocks von einem Wicklungsstrang in den nächsten eine endliche Zeit, während der das Drehmoment nur schwer konstant zu halten ist. Insgesamt gesehen lassen sich mit der beschriebenen Methode jedoch eine erhebliche Verbesserung im Verlauf des Drehmoments und damit ein nahezu gleichmäßiger Rundlauf auch bei sehr kleinen Drehzahlen erreichen.

Aufwandsvergleich mit der stromrichtergespeisten Gleichstrom-Kommutatormaschine, Anwendungen

Gleichstrom-Kommutatormaschinen und Synchronmaschinen erfordern bei gleicher Nenndrehzahl und gleicher Nennleistung etwa den gleichen Aufwand an aktivem Material, also an Elektroblech und Kupfer. Bei der Gleichstrom-Kommutatormaschine kommt zusätzlich der Aufwand für den mechanischen Kommutator dazu, sie ist um diesen Mehraufwand teurer als die Synchronmaschine. Teurer als der mechanische ist der elektronische Kommutator bestehend aus dem Stromrichter und der zugehörigen Steuerung, der benötigt wird, um aus der Synchronmaschine eine Gleichstrom-Stromrichtermaschine werden zu lassen. Daraus folgt, daß die Gleichstrom-Stromrichtermaschine teurer als die Gleichstrom-Kommutatormaschine ist. Bei Einquadrantantrieben kommt für jede der beiden Lösungen noch ein Einfachstromrichter auf der Netzseite hinzu (siehe Bild 21 und Bild 103), bei der stromrichtergespeisten Gleichstrom-Stromrichtermaschine mit maschinengeführtem maschinenseitigem Stromrichter ist weiterhin eine Anfahrhilfe zu berücksichtigen. Ein selbstgeführter Stromrichter SR2 benötigt zwar keine Anfahrhilfe, ist aber teurer als der maschinengeführte. Insgesamt verursacht bei Einquadrantantrieben die stromrichtergespeiste Gleichstrom-Stromrichtermaschine höhere Kosten.

Anders sieht es bei Mehrquadrantenantrieben aus. Ist der netzseitige Stromrichter der Gleichstrom-Stromrichtermaschine steuerbar ausgeführt, so kann der Antrieb ohne Zusatzaufwand im Leistungsteil in allen vier Quadranten gefahren werden. Beim Antrieb mit Gleichstrom-Kommutatormaschine dagegen ist auf der Netzseite der Einfachstromrichter zum Umkehrstromrichter zu erweitern (siehe Bilder 56 und 60). Beim Vierquadrantenantrieb hält sich der Aufwand für beide Lösungen etwa die Waage und technische Gesichtspunkte wie Wartungsarmut, Zulässigkeit von Schleifkontakten, Pendelmomente und Grenzleistungskurven geben bei der Wahl der Ausführung den Ausschlag.

Stromrichtergespeiste Gleichstrom-Stromrichtermaschinen haben ein weites Einsatzgebiet gefunden. Neben den bereits erwähnten Servoantrieben nach den Bildern 108 und 109, die hauptsächlich als Vorschub- und Stellantriebe verwendet werden, dienen sie auch als Antriebe für Rührwerke, Zentrifugen, Verdichter, Lüfter, Pumpen, Gebläse, Kneter, Kalender und Extruder [79]. Ein wichtiges Gebiet ist auch das An- und Abfahren von Gas-Turbosätzen. Hier wird der Synchrongenerator des Turbosatzes für den An- und Abfahrvorgang durch Zuschalten des entsprechenden Umrichters einschließlich der Steuerung zum stromrichtergespeisten Gleichstrom-Stromrichtermotor; als solcher wird er hochgefahren, bis die Gasturbine ihre Zünddrehzahl erreicht hat. Auch für Pumpspeichersätze werden An- und Abfahrantriebe großer Leistung benötigt [80,81].

Ein weiteres Anwendungsgebiet ist der Antrieb von Lokomotiven. Sowohl die französischen Staatsbahnen SNCF [82] als auch die Bahnen der Sowjetunion [83] haben stromrichtergespeiste Gleichstrom-Stromrichtermaschinen als Lokomotivantriebe im Einsatz.

3.2.2 Speisung der Synchronmaschine aus einer steuerbaren Drehspannungsquelle oder einer regelbaren Drehstromquelle

Im Abschnitt 3.2.1 wurde gezeigt, daß sich mit einer Kombination aus Synchronmaschine, Stromrichter und passendem Steuersystem ein Betriebsverhalten ähnlich dem einer Gleichstrom-Kommutatormaschine erreichen läßt. Als nachteilig erweist sich bei dieser Art von Speisung der nicht sinusförmige Statorstrom (siehe Bilder 83, 84, 97, 99). Hat die innere Spannung einen sinusförmigen Verlauf, so wird nur im Zusammenwirken mit der Grundschwingung des Stroms Wirkleistung über die Welle auf die Arbeitsmaschine übertragen. Die im Statorstrom enthaltenen Oberschwingungen erhöhen lediglich die Statorverluste und rufen störende Pendelmomente hervor. Ein günstigeres Betriebsverhalten des Antriebs läßt sich erreichen, wenn die Statorströme der Sinusform besser angenähert werden können.

Im folgenden wird zunächst beschrieben, wie eine feldorientierte Steuerung und Regelung des Antriebs mit Hilfe einer steuerbaren Drehspannungsquelle oder einer regelbaren Drehstromquelle erfolgen kann. Anschließend wird anhand einiger Beispiele gezeigt, wie diese Drehspannungs- bzw. Drehstromquellen durch Stromrichter verwirklicht werden können.

3.2.2.1 Feldorientierte Regelung bei Speisung aus einer gesteuerten Drehspannungsquelle

Wie der grundsätzliche Schaltplan (Bild 110) zeigt, wird die Statorwicklung der elektrisch erregten Synchronmaschine aus einem Netz mit der Spannung U_n über eine steuerbare Drehspannungsquelle SR1 mit elektrischer Energie versorgt. Diese Drehspannungsquelle sei so beschaffen, daß sie Statorspannung U_S der als Drehspannung im (U, V, W)-System vorgegebenen Steuerspannung u_{st} verzögerungsfrei folgen kann. Effektivwert, Winkelgeschwindigkeit und Winkellage der Steuerspannung u_{st} können dabei unabhängig voneinander verstellt werden.

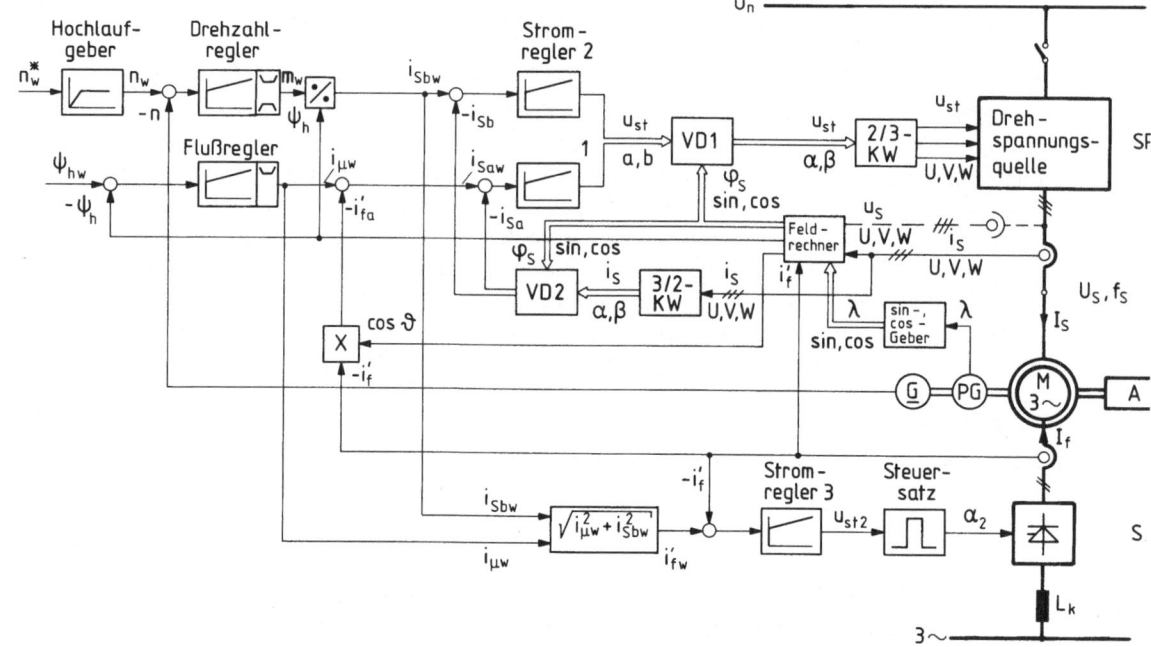

Bild 110. Drehzahlgeregelte, aus einer steuerbaren Drehspannungsquelle gespeiste Synchronmaschine – grundsätzlicher Schaltplan. VA Vektoranalysator, VD Vektordreher, 3/2-KW Koordinatenwandler (U, V, W)- in (α, β)-Koordinaten, 2/3-KW Koordinatenwandler (α, β)-in (U, V, W)-Koordinaten

Die Rotorwicklung der Synchronmaschine wird über einen als regelbare Gleichstromquelle betriebenen Stromrichter SR2 mit dem Erregerstrom I_f versorgt.

Mit der feldorientierten Steuerung und Regelung soll dem Antrieb nach Bild 110 das Betriebsverhalten einer kompensierten Gleichstrom-Kommutatormaschine verliehen werden, d.h. es sollen wie in Bild 74 dargestellt, auch hier ein magnetisierender Strom ($\underline{i}_f$ in Bild 74) und ein dazu senkrecht wirkender Ankerstrom ($\underline{i}_A$ in Bild 74) unabhängig voneinander verstellt werden können.

Auf die Synchronmaschine übertragen heißt das, der Magnetisierungsstrom I_μ und damit der Hauptfluß Ψ_h sowie die im Raumzeigerdiagramm (Bilder 111 und 112) auf diesem senkrecht stehende Komponente I_{Sb} des Statorstroms I_S müssen rückwirkungsfrei oder entkoppelt unabhängig voneinander verstellt werden können. Diese Entkoppelung läßt sich bei einem Antrieb nach dem Schaltplan des Bildes 110 verwirklichen.

Die für das Verständnis dieses grundsätzlichen Schaltplans wichtigsten Größen können dem Bild 111 entnommen werden. Dort sind zunächst drei rechtwinklige Koordinatensysteme zu unterscheiden,

— das statorfeste (α, β)-System,
— das auf die Läuferlängsachse bezogene (d, q)-System und
— das auf die Achse des Hauptflusses bezogene (a, b)-System.

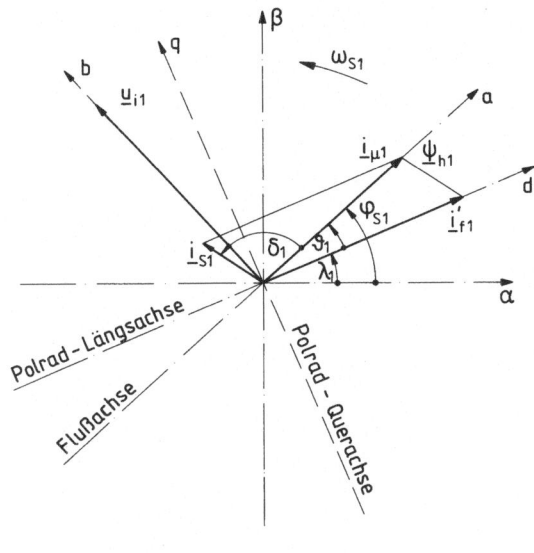

Bild 111. Raumzeigerdarstellung der Grundschwingung der inneren Spannung U_i, des Statorstroms I_S, des Erregerstroms I'_f, des Magnetisierungsstroms I_μ und des Flusses Ψ_h im statorfesten (α, β)-Koordinatensystem

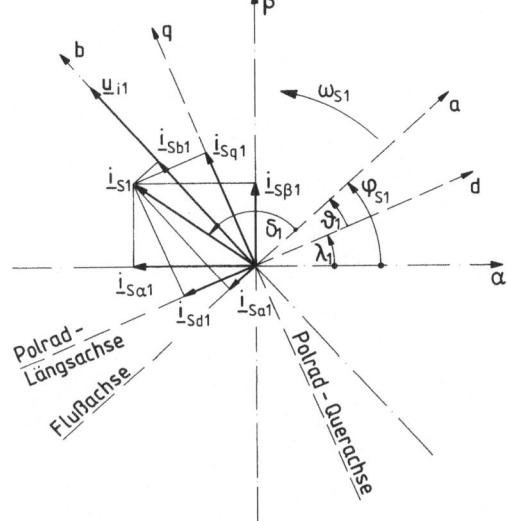

Bild 112. Raumzeigerdarstellung der Grundschwingung des Statorstroms I_S und seiner Komponenten im (a, b)-, (α, β)- und (d, q)-Koordinatensystem

Bei laufender Maschine rotieren das (d, q)- und das (a, b)-System gegenüber dem feststehenden (α, β)-System; der Drehwinkel zwischen der d-Achse und der α-Achse ist mit λ bezeichnet, der zwischen a-Achse und α-Achse mit φ_S. a-Achse und d-Achse sind um den Polradwinkel ϑ gegeneinander verdreht, es gilt somit die Beziehung

$$\varphi_S = \lambda + \vartheta. \tag{96}$$

Der Statorstrom I_S eilt dem Magnetisierungsstrom I_μ um den Winkel δ voraus. Wird, ähnlich wie in Gl. (88), ein linearer Zusammenhang zwischen Magnetisierungsstrom I_μ und Hauptfluß Ψ_h vorausgesetzt, so gilt

$$\Psi_h = K_1 I_\mu. \tag{97}$$

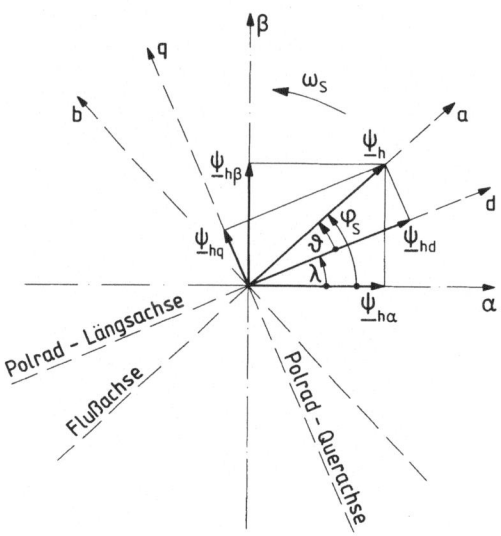

Bild 113. Raumzeigerdarstellung des magnetischen Flusses Ψ_h und seiner Komponenten im (a, b)-, (α, β)- und (d, q)-Koordinatensystem

In Anlehnung an Gl. (90) läßt sich damit

$$M_M = K_2 I_\mu I_S \sin \delta \qquad (98a)$$

oder

$$M_M = K_2' \Psi_h I_S \sin \delta \qquad (98b)$$

schreiben.

In Bild 112 ist der Raumzeiger $\underline{i}_S$ des Statorstroms in seine den drei benutzten Koordinatensystemen zugeordneten Komponenten zerlegt dargestellt. Da

$$I_{Sb} = I_S \sin \delta$$

ist, läßt sich auch schreiben

$$M_M = K_2 I_\mu I_{Sb} \qquad (99a)$$

oder

$$M_M = K_2' \Psi_h I_{Sb}. \qquad (99b)$$

Bild 113 schließlich zeigt die Komponenten des Flußzeigers $\underline{\psi}_h$ in den drei Koordinatensystemen.

Soll über den Stromzeiger $\underline{i}_S$ der Magnetisierungsstrom I_μ bzw. der Hautfluß Ψ_h oder die multiplikativ mit dem Hauptfluß das Drehmoment bildende Statorstromkomponente I_{Sb} schnell geändert werden, so müssen Lage und Größe des Flußzeigers $\underline{\psi}_h$ bekannt sein. Mit einem hochauflösenden Polradlagegeber, z.B. in Form eines inkrementalen Impulsgebers, läßt sich der Drehwinkel λ des Polrads im Betrieb hinreichend genau erfassen. Dieser wird in einem „sin-, cos-Geber" in die entsprechenden trigonometrischen Funktionswerte umgesetzt, wodurch die Läuferstellung zu jeder Zeit eindeutig beschrieben ist. Um auch bei kleinen Drehzahlen oder bei Stillstand der Maschine den Flußzeiger $\underline{\psi}_h$ hinreichend genau bestimmen zu können, empfiehlt sich für die Feldberechnung der Einsatz eines Strommodells (Bild 114).

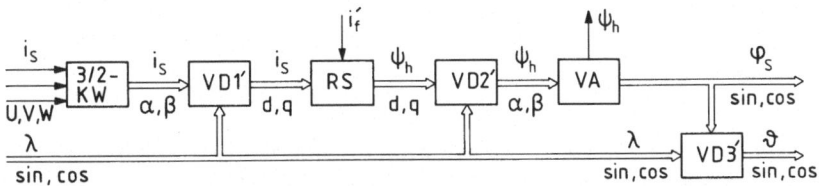

Bild 114. Struktur des Feldrechners (Strommodell). VA Vektoranalysator, VD Vektordreher, KW Koordinatenwandler, RS Rechenschaltung

Dem Feldrechner werden neben den sin- und cos-Werten des mechanischen Drehwinkels λ die Augenblickswerte der drei Strangströme I_{SU}, I_{SV} und I_{SW} zugeführt. Diese werden in einem 3/2-Koordinatenwandler in den Statorstrom-Raumzeiger $\underline{i}_S$ im (α, β)-Koordinatensystem umgesetzt. Im Vektordreher VD1′ wird vom Drehwinkel $\varphi_S + \delta$ des Zeigers $\underline{i}_S$ der mechanische Drehwinkel λ abgezogen. Damit wird $\underline{i}_S$ in das rotorfeste (d, q)-Koordinatensystem transformiert; $\underline{i}_S$ ist jetzt eine polradorientierte Größe, die der d-Achse um die Winkelsumme $\delta + \vartheta$ voreilt.

Aus den Stator-Stromkomponenten I_{Sd} und I_{Sq} sowie dem auf die Statorseite bezogenen Erregerstrom I'_f ermittelt die Rechenschaltung RS mit Hilfe der Rotorgleichungen der Synchronmaschine [84] die Flußkomponenten Ψ_{hd} und Ψ_{hq}. Im Vektordreher VD2′ wird zum Polradwinkel ϑ der mechanische Drehwinkel λ addiert, womit der Flußzeiger ψ_h ins (α, β)-Koordinatensystem transformiert wird; dort läuft er mit dem Drehwinkel φ_S um. Der Vektoranalysator VA errechnet aus α- und β-Komponente den Betrag ψ_h des Hauptflusses und die sin- und cos-Werte des Winkels φ_S. Damit ist der Flußraumzeiger nach Größe und Richtung ermittelt. Im Vektordreher VD3′ wird der Polradwinkel ϑ als Differenz zwischen den Drehwinkeln φ_S und λ errechnet.

Ist die Drehspannungsquelle so trägheitsarm, daß die Ausgangsspannung U_S mit Frequenzen im kHz-Bereich moduliert werden kann, so ist es möglich, im unteren Drehzahlbereich die Lage des Polrads, ohne daß es eines zusätzlichen Polradlagegebers bedarf, auch aus der unterschiedlichen magnetischen Leitfähigkeit des Läufers in Längs- und Querrichtung zu bestimmen [74].

Im oberen Drehzahlbereich können dann die Größen ψ_h und φ_S mit einem Spannungsmodell (siehe Bild 106) gewonnen werden. Dazu ist die in Bild 110 gestrichelt eingetragene Meßeinrichtung der Statorspannung und deren Anschluß an den Feldrechner erforderlich.

Der Stromzeiger $\underline{i}_S$ läuft gegenüber der α-Achse mit dem Drehwinkel $\varphi_S + \delta$ um. Im Vektordreher VD2 des Bildes 110 wird von diesem Drehwinkel der Drehwinkel φ_S des Flußzeigers abgezogen und es ergeben sich die magnetisierende a- und die senkrecht dazu stehende b-Komponente des Stromraumzeigers $\underline{i}_S$:

$$I_{Sa} = I_S \cos \delta \tag{100a}$$

$$I_{Sb} = I_S \sin \delta . \tag{100b}$$

Für die Flußregelung wird noch die a-Komponente des auf die Statorseite bezogenen Erregerstroms I_f (Bild 115) benötigt, diese wird nach Bild 110 durch die Multiplikation

$$I'_{\mathrm{fa}} = I'_{\mathrm{f}} \cos \vartheta \qquad\qquad\qquad (101)$$

gewonnen.

Damit liegen die für eine Regelung im hauptflußorientierten (a, b) - Koordinatensystem erforderlichen Regelgrößen i_{Sa}, i_{Sb}, i'_{f}, ψ_{h} und n vor. Die feldorientierte Regelung einer Synchronmaschine nach Bild 110 ist ähnlich aufgebaut wie die der stromrichtergespeisten Gleichstrom-Kommutatormaschine nach den Bildern 46 und 47; für die Flußregelung und die Drehzahlregelung stehen getrennte Regelkreise zur Verfügung. Die Regelung erfolgt im hauptflußorientierten Koordinatensystem, die Führungs- und Regelgrößen sind im stationären Zustand Gleichgrößen. Dem Flußregler wird im Grunddrehzahlbereich der Nennfluß ψ_{hNw} als Führungsgröße vorgegeben; eine Drehzahlerhöhung über die Grunddrehzahl hinaus durch Feldschwächung ist möglich.

Die Regelabweichung $\psi_{\mathrm{hw}} - \psi_{\mathrm{h}}$ wird dem Flußregler, einem PI-Regler, zugeführt. Dessen begrenzter Ausgang gibt die Führungsgröße Magnetisierungsstrom $i_{\mu\mathrm{w}}$ vor. Die Größe des Magnetisierungsstroms läßt sich auf zwei Wegen beeinflussen, einmal mit kleiner Anregelzeit über eine Änderung der a-Komponente des Statorstroms und zum anderen über die große Zeitkonstante des Erregerkreises. Der schnelle Eingriff muß deshalb über den Stromregler der a-Komponente erfolgen, anschließend wird der Erregerstrom so nachgeregelt, daß im stationären Zustand $I_{\mathrm{Sa}} = 0$ erreicht wird.

Von $i_{\mu\mathrm{w}}$ ist zunächst i'_{fa} abzuziehen, um die Führungsgröße i_{Saw} zu erhalten (siehe Bild 115). Die Regelabweichung $i_{\mathrm{Saw}} - i_{\mathrm{Sa}}$ der a-Komponente des Statorstroms wird dem Stromregler 1 des Bildes 110 zugeführt, der daraus die a-Komponente des Raumzeigers $\underline{u}_{\mathrm{st}}$ der Steuerspannung bildet.

Dem Drehzahlregler wird über einen Hochlaufgeber die Führungsgröße n_{w} vorgegeben. Die Regelabweichung $n_{\mathrm{w}} - n$ steuert den Drehzahlregler, der PI-Verhalten hat, aus. Der Drehzahlregler hat eine Ausgangsbegrenzung, über die der Maximalwert der Führungsgröße Moment m_{w} und damit auch der Maximalwert der Führungsgröße i_{Sbw} vorgegeben wird. Die Division der Führungsgröße m_{w} durch die Regelgröße ψ_{h} liefert die Führungsgröße i_{Sbw}. Die Regelabweichung $i_{\mathrm{Sbw}} - i_{\mathrm{Sb}}$ der b-Komponente des Statorstroms wird dem Stromregler 2 des Bildes 110 eingespeist; dieser liefert an seinem Ausgang die b-Komponente des Steuerspannungszeigers $\underline{u}_{\mathrm{st}}$.

Mit den beiden Komponenten u_{sta} und u_{stb} liegt der Raumzeiger $\underline{u}_{\mathrm{st}}$ im (a, b)- Koordinatensystem fest (Bild 116), er eilt der a-Achse um den Winkel γ vor. Im Vektordreher VD1 des Bildes 110 wird zum Winkel γ der Drehwinkel φ_{S} des Flußraumzeigers ψ_{h} addiert, wodurch der Steuerspannungsraumzeiger $\underline{u}_{\mathrm{st}}$ ins statorfeste (α, β)-Koordinatensystem transformiert wird. Ein 2/3-Koordinatenwandler formt den Steuerspannungszeiger $\underline{u}_{\mathrm{st}}$ in die drei Steuerspannungen des (U, V, W)-Systems um, die die Drehspannungsquelle aussteuern.

Die Ausgangsspannung U_{S} der Drehspannungsquelle folgt der Steuerspannung u_{st} voraussetzungsgemäß verzögerungsfrei und läßt einen Statorstrom I_{S} fließen, dessen Komponenten I_{Sa} und I_{Sb} im stationären Betrieb den Führungsgrößen i_{Saw} und i_{Sbw} entsprechen. Auf die vorstehend beschreibende Weise ist es möglich, den Flußregelkreis und den Drehzahlregelkreis mit unterlagertem Drehmomentregelkreis voneinander entkoppelt zu betreiben.

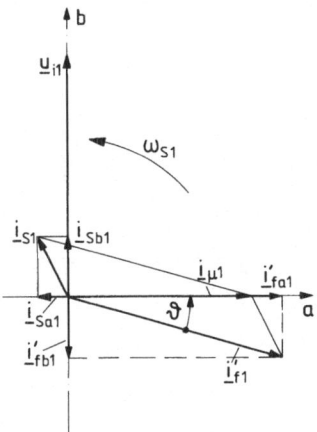

Bild 115. Raumzeigerdarstellung der Grundschwingung der Ströme I_S und I_μ sowie des Erregerstroms I'_f und ihrer Komponenten im (a, b)-Koordinatensystem

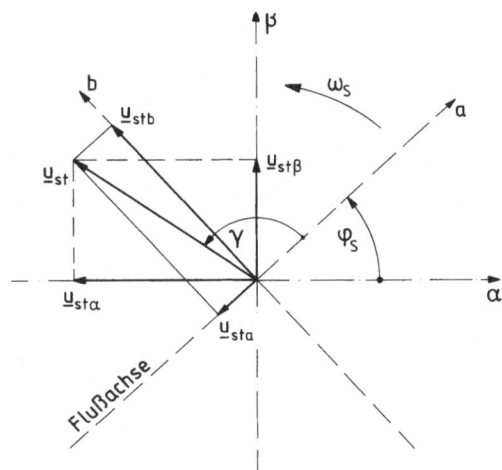

Bild 116. Raumzeigerdarstellung der Steuerspannung u_{st} und ihrer Komponenten im (a, b)- und (α, β)-Koordinatensystem

Wird die Synchronmaschine im Grunddrehzahlbereich mit konstantem Hauptfluß Ψ_h gefahren, so treten, wenn der Statorstrom in der b-Achse liegt und seine a-Komponente Null ist, die geringsten Statorwicklungsverluste beim kleinsten Statorstrom auf. Das ist der Fall, wenn

$$I'_f = \sqrt{I_\mu^2 + I_{Sb}^2}$$

ist (siehe Bild 115). Demzufolge wird (siehe Bild 110) die Führungsgröße i'_{fw} des Erregerstroms aus den Größen i_{Sbw} und $i_{\mu w}$ gebildet. Der Stromregler des Erregerstromregelkreises steuert den Erregerstromrichter SR2 so aus, daß im stationären Zustand $i'_{fw} - i'_f = 0$ ist.

Wird idealisierend für die Synchronmaschine eine angenähert sinusförmige Felderregerkurve für den Stator sowie eine sinusförmige Verteilung der magnetischen Flußdichte im Luftspalt vorausgesetzt und wird weiterhin angenommen, daß die Drehspannungsquelle eine näherungsweise sinusförmige Drehspannung abgibt, so daß sich ein annähernd sinusförmiger Statorstrom einstellen kann, dann liefert der Antrieb ein zeitlich näherungsweise konstantes Drehmoment und entspricht auch in dieser Beziehung der Betriebsweise der stromrichtergespeisten kompensierten Gleichstrom-Kommutatormaschine.

3.2.2.2 Feldorientierte Regelung bei Speisung aus einer geregelten Drehstromquelle

Bei den bisher industriell ausgeführten Antrieben großer Leistung wird die Synchronmaschine aus einer geregelten Drehstromquelle gespeist [84–86]. Der grundsätzliche Schaltplan (Bild 117) ist in weiten Teilen dem des Bildes 110 ähnlich. Der Feldrechner kann auch hier so aufgebaut sein, wie es anhand der Bilder 114 und 106 beschrieben wurde, wobei der Übergang vom Strommodell auf das Spannungsmodell drehzahlabhängig erfolgen soll. Drehzahlregler und Flußregler arbeiten auch bei dieser Lösung im

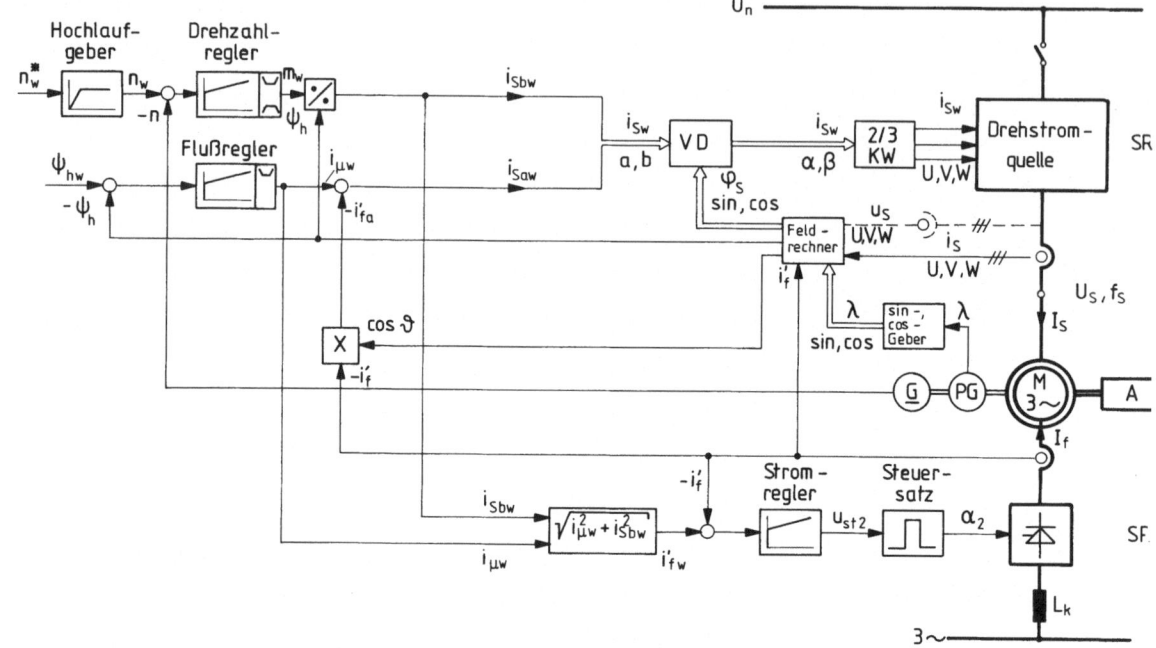

Bild 117. Drehzahlgeregelte, aus einer regelbaren Drehstromquelle gespeiste Synchronmaschine – grundsätzlicher Schaltplan

hauptflußbezogenen (a, b)-Koordinatensystem. Die Führungsgrößen i_{Sbw} und i_{Saw} werden nach dem gleichen Konzept gebildet, die Regelung des Statorstroms erfolgt jedoch nach einem anderen Prinzip.

Der Vektordreher VD des Bildes 117 transformiert den Raumzeiger i_{Sw} der Führungsgröße des Statorstroms aus dem feldorientierten (a,b)-Koordinatensystem in das statorfeste (α, β)-Koordinatensystem, indem zum Winkel δ_w der Drehwinkel φ_S der Hauptflußachse addiert wird. Ein 2/3-Koordinatenwandler setzt den Raumzeiger i_{Sw} aus dem (α, β)-Koordinatensystem in die drei ein symmetrisches Drehstromsystem bildenden Führungsgrößen des (U, V, W)-Systems um.

Die Stromregelung ist in die Drehstromquelle verlagert, die aus den entsprechenden Stromrichtern sowie Steuer- und Regeleinrichtungen aufgebaut sein muß (siehe Abschnitt 3.2.2.3). Die geregelte Drehstromquelle prägt der Ständerwicklung der Synchronmaschine einen dem Führungsgrößenraumzeiger i_{Sw} entsprechenden Drehstrom ein.

3.2.2.3 Technische Realisierung der Drehstrom- bzw. Drehspannungsquelle

Zum Speisen einer Synchronmaschine nach den Bildern 110 bzw. 117 sind Drehspannungs- bzw. Drehstromquellen erforderlich, die in allen vier Quadranten der komplexen Strom-Spannungsebene betriebsfähig sind. Sie müssen also sowohl Wirkleistung als auch Bildleistung abgeben und aufnehmen können. Weiterhin müssen sie in der Lage sein, einen symmetrischen Drehstrom derart an die Statorwicklung der Synchronmaschine abzugeben, daß der Wechselanteil im Maschinendrehmoment innerhalb der zulässigen Grenzen gehalten wird.

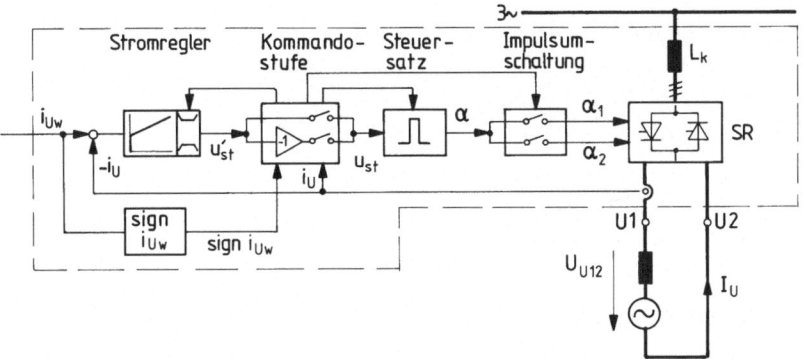

Bild 118. Wechselstromquelle bestehend aus einem stromgeregelten kreisstromfreien Drehstrom-Wechselstrom-Direktumrichter zur Speisung eines Wechselstromverbrauchers

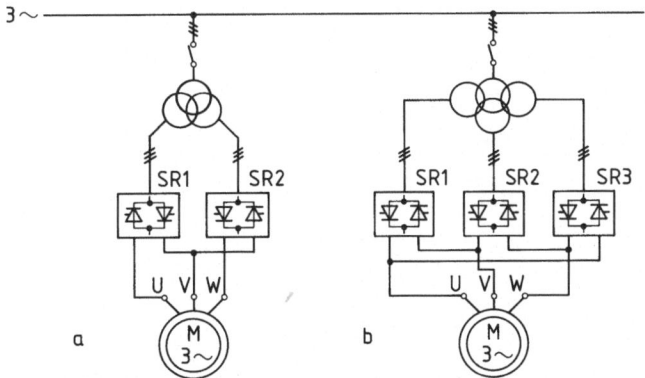

Bild 119. Über Direktumrichter gespeiste Synchronmaschine – grundsätzlicher Schaltplan des Leistungsteils. **a** mit zwei Teilumrichtern; **b** mit drei Teilumrichtern

Vorstehende Forderungen lassen sich mit Direktumrichtern [20,25] oder Zwischenkreisumrichtern, deren maschinenseitiger Teilstromrichter im Pulsbetrieb arbeitet [24,72,74], gut erfüllen.

In Bild 118 ist eine geregelte Wechselstromquelle dargestellt, die aus einem Umkehrstromrichter in kreisstromfreier Gegenparallelschaltung (siehe Bild 56) und den erforderlichen Regel- und Steuereinrichtungen besteht. Aus zwei oder drei derartigen Wechselstromquellen kann eine Drehstromquelle aufgebaut werden (Bild 119). Der Stromregelkreis der Wechselstromquelle stimmt weitgehend mit dem in Bild 57 dargestellten überein, nur daß hier das Signal sign i_{Uw} nicht dem Drehzahlregler entnommen werden kann, sondern aus dem Signal i_{Uw} gebildet werden muß. Wird i_{Uw} vom überlagerten Regelkreis als sinusförmiges Signal vorgegeben (Bild 120), so wird der Stromrichter vom Stromregler so ausgesteuert, daß der im Verbraucherkreis fließende Strom I_U in seinem zeitlichen Verlauf der Führungsgröße annähernd entspricht. Mit dieser Art von Drehstromquelle lassen sich bei näherungsweise sinusförmigen Strömen I_U und Speisung aus dem 50 Hz-Netz maximale Ausgangsfre-

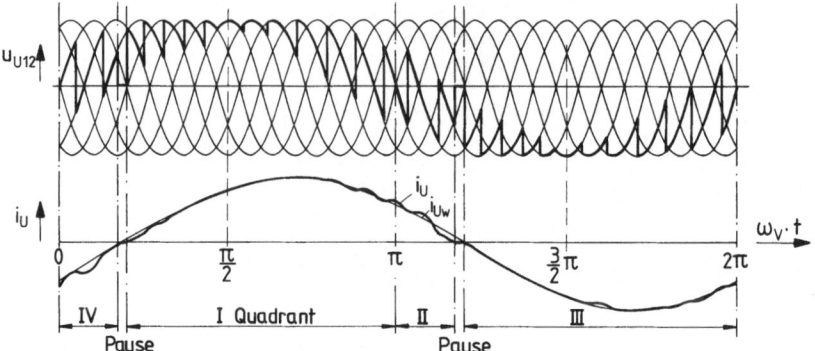

Bild 120. Zeitlicher Verlauf von Spannung und Strom auf der Verbraucherseite des Direktumrichters

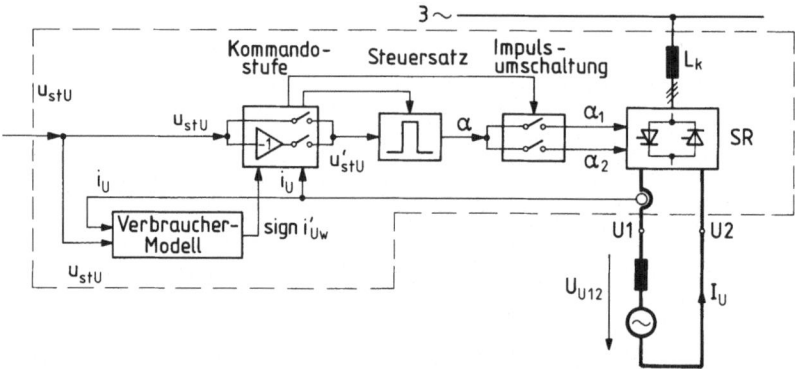

Bild 121. Wechselspannungsquelle bestehend aus einem linear gesteuerten kreisstromfreien Drehstrom-Wechselstrom-Direktumrichter zur Speisung eines Wechselspannungsverbrauchers

quenzen von etwa 17 Hz erreichen. Damit ist die Anwendung auf langsam laufende elektrische Antriebe begrenzt.

Soll die Synchronmaschine über eine Drehspannungsquelle nach Bild 110 gespeist werden, so kann diese aus drei Wechselspannungsquellen nach Bild 121 aufgebaut sein. Auch hier besteht der Stromrichter aus einer kreisstromfreien Gegenparallelschaltung nach Bild 56. In dem grundsätzlichen Schaltplan des Bildes 121 wird die Steuerspannung u_{stU} direkt der Kommandostufe zugeführt. Um die Umschaltung des Stromrichters von der einen Stromrichtung auf die andere zum richtigen Zeitpunkt durchführen zu können, reicht es nicht aus, den Verlauf der Steuerspannung zu kennen. Da die Spannung U_{U12} und der Strom I_U nicht in Phase sein müssen, sondern eine beliebige Lage zueinander haben können, muß in einem Verbrauchermodell eine dem Grundschwingungsstrom des Verbrauchers entsprechende Größe errechnet werden, aus der das für den Umschaltbetrieb der Kommandostufe wichtige Signal sign i'_{Uw} gebildet werden kann. Insbesondere wenn der Strom I_U in der Umgebung seiner Nulldurchgänge lückt, muß der Zeitpunkt des Vorzeichenwechsels von sign i'_{Uw} bekannt sein, um die Stromrichtung im richtigen Zeitpunkt umschalten zu können [49]. Mit der vorstehend

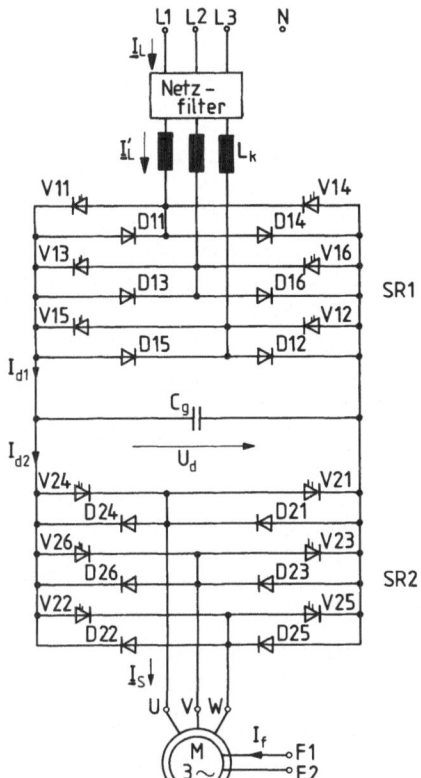

Bild 122. Über Umrichter mit Spannungszwischenkreis gespeiste Synchronmaschine – grundsätzlicher Schaltplan des Leistungsteils

beschriebenen Drehspannungsquelle läßt sich die Ausgangsfrequenz gegenüber derjenigen der Drehstromquelle (siehe auch Bilder 118 und 119) etwa verdoppeln, was, bezogen auf die Speisung von Synchronmaschinen, auch eine Verdopplung der maximal erreichbaren Antriebsdrehzahl zuläßt.

Wenn höhere Antriebsdrehzahlen bzw. hohe Statorfrequenzen gefordert werden, so ist auf einem selbstgeführten Stromrichter überzugehen. Bild 122 zeigt eine Umrichtervariante, bei der sowohl der maschinenseitige als auch der netzseitige Stromrichter selbstgeführt arbeiten. Werden die ein- und ausschaltbaren elektrischen Ventile V durch schnelle Schalttransistoren verwirklicht [87], so können auf der Maschinenseite sehr kleine Anregelzeiten mit einer Drehmomentregelung nach Bild 110 erreicht werden. Bei einem 30 kW-Versuchsantrieb wurden bei einer Arbeitsfrequenz des maschinenseitigen Stromrichters von 13 kHz Drehmoment-Anregelzeiten von etwa 0,5 ms erreicht [74] (Bild 123). Das Oszillogramm zeigt die Antwort des Maschinendrehmoments m_M auf eine sprunghafte Änderung der Führungsgröße Drehzahl n_w, mit der ein Reversiervorgang eingeleitet wird. Als Folge des Führungsgrößensprungs geht der Drehzahlregler an seine Ausgangsbegrenzung und gibt einen konstanten Sollwert m_w für das Drehmoment M_M vor. Die Regelgröße m_M folgt der Führungsgröße m_w mit einer Anregelzeit von etwa 0,5 ms. Hier zeigt sich ein echter Vorteil gegenüber der stromrichtergespeisten Gleichstrom-Kommutatormaschine, bei der die Anregelzeit in der Drehmomentregelung gegenüber der stromrichtergespeisten Gleichstrom-Kom-

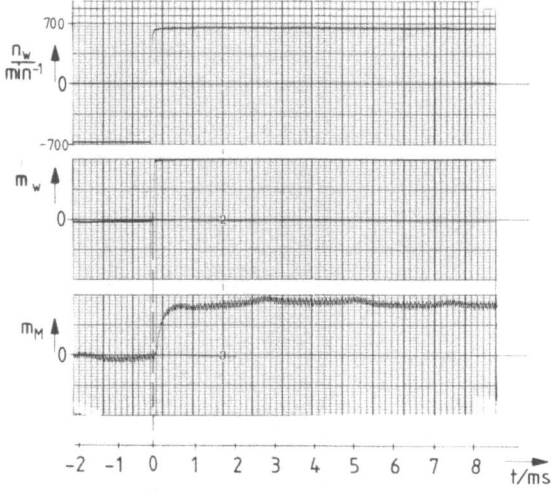

Bild 123. Verlauf m_M des Maschinendrehmoments nach einem Sprung der Führungsgröße Drehzahl n_w

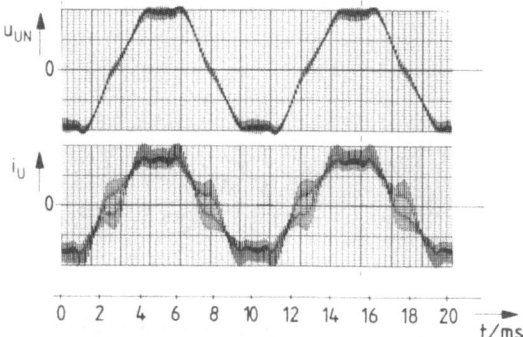

Bild 124. Zeitlicher Verlauf von Strangspannung U_{UN} und Strangstrom I_U bei einer über einen Stromrichter nach Bild 122 gespeisten Synchronmaschine. Statorfrequenz $f_s = 100$ Hz; Drehzahl $n = 1000$ min^{-1}; Pulsfrequenz $f_p = 13$ kHz

mutatormaschine, bei der die Anregelzeit bei Einsatz eines netzgeführten Stromrichters etwa 10 ms beträgt (siehe Abschnitt 2.5.5). Am selben Antrieb wurde der zeitliche Verlauf der Statorspannung U_{UN} und des Statorstroms I_U aufgenommen (Bild 124). Wie aus der mit einem RC-Glied mit einer Zeitkonstante von 100 µs geglätteten Statorspannung zu ersehen ist, hat die innere Spannung der Synchronmaschine keinen sinusförmigen Verlauf; dies ist durch die Konstruktion des Polrads und eine Statorwicklung mit einer Nut pro Pol und Phase ($q = 1$) bedingt. Die nicht sinusförmige Spannung hat einen nicht sinusförmigen Verlauf des Flusses und eine Welligkeit des Flußbetrags ψ_h zur Folge. Dadurch werden bei zeitlich konstanten Führungsgrößen m_w und ψ_{hw} auch die Führungsgrößen i_{Saw} und i_{Sbw} wellig. Diese Welligkeit der Führungsgrößen überträgt sich durch die Stromregler auf die Steuerspannung u_{st} und über die gepulste Ausgangsspannung des Stromrichters auf den Statorstrom I_U. In ihm ist neben der durch die nicht sinusförmige Steuerspannung u_{stU} bedingten Abweichung von der Sinusform ein Oberschwingungsanteil mit der Pulsfrequenz des Stromrichters deutlich zu sehen.

Obwohl die Statorspannung U_S und der Statorstrom I_S auch bei Vernachlässigung der pulsfrequenten Schwingungen deutlich von der Sinusform abweichen, ist die Welligkeit im Drehmoment relativ gering (siehe Bild 123).

Auch der netzseitige Stromrichter des Bildes 122 ist als selbstgeführter Stromrichter aufgebaut. Mit seiner Hilfe kann

— die Spannung U_d im Zwischenkreis auf einen konstanten Wert geregelt werden und
— dem Netz ein praktisch sinusförmiger Strom mit einem Leistungsfaktor $\lambda \approx 1$ entnommen werden.

Ein netzseitiges Filter schießt die durch das Pulsen des Stromrichters SR1 entstehenden Stromoberschwingungen praktisch kurz und hält sie so vom Netz weitgehend fern.

3.2.2.4 Anwendungen

Ihre erste industrielle Anwendung fanden die über Direktumrichter gespeisten Synchronmaschinen Ende der 60er Jahre als Antriebe für getriebelose Rohrmühlen. Die Leistung dieser Antriebe liegt im unteren MW-Bereich, die Nenndrehzahlen betragen etwa 10 bis 20 min^{-1}. Auf die guten Erfahrungen mit diesen Antrieben aufbauend werden seit Anfang der 80er Jahre auch Fördermaschinen und Walzwerkhauptantriebe im MW-Bereich mit über Direktumrichter gespeisten Synchronmaschinen ausgerüstet.

Es sieht heute so aus, als wäre der über Direktumrichter gespeisten Synchronmaschine im Bereich großer Leistungen ($P_N > 1\,MW$) ein Durchbruch gelungen, der zur Ablösung der großen, langsam laufenden stromrichtergespeisten Gleichstrom-Kommutatormaschinen ($n_N < 500\,min^{-1}$) führen könnte. Das dynamische Verhalten des Drehstromantriebs entspricht voll dem eines Gleichstromantriebs, und nach Angaben der Hersteller soll der Drehstromantrieb etwas kostengünstiger sein.

Über selbstgeführte Stromrichter gespeiste Synchronmaschinen bieten sich an, wenn wartungsarme Antriebe kleinerer Leistung für hohe Drehzahlen verlangt werden; hier ist die Entwicklung noch in vollem Fluß, wie Veröffentlichungen aus den letzten Jahren zeigen [88−92].

3.3 Stromrichtergespeiste Drehstrom-Asynchronmaschine

Auch bei Antrieben mit stromrichtergespeisten Asynchronmaschinen kann, ähnlich wie bei den in Abschnitt 3.2.2 behandelten stromrichtergespeisten Synchronmaschinen, der Stromrichter einschließlich seiner Steuerung und gegebenenfalls auch der entsprechenden Regelung entweder als Drehspannungs- oder als Drehstromquelle aufgefaßt werden (Bild 125). Werden an den Antrieb hohe Forderungen bez. der Regeldynamik gestellt, so muß der Umformer elektrischer Energie, also die Drehspannungs- oder die Drehstromquelle, in der Lage sein, aus den Steuer- bzw. Führungsgrößen Effektivwert oder Scheitelwert, Winkelgeschwindigkeit und Winkellage gegenüber dem magnetischen Orientierungsfluß, die von der überlagerten Regelung geforderte Statorspannung oder den Statorstrom möglichst verzögerungsfrei einzustellen. Bei weniger hohen Anforderungen, die durch auf Kennliniensteuerungen beruhenden Regelverfahren erfüllt werden können, reicht es, Statorspannung oder -strom nach Größe und Winkelgeschwindigkeit vorzugeben.

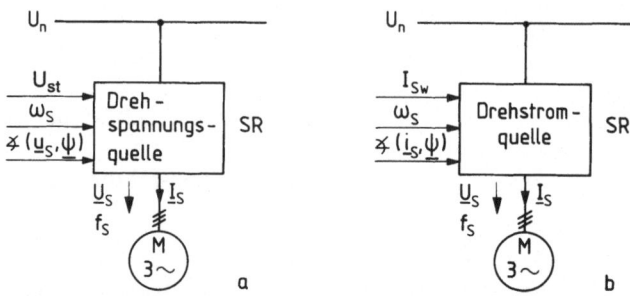

Bild 125. Aus einer Drehspannungsquelle (**a**) oder aus einer Drehstromquelle (**b**) gespeiste Drehstrom-Asynchronmaschine – grundsätzliche Darstellung

3.3.1 Einführung in das Betriebsverhalten

Bei den folgenden Überlegungen wird zunächst einmal vorausgesetzt, daß die Drehspannungs- oder die Drehstromquelle nach Bild 125 in der Lage ist, eine sinusförmige Spannung U_S bzw. einen sinusförmigen Strom I_S mit der Winkelgeschwindigkeit ω_S abzugeben. Wird weiterhin noch eine Drehstrom-Asynchronmaschine mit einem stromverdrängungsfreien Läufer angenommen, so kann von deren einsträngigen Ersatzschaltplan nach Bild 126 ausgegangen werden.

Die innere Spannung

$$U_i = j X_{Sh} I_\mu \tag{102}$$

ist dem Produkt aus Magnetisierungsstrom I_μ und, wenn Sättigungseinflüsse zunächst vernachlässigt werden, wegen

$$X_{Sh} = \omega_S L_{Sh}, \tag{103}$$

der Winkelgeschwindigkeit ω_S der Statorgrößen proportional. Unter der Voraussetzung, daß L_{Sh} konstant ist, gilt

$$\Psi_h = K_1 I_\mu, \tag{104}$$

wobei K_1 eine Proportionalitätskonstante ist. Der Hauptfluß Ψ_h ist somit dem Magnetisierungsstrom I_μ proportional und hat als Zeiger auch dessen Richtung.

Der Statorstromzeiger I_S, der sich im stationären Betrieb in Abhängigkeit von der Größe des Gegenmoments M_G und der des magnetischen Flusses Ψ_h einstellt, läßt sich in eine Blindkomponente I_{SB}, die in der Achse des Hautpflusses bzw. des Magnetisierungsstroms liegt, und in eine Wirkkomponente I_{SW}, die senkrecht auf der Flußachse steht, aufspalten (Bild 127). Das Drehmoment der Asynchronmaschine ergibt sich zu

$$M_M = k_2 I_{SW} \Psi_h \tag{105a}$$

bzw.

$$M_M = K_2 I_{SW} I_\mu, \tag{105b}$$

wobei k_2 und K_2 Proportionalitätskonstanten sind.

Die meisten der heute eingesetzten Steuer- und Regelverfahren haben das Ziel, den magnetischen Fluß der Asynchronmaschine im Grunddrehzahlbereich konstant zu

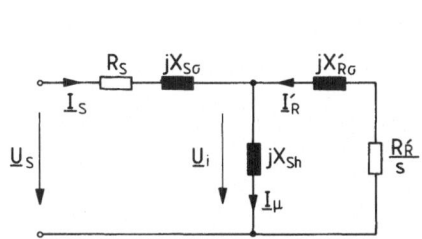

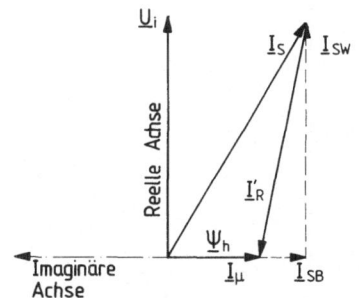

Bild 126. Einsträngiger Ersatzschaltplan der Drehstrom-Asynchronmaschine für Grundschwingungsbetrieb

Bild 127. Zeitzeigerdarstellung der inneren Spannung U_i, des Statorstroms I_S, des auf die Statorwicklung bezogenen Rotorstroms I'_R des Magnetisierungsstroms I_μ und des magnetischen Hauptflusses Ψ_h. I_S kann in die Wirkkomponente I_{SW} und die Blindkomponente I_{SB} zerlegt werden

halten. Die folgenden Betrachtungen gelten daher für einen konstanten Hautpfluß Ψ_h. Aus der Theorie der netzgespeisten Drehstrom-Asynchronmaschine ist das Kreisdiagramm der Stromortskurve mit Schlupfskalierung bekannt, das für Maschinen mit stromverdrängungsfreiem Läufer gilt (siehe Band 1, Abschnitt 3.2.1). In Bild 128a ist die Ortskurve des Rotorstroms I'_R bei konstanter innerer Spannung U_i in Abhängigkeit vom Schlupf s für die Statorfrequenz $f_{SN} = 50$ Hz dargestellt. Der größte Rotorstrom ergibt sich, wenn $R'_R/s = 0$, also $s = \pm \infty$ ist, zu

$$I'_{R\infty} = \frac{U_i}{X'_{R\sigma}} \ . \tag{106}$$

Der Schlupf s einer Asynchronmaschine ist definiert zu

$$s = \frac{n_{sy} - n}{n_{sy}} = \frac{\omega'_R}{\omega_S} \ , \tag{107}$$

wobei n_{sy} die synchrone Drehzahl und ω'_R die Winkelgeschwindigkeit des Rotorstroms ist. Wird, bei voraussetzungsgemäß konstant gehaltenem Fluß Ψ_h, die Statorfrequenz f_S geändert, so bleibt der Durchmesser der Rotorstrom-Ortskurve erhalten. Aus den Gln. (102), (103), und (106) folgt

$$I'_{R\infty} = \frac{L_{Sh}}{L'_{R\sigma}} I_\mu \ . \tag{108}$$

Bild 128b gibt die Ortskurve des Rotorstroms für $f_S = 10$ Hz wieder. Der Vergleich mit Bild 128a zeigt, daß die Betriebspunkte für $s = 0$ und $s = \infty$ erhalten geblieben sind, die zwischen diesen beiden Punkten liegende Schlupfskalierung sich jedoch geändert hat. In Abhängigkeit von der Statorfrequenz F_S ändert sich der Rotorstreublindwiderstand

$$X'_{R\sigma} = \omega_S L'_{R\sigma} \ , \tag{109}$$

während R'_R konstant bleibt.

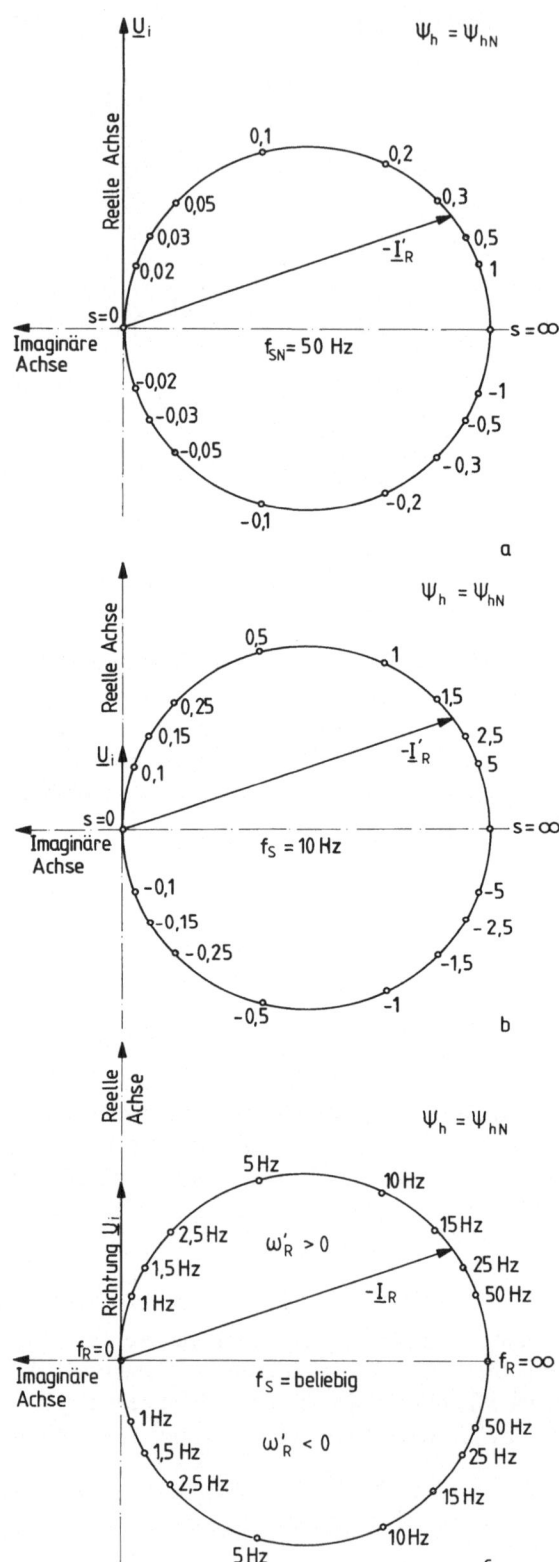

Bild 128. Ortskurve des Läuferstroms I_R' einer Drehstrom-Asynchronmaschine bei dem Betrage nach konstantem magnetischen Fluß Ψ_h und unterschiedlichen Frequenzen f_S der Statorspannung. **a** $f_S = 50$ Hz; **b** $f_S = 10$ Hz; **c** $f_S = $ beliebig

Die vorstehende Überlegung zeigt, daß bei veränderlicher Statorfrequenz f_S eine Schlupfskalierung der Ortskurve nicht sinnvoll ist, da sich diese mit der Statorfrequenz ändert. Unabhängig von der Größe der Statorfrequenz ist dagegen — wenn nach wie vor ein konstanter Hauptfluß vorausgesetzt wird — eine Skalierung mit der Rotorfrequenz f_R (Bild 128c). Jeder Rotorfrequenz f_R ist somit ein bestimmter Rotorstrom I'_R zugeordnet. Aus Bild 127 geht hervor, daß die Wirkkomponenten von Statorstrom I_S und Rotorstrom I'_R dem Betrag nach gleich sind, also

$$I_{SW} = -I'_{RW} \tag{110}$$

ist. Aus Gl. (105) und dem Vorstehenden folgt damit, daß jeder Rotorfrequenz f_R auch ein bestimmtes Maschinendrehmoment M_M zuzuordnen ist.

Der obere Halbkreis der Ortskurve des Bildes 128 gilt jeweils für motorischen, der untere Halbkreis für generatorischen Betrieb der Asynchronmaschine. Da der Rotorfrequenz

$$f_R = \frac{|\omega'_R|}{2\pi} \tag{111}$$

kein Vorzeichen zugeordnet werden kann, wurde in Bild 128c für den oberen Halbkreis $\omega'_R > 0$ und für den unteren $\omega'_R < 0$ eingetragen. Bezüglich der Winkelgeschwindigkeit gilt

$$\omega_S = p\omega_{mech} + \omega'_R , \tag{112}$$

wobei p die Polpaarzahl der Asynchronmaschine ist.

Werden die Drehmoment-Drehzahlkennlinien der Drehstrom-Asynchronmaschine mit der Statorfrequenz f_S als Parameter aufgetragen, so ergibt sich die Kurvenschar nach Bild 129. Im frequenzgesteuerten Betrieb werden nur die ausgezogenen Kurvenstücke zwischen dem positiven und dem negativen Kippmoment ausgenutzt. Kann die Statorfrequenz kontinuierlich verstellt und kann bei $f_s = 0$ auch die Drehfeldrichtung umgekehrt werden, so ist es möglich, die Drehstrom-Asynchronmaschine in dem durch den Frequenzstellbereich abgedeckten Drehzahlbereich zwischen dem positiven und

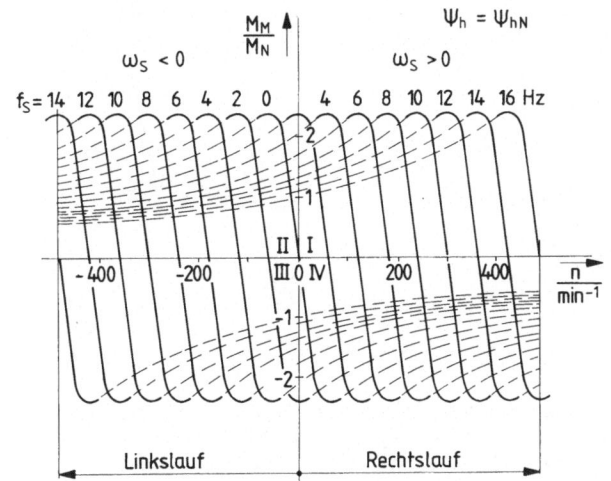

Bild 129. Drehmoment-Drehzahl-Kennlinien einer Drehstrom-Asynchronmaschine für beide Drehfeldrichtungen mit der Statorfrequenz f_S als Parameter

dem negativen Kippmoment in jedem Punkt der Drehmoment-Drehzahlebene verlustarm zu betreiben. In den Quadranten I und III arbeitet die Asynchronmaschine motorisch, in den Quadranten II und IV generatorisch.

Um den magnetischen Hauptfluß Ψ_h belastungsunabhängig konstant zu halten, muß die innere Spannung U_i proportional zur Statorfrequenz f_S geführt werden; aus den Gln. (102) und (103) folgt

$$U_i = j\omega_S L_{Sh} I_\mu \; . \tag{113}$$

Zwischen der inneren Spannung U_i und der Statorspannung U_S liegt der Spannungsfall an der Statorimpedanz (Bild 126). Die erforderliche Statorspannung ergibt sich zu

$$U_S = R_S I_S + j\omega_S (L_{Sh} I_\mu + L_{S\sigma} I_S) \; . \tag{114}$$

Wird zunächst ein stationärer Betrieb mit konstantem Gegenmoment bei konstanten Hauptfluß vorausgesetzt, so sind (siehe Bild 127) I_μ und I_S konstant. Die Statorspannung U_S setzt sich dann nach Gl. (114) aus einem konstanten und einem der Statorfrequenz proportionalen Anteil zusammen.

Bei Belastung der Maschine im Motorbetrieb mit Nennmoment ergibt sich bei variabler Statorfrequenz f_S für die Statorspannung U_S die Ortskurve nach Bild 130a. Bei $f_S = 0$ ist für die Deckung des Spannungsfalls am ohmschen Statorwiderstand R_S eine Statorspannung der Größe

$$U_S = R_S I_S$$

aufzubringen. Im Bild 130b ist die entsprechende Ortskurve der Spannung U_S für den Leerlauffall und im Bild 130c für den Fall der generatorischen Belastung mit Nennmoment wiedergegeben. Das Bild 130 insgesamt zeigt, daß die Spannung U_S, die

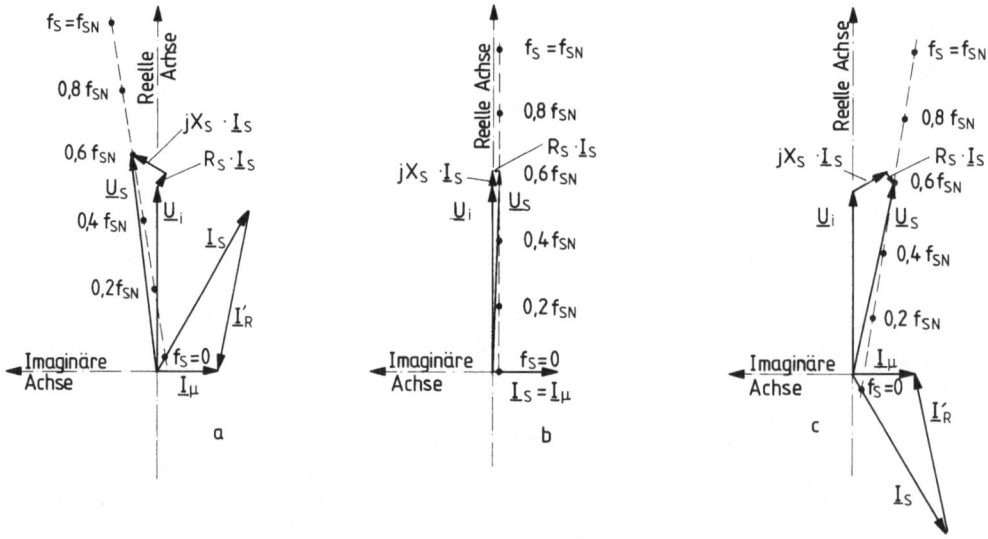

Bild 130. Ortskurve der Statorspannung U_S einer Drehstrom-Asynchronmaschine in Abhängigkeit von der Statorfrequenz f_S bei konstantem magnetischem Fluß $\Psi_h = \Psi_{hN}$. **a** bei Motorbetrieb mit Nennmoment; **b** im Leerlauf; **c** bei Generatorbetrieb mit Nennmoment

an eine Drehstrom-Asynchronmaschine gelegt werden muß, um diese mit konstantem Hauptfluß Ψ_h zu betreiben, nicht nur von der Statorfrequenz, sondern auch vom Belastungszustand abhängt [93].

Die bisherigen Überlegungen galten für den Grunddrehzahlbereich, in dem die Deckenspannung der Drehspannungs- oder der Drehstromquelle ausreicht, um den magnetischen Hauptfluß Ψ_h der Asynchronmaschine auf dem Nennwert Ψ_{hN} zu halten. Ebenso wie die stromrichtergespeiste Gleichstrom-Kommutatormaschine oder die stromrichtergespeiste fremderregte Synchronmaschine kann auch die stromrichtergespeiste Drehstrom-Asynchronmaschine in den Feldschwächbereich gefahren werden. Ähnlich wie für die Gleichstrommaschine im Abschnitt 2.5.6 anhand des Bildes 45 und der Tabelle 7 beschrieben, geht im Feldschwächbereich bei konstanter Größe der inneren Spannung U_i der Hauptfluß Ψ_h umgekehrt proportional mit der Statorfrequenz f_s zurück. Bei Betrieb mit konstantem U_i und steigendem f_s wird der Durchmesser der Stromortskurve kleiner, da der Durchmesserstrom $I'_{R\infty}$ nach Gl. (106) ebenfalls umgekehrt proportional zur Statorfrequenz abnimmt. Linear proportional mit dem Kreisdurchmesser wird auch die dem Kippmoment entsprechende maximale Wirkkomponente des Rotorstroms I'_R kleiner, so daß sich das Kippmoment im Feldschwächbereich unter Berücksichtigung von Gl. (105) mit

$$M_K = \frac{K_4}{f_s^2}$$

für $U_i = U_{iN}$ angeben läßt, wobei K_4 eine Proportionalitätskonstante ist.

3.3.2 Statorspannungs-Statorfrequenz-Kennliniensteuerung

3.3.2.1 Steuerkennlinie

Um den Hauptfluß Ψ_h der Drehstrom-Asynchronmaschine konstant zu halten, muß deren innere Spannung U_i gemäß Gl. (113) proportional zur Statorfrequenz f_S verändert werden. Die innere Spannung U_i kann nicht direkt gemessen werden. Meßtechnisch leicht zugänglich ist dagegen die Statorspannung U_S. Diese ist jedoch, konstanter Hauptfluß vorausgesetzt, zur Statorfrequenz f_S nicht direkt proportional, wie aus Gl. (114) und aus Bild 130 zu entnehmen ist.

In Bild 131 sind die für einen konstanten Hauptfluß Ψ_h einzuhaltenden Statorspannungs-Statorfrequenz-Steuerkennlinien für die schon im Bild 130 gezeigten Betriebszustände Motorbetrieb mit Nennmoment, Leerlauf und Generatorbetrieb mit Nennmoment dargestellt. Es zeigt sich, daß den unterschiedlichen Lastzuständen auch unterschiedliche U_S-f_S-Kennlinien zugeordnet sind. Wird ein linearer Zusammenhang für die U_S-f_S-Kennliniensteuerung vorgegeben, also z.B.

$$\frac{U_S}{U_{SN}} = \frac{f_S}{f_{SN}} , \qquad (115)$$

so läßt sich eine Asynchronmaschine im oberen Frequenzbereich und damit im oberen Drehzahlbereich mit näherungsweise konstantem Hauptfluß betreiben. Mit gegen Null gehender Statorfrequenz f_S geht dann jedoch auch der Effektivwert U_S der Statorspannung gegen Null. Von einem Betrieb mit konstantem Hauptfluß kann deshalb bei kleinen Statorfrequenzen und der Zuordnung nach Gl. (115) keine Rede

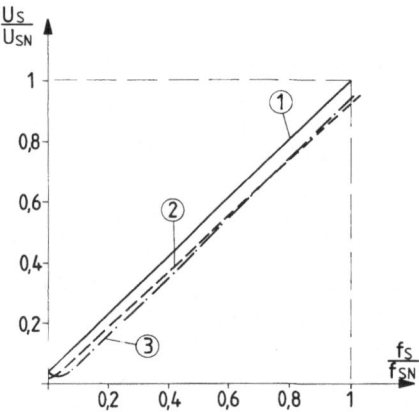

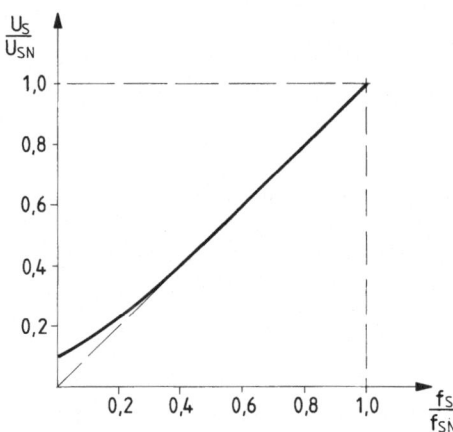

Bild 131. Für den Betrieb einer Drehstrom-Asynchronmaschine bei konstantem magnetischen Hauptfluß $\Psi_h = \Psi_{hN}$ erforderliche Statorspannung U_S als Funktion der Statorfrequenz. 1 bei Motorbetrieb mit Nennmoment, 2 im Leerlauf, 3 bei Generatorbetrieb mit Nennmoment

Bild 132. Statorspannungs-Statorfrequenz-Kennlinie für die Kennliniensteuerung

mehr sein, vielmehr gehen wegen des endlichen Statorwiderstands R_S mit f_S und U_S auch I_μ und Ψ_h gegen Null. Die Drehmoment-Drehzahl-Kennlinien des Bildes 129, die für $\Psi_h = \Psi_{hN}$ gezeichnet wurden, gelten dann nicht mehr, mit abnehmender Statorfrequenz werden die Kippmomente kleiner und motorische sowie generatorische Kippmomente weichen deutlich voneinander ab.

Um auch im Bereich kleiner Statorfrequenzen und damit kleiner Drehzahlen ein hinreichend großes Beschleunigungsmoment zum Hochfahren des Antriebs aufbringen zu können, ist eine Statorspannungs-Statorfrequenz-Kennlinie nach Bild 132 vorzugeben. Für $f_S = 0$ ist die Spannung U_S so weit anzuheben, daß das bei kleinen Drehzahlen geforderte maximale Drehmoment aufgebracht werden kann [35]. Werden Statorspannung und Statorfrequenz entsprechend der Kennlinie des Bildes 132 einander zugeordnet, so ist der Hauptfluß im oberen Frequenzstellbereich näherungsweise konstant, im unteren dagegen stark belastungsabhängig. Im Generatorbetrieb, bei Leerlauf und auch noch bei Nennbelastung im Motor ist er bei kleinen Werten der Statorfrequenz zu groß, wie aus einem Vergleich der Bilder 131 und 132 zu entnehmen ist. In Bild 132 wurde für $f_S = 0$ der Wert U_S/U_{SN} gegenüber dem der Kurve 1 des Bildes 131 verdoppelt, d.h. I_S steigt auf den doppelten Wert an und der Nennfluß wird bei den zugrunde gelegten Maschinendaten etwa bei Belastung mit 1,8fachen Nennmoment erreicht. Bei Drehmomentwerten $M_M \langle 1{,}8M_N$ und $f_S \approx 0$ wird die Maschine somit übererregt betrieben ($\Psi_h \rangle \Psi_{hN}$).

3.3.2.2 Schaltungsbeispiele

In der Literatur wurden in den letzten 25 Jahren elektrische Antriebe mit Statorspannungs-Statorfrequenz-Kennliniensteuerung in einer großen Anzahl von Varianten beschrieben [24,72,94 — 97], die sich sowohl bezüglich der Drehspannungs- bzw. der Drehstromquellen als auch in der überlagerten Steuerung und Regelung von einander unterscheiden. Im folgenden werden beispielhaft drei unterschiedliche Ausführungen besprochen, die typische Anwendungsfälle, den Gruppenantrieb und den Einzelantrieb, darstellen.

Gruppenantrieb

Bei Gruppenantrieben werden mehrere Drehstrommaschinen an eine gemeinsame Sammelschiene angeschlossen, deren Spannung nach Frequenz und Größe entsprechend einer Statorspannungs-Statorfrequenz-Kennlinie (Bild 132) verstellt werden kann. In Bild 133 ist als Drehspannungsquelle ein Umrichter mit Spannungszwischenkreis vorgesehen. Die Höhe der Spannung im Zwischenkreis wird über den Steuerwinkel α_1 des netzseitigen Stromrichters SR1 eingestellt. Eine LC-Glättung sorgt dafür, daß am Gleichspannungseingang des Stromrichters SR2 eine gut geglättete Gleichspannung ansteht. Der selbstgeführte Stromrichter SR2 schaltet die Gleichspannung abschnittsweise in 120°-Blöcken auf die Drehstromsammelschiene durch. Der zeitliche Verlauf einer Außenleiterspannung U_{aL} am Umrichterausgang, die gleich der Klemmenspannung U_{UV} ist, zeigt Bild 134.

Der Effektivwert U_a der Ausgangsspannung kann über die Größe der Gleichspannung U_d im Zwischenkreis verstellt werden; unter idealisierenden Bedingungen gilt

$$U_{aL} = \sqrt{\frac{2}{3}}\, U_d = 0{,}816 U_d \,. \tag{116}$$

Die Frequenz f_a der Ausgangsspannung ist der dem Steuersatz 2 (Bild 133) zugeführten Steuerfrequenz f_{st} proportional.

Bei Gruppenantrieben kommt es darauf an, daß alle parallelgespeisten Maschinen die gleiche oder näherungsweise die gleiche Drehzahl haben; an die Dynamik der Drehzahlverstellung werden meist keine hohen Forderungen gestellt. Einsatzbeispiele sind Rollgangsantriebe und die zu einer Spinnmaschine für die Herstellung synthetischer Fasern gehörenden Antriebe. Werden nur angenähert gleiche Drehzahlen der einzelnen Maschinen gefordert, so können Asynchronmaschinen eingesetzt werden; sind genau gleiche Drehzahlen erwünscht, so ist der Einsatz von permanenterregten Synchronmaschinen üblich.

Im Beispiel des Bildes 133 wird eine der gewünschten Ausgangsfrequenz proportionale Spannung u_f^* vorgegeben. Wird vorausgesetzt, daß u_f^* sich sprunghaft ändern kann, so ist ein Hochlaufgeber, wie er in Abschnitt 2.5.5 beschrieben wurde, vorzusehen. Dieser formt das Signal u_f^*, das einen beliebigen zeitlichen Verlauf haben kann, in ein Signal u_f mit zulässiger Anstiegs- und Abfallsteilheit um. Der zulässige du_f/dt_t-Wert ist dabei so zu wählen, daß beim Beschleunigen die Maschinen nicht über ein vorgegebenes maximales Drehmoment unterhalb des Kippmoments hinaus belastet werden. Beim Verzögern muß sich, wenn der im Schaltplan des Bildes 133 nur gestrichelt eingezeichnete Bremsstromrichter nicht vorhanden ist, der Antrieb am Gegenmoment abbremsen können.

Das Signal u_f wird auf zwei Kanälen weiterverarbeitet, einmal wird es in einem Funktionsgeber entsprechend der Statorspannungs-Statorfrequenz-Kennlinie in die Führungsgröße u_{aw} der Ausgangsspannung überführt und zum anderen in einem

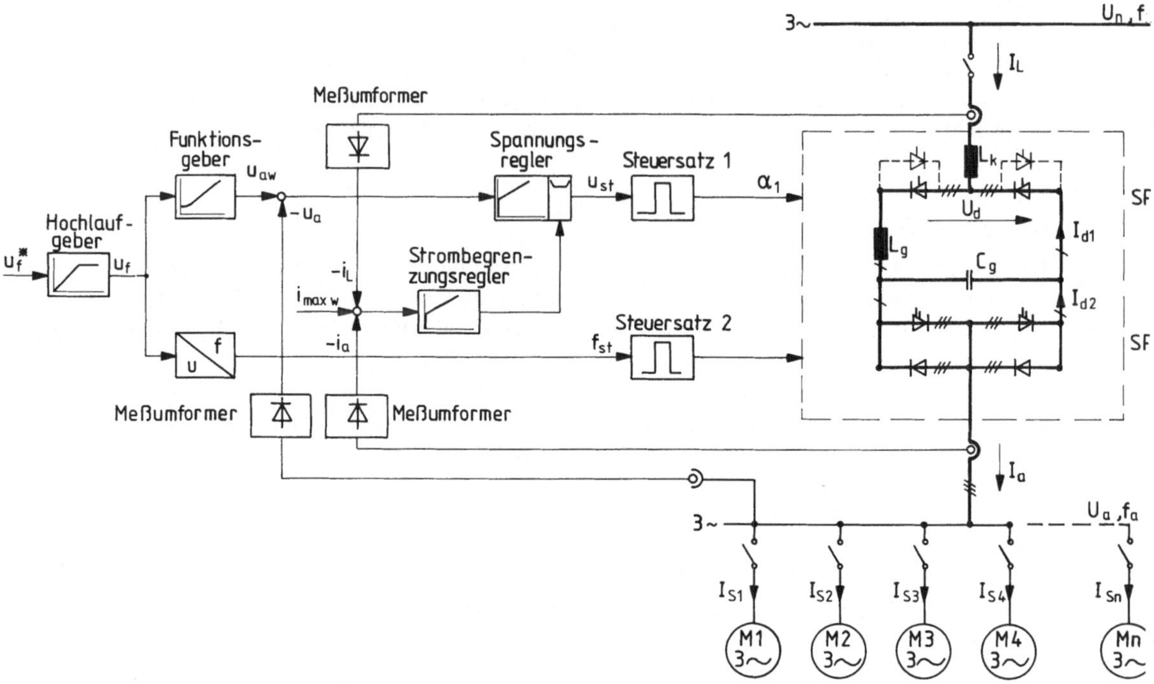

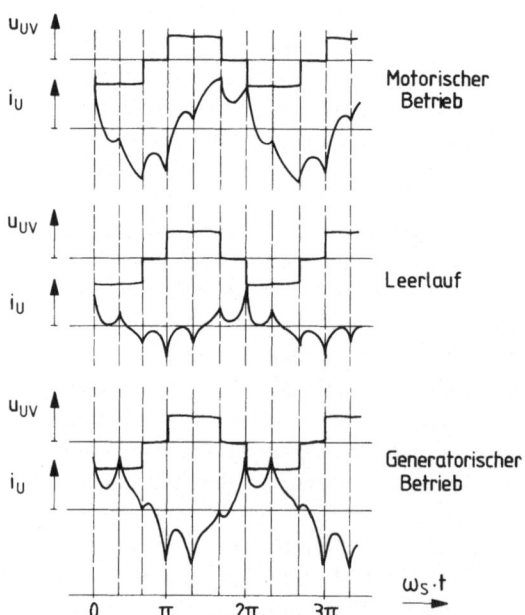

Bild 133. Über Umrichter mit Spannungszwischenkreis und variabler Zwischenkreisspannung gespeister Gruppenbetrieb mit Frequenzsteuerung und Spannungsregelung – grundsätzlicher Schaltplan

Bild 134. Zeitlicher Verlauf der Statorspannung U_{UV} und des Strangstroms I_U einer über den Stromrichter nach Bild 133 gespeisten Drehstrom-Asynchronmaschine

Spannungs-Frequenzwandler in die Steuerfrequenz f_{st} des Steuersatzes 2 umgesetzt. Die Regeldifferenz aus Führungsgröße u_{aw} und Regelgröße u_a wird dem Spannungsregler, einem Regler mit PI-Verhalten, zugeführt. Dieser wirkt über die Steuerspannung u_{st} so auf den Stromrichter SR1 ein, daß im stationären Betrieb

$$u_{aw} - u_a = 0$$

wird. Um eine Überlastung des Antriebs zu vermeiden, kann, wenn SR1 nicht als Umkehrstromrichter ausgebildet ist, ein Strombegrenzungsregler vorgesehen werden, der über die Ausgangsbegrenzung des Spannungsreglers die Aussteuerung und damit sowohl die Gleichspannung U_d als auch die Ausgangsspannung U_a zurücknimmt, wenn die Summe aus netzseitigem Leiterstrom I_L und Ausgangsstrom I_a einen vorgegebenen maximalen Wert ($i_{max\ w}$) übersteigt. Muß der Antrieb, wie z.B. bei Rollgängen, ein Bremsmoment aufbringen können, so ist auf der Netzseite ein Umkehrstromrichter in Form einer kreisstromfreien Gegenparallelschaltung erforderlich. Für diesen Anwendungsfall empfiehlt es sich dem Spannungsregelkreis einen Stromregelkreis zu unterlagern und diesen nach Bild 57 auszuführen.

Im Bild 134 ist neben der Klemmenspannung U_{UV}, deren zeitlicher Verlauf von der Art der Belastung weitgehend unabhängig ist [24], der Strangstrom I_U einer an den Umrichter angeschlossenen Asynchronmaschine für die Belastungsfälle motorischer Betrieb, Leerlauf und generatorischer Betrieb nach Oszillogrammen aufgezeichnet. Die nicht sinusförmige Spannung hat nicht sinusförmige Ströme zur Folge. Diese rufen, wie im Abschnitt 3.3.5 gezeigt werden wird, einerseits zusätzliche Verluste und andererseits störende Pendelmomente hervor, die insbesondere bei kleiner Ausgangsfrequenz zu einem hohen Wechselanteil im zeitlichen Verlauf der Drehzahl führen. Auch die Abstrahlung von unzulässig starkem elektromagnetischen Geräusch kann durch die Oberschwingungen in Statorspannung und Statorstrom der Maschine verursacht werden.

Ist schnelle Bremsung des Antriebs und damit Rückspeisung der Bremsenergie in das Drehstromnetz nicht erforderlich, so kann der Umrichter auch nach dem grundsätzlichen Schaltplan des Bildes 135 ausgeführt werden. Der netzseitige Stromrichter ist hier ungesteuert, d.h. dem Drehstromnetz wird keine Steuerblindleistung entnommen. Der Leistungsfaktor gegenüber dem Netz ist somit im Teildrehzahlbereich erheblich besser als der des Antriebs nach Bild 133.

Der Umrichter nach Bild 135 benötigt zwei LC-Glättungskreise. L_{g1} und C_{g1} sorgen dafür, daß am Eingang des Gleichstromstellers SR3 eine gut geglättete Gleichspannung U_{d1} ansteht. Die Steuerung der Eingangsgleichspannung des selbstgeführten Stromrichters SR2, die nach Gl. (116) der Ausgangsdrehspannung U_a proportional ist, erfolgt über den Gleichstromsteller SR3. Dessen gepulste Ausgangsspannung wird mit L_{g2} und C_{g2} geglättet, so daß dem selbstgeführten Stromrichter SR3 eine gut geglättete Eingangsgleichspannung U_{d2} zur Verfügung steht.

Steuerung und Regelung können, bis auf den Steuersatz 1, wie im Schaltplan des Bildes 133 dargestellt, aufgebaut sein. Der Steuersatz 1 liefert hier nicht mit der Netzspannung synchronisierte Steuerimpulse mit dem Steuerwinkel α_1, sondern er verstellt in Abhängigkeit von der Steuerspannung u_{st} das Einschaltzeitverhältnis und damit die Aussteuerung des Gleichstromstellers SR3. Klemmenspannung U_{UV} und Strangstrom I_U einer der gespeisten Drehstrom-Asynchronmaschinen entsprechen in ihrem zeitlichen Verlauf dem in Bild 134 dargestellten.

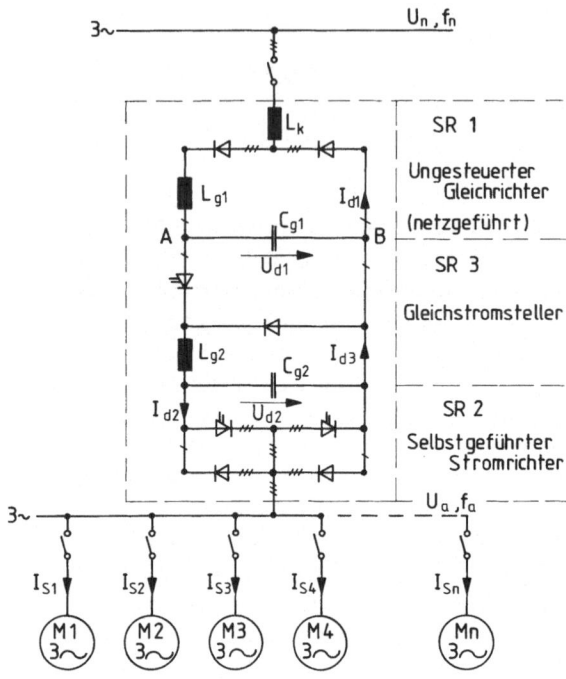

Bild 135. Umrichter mit Spannungszwischenkreis zur Mehrmotorenspeisung – grundsätzlicher Schaltplan des Leistungsteils. Die Ausgangsspannung wird über einen Gleichstromsteller im Zwischenkreis gestellt

Einzelantrieb

Wird ein Einzelantrieb verlangt, der in allen vier Quadranten der Drehmoment-Drehzahlebene betrieben werden kann, so stellt der Umrichter mit Stromzwischenkreis eine günstige Lösung dar. Der maschinenseitige Stromrichter kann mit Phasenfolgelöschung [20,98], wie im grundsätzlichen Schaltplan des Bildes 136 dargestellt, betrieben werden. Im Gegensatz zum Antrieb nach Bild 133 ist hier der Frequenzsteuerung noch eine Drehzahlregelung überlagert.

Um eine sprunghafte Änderung des Ausgangssignals u_f des Drehzahlreglers zu vermeiden, ist dem Drehzahlregelkreis im Führungsgrößeneingang ein Hochlaufgeber vorgeschaltet. Die Regelgröße n der Drehzahl wird im Schaltplanbeispiel (Bild 136) von einer Gleichstrom-Tachomaschine geliefert. Der Drehzahlregler, ein PI-Regler, verstellt seine Ausgangsgröße u_f so, daß im stationären Betrieb Führungsgröße n_w und Regelgröße n gleich groß sind ($n_w - n = 0$). Das Drehzahlregler-Ausgangssignal u_f wird zwei Funktionsgebern zugeführt. Der obere bildet aus u_f über die Statorspannungs-Statorfrequenz-Kennlinie die Führungsgröße u_{Sw} der Statorspannung, der untere überführt u_f in $|u_f|$. Diese Steuergröße wird in einem Spannungs-Frequenzwandler in die der Statorfrequenz proportionale Steuerfrequenz f_{st} umgesetzt, die dem Steuersatz 2 zugeführt wird. Dieser benötigt noch die Information sign ω_S, um über die Reihenfolge der Steuerimpulse für die einzelnen Thyristoren die erforderliche Richtung des Drehfelds in der Asynchronmaschine vorgeben zu können. sign ω_S entspricht dem Vorzeichen von u_f und kann vom Drehzahlregler abgegriffen werden.

Dem Eingang des Spannungsreglers wird die Regeldifferenz $u_{Sw} - u_S$ zugeführt. Sein begrenzter Ausgang gibt dem unterlagerten Stromregelkreis die Führungsgröße i_{dw} vor. Umrichter und Stromregelkreis können gemeinsam als Drehstromquelle nach

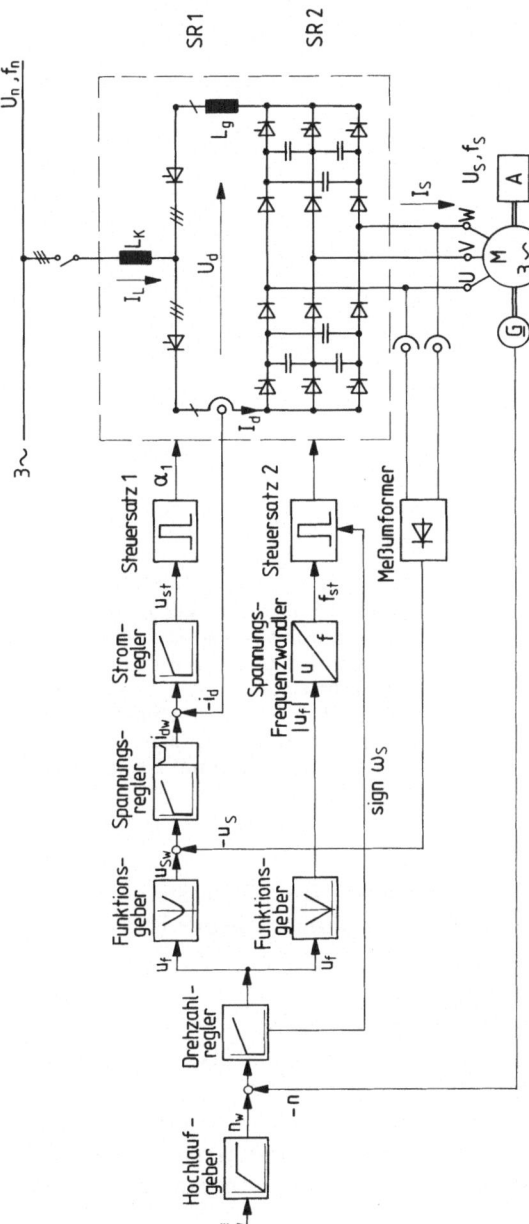

Bild 136. Über Umrichter mit Stromzwischenkreis gespeiste Drehstrom-Asynchronmaschine mit Kurzschlußläufer – grundsätzlicher Schaltplan bei Drehzahlregelung nach dem Statorspannungs-Statorfrequenz-Kennlinienverfahren mit unterlagerter Spannungs- und Stromregelung

$$\omega_S = const.; \quad \Psi_h = \Psi_{hN}$$

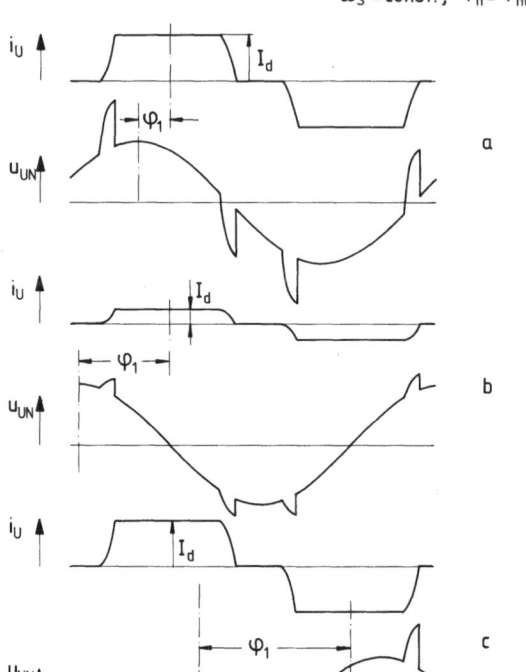

Bild 137. Zeitlicher Verlauf des Strangstroms I_U und der Strangspannung U_{UN} der Drehstrom-Asynchronmaschine im Antrieb nach Bild 136. **a** Motorbetrieb mit Nennmoment; **b** Leerlauf; **c** Generatorbetrieb mit Nennmoment

Bild 125 aufgefaßt werden, da der Zwischenkreisstrom I_d und der Statorstrom I_S einander proportional sind. Nach der idealisierten Stromrichtertheorie ist

$$I_S = \sqrt{\frac{2}{3}}\, I_d = 0{,}816 I_d \; . \tag{117}$$

Der Drehstromquelle des Bildes 136 werden über i_{dw} die Größe und über f_{st} und sign ω_S die Winkelgeschwindigkeit ω_S des Statorstroms I_S vorgegeben.

Der zeitliche Verlauf des Strangstroms I_U und der Sternspannung U_{UN} der Drehstrom-Asynchronmaschine ist für die Betriebszustände Motorbetrieb, Leerlauf und Generatorbetrieb in Bild 137 dargestellt. Der Verlauf der Sternspannung ist, von den durch die Kommutierung des Gleichstroms in den nächsten Wicklungsstrang bedingten Spitzen abgesehen, angenähert sinusförmig, der des Strangstroms angenähert blockförmig. Der Statorstrom der Asynchronmaschine enthält neben der Grundschwingung Oberschwingungen, die zusätzliche Verluste und Pendelmomente verursachen; darüber hinaus können sie Anlaß für unzulässig starke elektromagnetisch angeregte Geräusche sein.

3.3.3 Statorstrom-Rotorfrequenz-Kennliniensteuerung

3.3.3.1 Steuerkennlinien für konstanten magnetischen Hauptfluß

Wie Abschnitt 3.3.2 entnommen werden kann, läßt sich mit der U_S-f_S-Kennliniensteuerung der magnetische Hauptfluß der Asynchronmaschine auch im stationären Betrieb nicht unabhängig von der Größe des Gegenmoments auf seinem Nennwert halten. Insbesondere bei kleinen Werten der Statorfrequenz, bei denen der ohmsche Statorwiderstand R_S den Stator-Streublindwiderstand $X_{S\sigma}$ überwiegt, ergibt sich eine starke Abhängigkeit des Hauptflusses vom Belastungszustand. Für geregelte Antriebe, die auch bei kleinen Drehzahlen im ganzen Drehmomentstellbereich Betrieb machen müssen, war eine bessere Lösung zu suchen und zu finden.

Anhand des Bildes 128 wurde dargelegt, daß es bei konstantem Hauptfluß im stationären Betrieb eine feste Zuordnung zwischen der Größe des Rotorstroms I'_R und der Rotorfrequenz f_R gibt (Bild 128c). Wird nun andererseits der Rotorstrom I'_R in Abhängigkeit von der Rotorfrequenz f_R, die sich drehmomentabhängig einstellt, stets so geführt, daß die Zuordnung von I'_R und f_R der Ortskurve des Bildes 128c entspricht, so wird der Hauptfluß im stationären Betrieb konstant gehalten.

Aus Bild 128c ist ersichtlich, daß die Winkelgeschwindigkeit ω'_R beim Übergang vom Motorbetrieb in den Generatorbetrieb ihr Vorzeichen wechselt. Da die Frequenz nicht negativ werden kann, wird im folgenden statt mit f_R mit ω'_R gerechnet, um die Betriebsarten eindeutig bezeichnen zu können.

Da die Größen I'_R und f_R bzw. ω'_R nicht direkt vorgegeben bzw. gemessen werden können, empfiehlt es sich, auf besser zugängliche Größen auszuweichen.

Relativ leicht sind die Größen Statorstrom I_S und Statorfrequenz f_S der Maschine vorzugeben, die Drehzahl n bzw. die mechanische Winkelgeschwindigkeit ω_{mech} sind meßtechnisch gut zu erfassen. Die Winkelgeschwindigkeit des im Luftspalt der Maschine umlaufenden Drehfelds ist in einem statorfesten Bezugssystem

$$|\omega_{mech\ sy}| = \frac{2\pi}{p} f_S \, , \qquad (118)$$

wobei p die Polpaarzahl ist. Andererseits läuft in einem rotorfesten Bezugssystem das Drehfeld mit der Winkelgeschwindigkeit

$$|\omega_R| = \frac{2\pi}{p} f_R \qquad (119)$$

um, wobei

$$\omega_R = \omega_{mech\ sy} - \omega_{mech} \qquad (120)$$

ist. Die Winkelgeschwindigkeit der elektrischen Rotorgrößen U_R und I_R ist

$$|\omega'_R| = 2\pi f_R \, . \qquad (121)$$

Aus den Größen f_S und ω_{mech} läßt sich somit über die Gln. (118) bis (120) die Größe f_R gewinnen. Der Zusammenhang zwischen Statorstrom I_S, Rotorstrom I'_R und Magnetisierungsstrom I_μ kann der Statorstrom-Ortskurve nach Bild 138 entnommen werden.

Um den Hauptfluß Ψ_h der Maschine im stationären Betrieb auf seinem Nennwert zu halten, sind Statorstrom I_S und Rotorfrequenz f_R oder Winkelgeschwindigkeit ω'_R

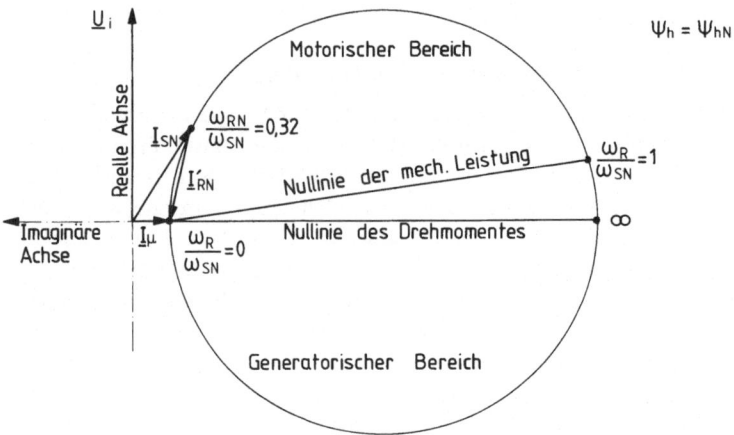

Bild 138. Ortskurve des Statorstroms einer stromverdrängungsfreien Drehstrom-Asynchronmaschine bei konstantem magnetischen Fluß Ψ_h

des Läuferstroms I_R nach Gln. (121) einander nach einer Kennlinie, der I_S-ω'_R-Steuerkennlinie, fest zuzuordnen. Diese Kennlinie kann z.B. durch eine graphische Auswertung der Bilder 128c und 138 gewonnen oder auch aus der Statorspannungsgleichung

$$U_S = [R_S + j\omega_S(L_{S\sigma} + L_{Sh})]I_S - j\omega_S L_{Sh} I'_R ,\qquad (122)$$

der Rotorspannungsgleichung

$$0 = \left[\frac{\omega'_S}{\omega'_R} R'_R + j\omega_S(L'_{R\sigma} + L_{Sh})\right] I'_R - j\omega_S L_{Sh} I_S \qquad (123)$$

und der Stromgleichung

$$I_\mu = I_S - I'_R \qquad (124)$$

für konstanten Magnetisierungsstrom I_μ abgeleitet werden. Die Gln. (122) bis (124) beschreiben die Funktion des einsträngigen Ersatzschaltplans nach Bild 126, wobei

$$\omega_S L_{S\sigma} = X_{S\sigma} ,$$

$$\omega_S L_{Sh} = X_{Sh}$$

und

$$\omega_S L'_{R\sigma} = X'_{R\sigma}$$

zu setzen sind. Da der Zusammenhang zwischen der Rotorfrequenz f_R bzw. der Winkelgeschwindigkeit ω'_R des Rotorstroms I_R und dem Statorstrom I_S gesucht ist, wurde in der Rotorspannungsgleichung (123) anstelle des sonst üblichen Schlupfes s [99] das Verhältnis der Winkelgeschwindigkeiten der Rotor- und der Statorgrößen nach Gl. (107) eingesetzt.

Liegt die I_S-ω'_R-Kennlinie für $\Psi_h = \Psi_{hN}$ vor und ist auch die zugehörige $M_M - \omega'_R$-Kennlinie bekannt, so können I_S und ω'_R über dem Drehmoment M_M aufgetragen

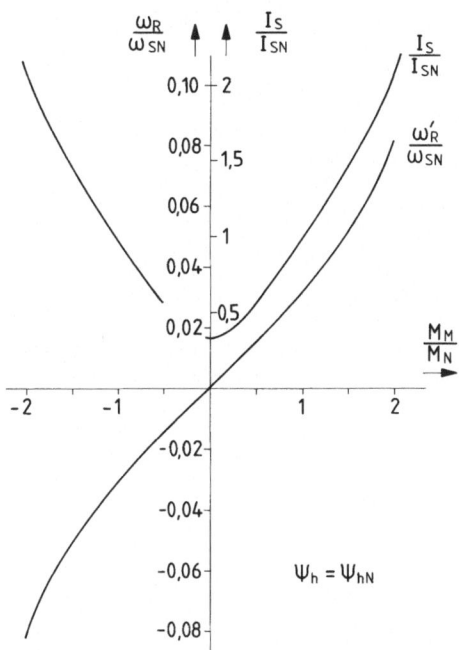

Bild 139. Abhängigkeit des Statorstroms I_S und der Rotor-Kreisfrequenz ω_R' vom Drehmoment M_M bei der durch Bild 138 beschriebenen Drehstrom-Asynchronmaschine

werden (Bild 139). Damit liegen die Steuerfunktionen $I_S = f(M_M)$ und $\omega_R' = f(M_M)$ in der Form vor, wie sie für einen drehzahlgeregelten Antrieb mit einer unterlagerten Drehmomentregelung nach Bild 140 benötigt werden.

3.3.3.2 Schaltungsbeispiel

Besonders einfach läßt sich, da der Zusammenhang zwischen der Führungsgröße m_w des Drehmoments und der Führungsgröße i_{Sw} des Statorstroms dem Bild 139 entnommen werden kann, ein Antrieb verwirklichen, dessen Drehstrom-Asynchron-maschine aus einer Drehstromquelle gespeist wird (Bild 140). Die Regeldifferenz $(n_w - n)$ des Drehzahlkreises bewirkt über den Drehzahlregler, der PI-Verhalten hat, die für den jeweiligen Betriebszustand erforderliche Führungsgröße m_w des Drehmo-ments. Diese wird in zwei Funktionsgebern entsprechend den Kennlinien des Bildes 139 in Führungsgrößen für die Größe des Statorstroms I_S und für die Winkelgeschwin-digkeit ω_R' umgeformt. Die Führungsgröße i_{Sw} wird direkt der Drehstromquelle zugeführt.

Aus der Führungsgröße ω'_{Rw} muß die für die Drehstromquelle erforderliche Steuergröße ω_S, also die Winkelgeschwindigkeit des Statorstroms gewonnen werden. Die Regelgröße n der Drehzahl, die der mechanischen Winkelgeschwindigkeit ω_{mech} des Rotors proportional ist, kann mit Hilfe der Gln. (118) bis (121) in einem Meßformer in

$$p\omega_{mech} = \omega_S - \omega_R' \tag{125}$$

überführt werden. Dem Summationspunkt am Eingang des Läuferfrequenz-Reglers werden die Größen ω'_{Rw}, $\omega_S - \omega_R'$ und $-\omega_S$ zugeführt. Durch das PI-Verhalten des

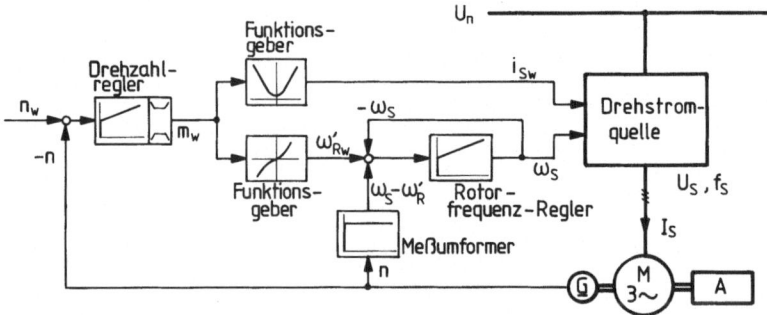

Bild 140. Drehzahlgeregelte, aus einer geregelten Drehstromquelle nach dem Statorstrom-Rotorfrequenz-Kennlinienverfahren gespeiste Drehstrom-Asynchronmaschine – grundätzlicher Schaltplan

Reglers wird im stationären Betrieb ω_S so geführt, daß

$$\omega'_{Rw} + (\omega_S - \omega'_R) - \omega_S = 0$$

wird; das ist der Fall, wenn $\omega'_{Rw} = \omega'_R$ ist. Der Drehstromquelle des Bildes 140 wird damit als Führungsgröße der Statorstroms I_S nach Größe und Winkelgeschwindigkeit vorgegeben, und es wird ein der Führungsgröße entsprechender Drehstrom in die Statorwicklung der Drehstrom-Asynchronmaschine eingeprägt.

Unter der Voraussetzung, daß die in den Gln. (122) und (123) enthaltenen Wirk- und Blindwiderstände der Asynchronmaschine sich während des Betriebs nicht ändern, kann im stationären Betrieb ein nach dem vorstehend beschriebenen I_S-f_R-Kennlinienverfahren arbeitender Antrieb mit näherungsweise konstantem Hauptfluß Ψ_h gefahren werden. Im realen Fall ist ein elektrischer Antrieb jedoch Lastspielen unterworfen, die Temperaturspiele im aktiven Material, insbesondere in den stator- und rotorseitigen Wicklungssträngen, zur Folge haben. Die Temperaturänderungen wirken sich auf die Blindwiderstände relativ wenig, dagegen auf die Wirkwiderstände um so stärker aus. Insbesondere die Kennlinie $\omega'_R = f(M_M)$ ist über die Größe des Rotorwiderstands R'_R stark von der Rotorwicklungstemperatur abhängig.

Soll der Hauptfluß der Maschine unabhängig vom Lastzustand und damit von der Läuferwicklungstemperatur bzw. vom Läuferwiderstand näherungsweise konstant gehalten werden, so muß die ω'_R-M_M-Kennlinie in Abhängigkeit von der Läuferwick-lungstemperatur korrigiert, sie muß temperaturkompensiert werden. Die Schwierig-keit liegt hier in der Erfassung der Rotorwicklungstemperatur, da eine direkte Messung den Einbau einer komplizierten Meßapparatur in die Maschine erfordern würde. Einfacher ist es, die Statorwicklungstemperatur meßtechnsich zu erfassen und diese als ein ungefähres Maß für die Rotorwicklungstemperatur zu nehmen. Eine bessere Annäherung an die wahren Verhältnisse läßt sich durch Einsatz eines Beobachters erreichen, dem die Klemmengrößen der elektrischen Maschine und die im Regelkreis anstehende Führungsgröße ω'_{Rw} zugeführt werden [100].

Stromrichtergespeiste Drehstrom-Asynchronmaschinen, die nach dem anhand des Bildes 140 beschriebenen oder nach einem ähnlichen Prinzipien arbeiten, wurden in den letzten 20 Jahren in zahlreichen Varianten ausgeführt. Als Leistungsteil der Drehstromquelle kann dabei sowohl ein Direktumrichter [101] als auch ein Umrich-

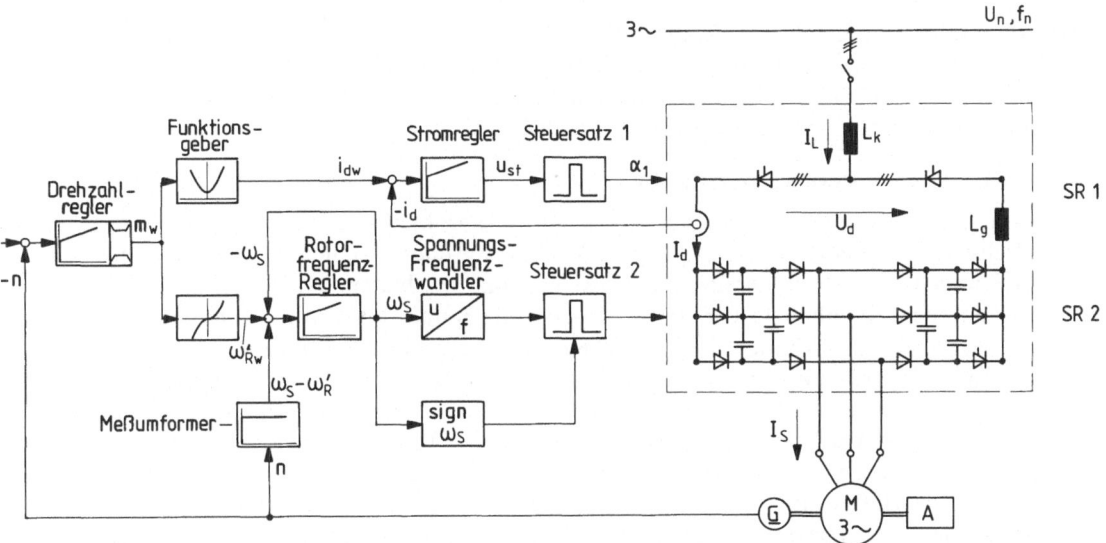

Bild 141. Über Umrichter mit Stromzwischenkreis gespeiste Drehstrom-Asynchronmaschine mit Kurzschlußläufer – grundsätzlicher Schaltplan bei Drehzahlregelung mit unterlagerter Statorstrom- und Rotorfrequenz-Regelung nach dem Stator-Rotorfrequenz-Kennlinienverfahren

ter mit Gleichspannungszwischenkreis und gepulster maschinenseitiger Ausgangsspannung [102] oder ein Umrichter mit Gleichstromzwischenkreis [103] verwendet werden.

Eine häufig eingesetzte Antriebsvariante zeigt Bild 141. Anstelle des Statorstroms I_S wird hier der Gleichstrom im Zwischenkreis als Führungsgröße i_{dw} vorgegeben. Wie im Abschnitt 3.3.2.2 anhand von Gl. (117) schon dargestellt wurde, besteht beim Stromrichter mit Stromzwischenkreis nach der idealisierten Stromrichtertheorie ein linearer Zusammenhang zwischen der Größe des Gleichstroms I_d und der des Statorstroms I_S, es darf also der Gleichstrom an Stelle des Statorstroms geregelt werden. Als Stellglied wirkt dabei der netzgeführte Stromrichter SR1, der vom Stromregler, einem PI-Regler, über die Steuerspannung u_{st} ausgesteuert wird. Der Stromregler wirkt über u_{st} so auf den Stromrichter SR1 ein, daß im stationären Betrieb die Regeldifferenz $i_{dw} - i_d = 0$ ist.

Der Gleichstrom I_d wird durch den Stromrichter SR2 blockweise auf die Statorwicklungen der Drehstrom-Asynchronmaschine geschaltet (siehe auch Bild 137), so daß sich in deren Luftspalt ein Drehfeld entsprechend der Grundschwingungs-Winkelgeschwindigkeit ω_S ausbildet. Der Betrag der vom Rotorfrequenz-Regler vorgegebenen Steuergröße ω_S wird vom Spannungs-Frequenzwandler linear in eine Pulsfrequenz umgesetzt, die dem Steuersatz 2 als Schaltfrequenz zugeführt wird. Die erforderliche Umlaufrichtung des Drehfelds wird dem Steuersatz über sign ω_S vorgegeben.

Der Antrieb nach Bild 141 ist ein Umkehrantrieb, der in allen vier Quadranten der Drehmoment-Drehzahlebene betrieben werden kann. Durch den blockförmigen Verlauf des Statorstroms, der dem in Bild 137 dargestellten entspricht, werden, wie im

Abschnitt 3.3.5 gezeigt wird, dem mittleren Maschinendrehmoment M_M Wechselanteile (Pendelmomente) überlagert, die, insbesondere bei kleiner Statorfrequenz, eine störende Welligkeit in der Drehzahl verursachen können. Eine Verbesserung läßt sich durch Pulsen des Statorstroms (siehe Abschnitt 3.3.6) erreichen.

3.3.3.3 Weitere Lösungsmöglichkeiten

Den bisher diskutierten Lösungen des Antriebsproblems „Stromrichtergespeiste Drehstrom-Asynchronmaschine" lag die Absicht zugrunde, den magnetischen Hauptfluß im Grunddrehzahlbereich möglichst konstant zu halten, um somit auch das Kippmoment unabhängig von der Statorfrequenz f_S und damit von der Drehzahl n konstant halten zu können. Bei Antrieben, die in der Lage sein müssen, plötzliche Drehmomentstöße unbekannter Höhe ohne wesentlichen Drehzahleinbruch abzufangen, ist dies bei einer Kennliniensteuerung sicherlich der richtige Weg. Andererseits gibt es jedoch Antriebe, bei denen eine sprunghafte Änderung des Gegenmoments nicht zu erwarten ist, z.B. bei Pumpen, Lüfter und Bahnen. In derartigen Fällen braucht der Hauptfluß nur dann auf seinen Nennwert gebracht zu werden, wenn die Maschine ihr Nennmoment oder ein darüber hinausgehendes Drehmoment abgeben oder aufnehmen soll. In allen anderen Fällen kann der Fluß so weit reduziert werden, daß die Asynchronmaschine im Minimum der Eisen- und Leiterverluste betrieben wird. Da insbesondere die Eisenverluste nicht nur von der Größe des magnetischen Flusses, sondern auch von seiner Frequenz abhängig sind, ist dieses Problem über Kennliniensteuerungen nicht einfach zu lösen.

Ein Lösungsansatz in dieser Richtung wurde bei Antrieben für U-Bahn-Triebwagen verwirklicht [104]. Zur Verlustreduzierung wird die Winkelgeschwindigkeit ω'_R dem Statorstrom I_S so zugeordnet, daß sich ein linearer Zusammenhang zwischen I_S und dem Hauptfluß Ψ_h unterhalb des Nennpunkts ergibt. Der genannten Veröffentlichung ist

$$\frac{\Psi_h}{\Psi_{hN}} = 0,5 + 0,5 \frac{I_S}{I_{SN}}$$

für den Grunddrehzahlbereich zu entnehmen.

3.3.4 Feldorientierte Steuer- und Regelverfahren

3.3.4.1 Einführung

Ähnlich wie in den Abschnitten 3.2.2.1 und 3.2.2.2 für die Synchronmaschine beschrieben, ermöglicht die Feldorientierung auch bei der Drehstrom-Asynchronmaschine eine getrennte, unabhängige Beeinflussung der magnetisierenden Komponente und der dazu im Zeigerdiagramm senkrecht stehenden Wirkkomponente des Statorstroms (siehe auch Bild 127). Das Drehmoment der Maschine ist dem Produkt der beiden Komponenten proportional (siehe auch Gl. (105a)), so daß sich auch bei einer stromrichtergespeisten Drehstrom-Asynchronmaschine mittels der Feldorientierung letztendlich ein ähnliches Strukturbild des drehzahlgeregelten Antriebs wie bei der stromrichtergespeisten Gleichstrommaschine (siehe Bild 37) ergibt [63,105−114].

Wie in einer Reihe von Veröffentlichungen [63,108,111] gezeigt wurde, lassen sich die Strukturbilder der Drehstrom-Asynchronmaschine, das erforderliche Entkopp-

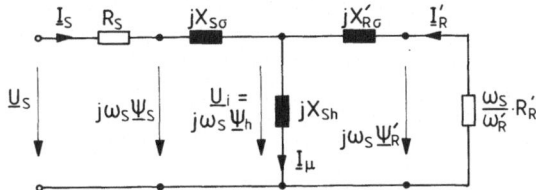

Bild 142. Einsträngiger Ersatzschaltplan der Drehstrom-Asynchronmaschine für Grundschwingungsbetrieb zur Erläuterung der Begriffe. Statorfluß Ψ_S, Hauptfluß Ψ_h und Rotorfluß Ψ'_R

lungsnetzwerks und die Regelkreise erheblich vereinfachen, wenn nicht, wie bei den bisherigen Überlegungen, der Hauptfluß Ψ_h als Regelgröße benutzt, sondern wenn stattdessen der Rotorfluß Ψ'_R herangezogen wird. Die Begriffe Statorfluß Ψ_S, Hauptfluß Ψ_h und Rotorfluß Ψ'_R werden durch die Darstellung des Bildes 142 definiert, es gilt

$$\Psi_S = \Psi_h + \Psi_{S\sigma} \,, \tag{126}$$

wobei der Statorstreufluß

$$\Psi_{S\sigma} = L_{S\sigma} I_S \tag{127}$$

ist. Weiterhin ist

$$\Psi'_R = \Psi_h - \Psi'_{R\sigma} \tag{128}$$

mit

$$\Psi'_{R\sigma} = -L'_{R\sigma} I'_R \,. \tag{129}$$

Die in den nachfolgenden Strukturbildern benutzten elektrischen und magnetischen Größen sowie die erforderlichen Winkel können den für die Grundschwingungen geltenden Raumzeigerdiagrammen der Bilder 143 und 144 entnommen werden. Die rotorfeste Bezugsachse d läuft gegenüber der α-Achse des statorfesten (α, β)-Koordinatensystems mit der Winkelgeschwindigkeit λ um.

Es ist somit

$$\omega_{\text{mech}} = \frac{1}{p} \frac{d\lambda}{dt} \,, \tag{130}$$

wobei p die Polpaarzahl ist. Das auf die Hauptflußachse bezogene (a, b)-Koordinatensystem läuft gegenüber der statorfesten α-Achse mit der Winkelgeschwindigkeit $\dot{\varphi}_S$ um. Im stationären Zustand ist

$$\omega_S = \frac{d\varphi_S}{dt} \,. \tag{131}$$

Wegen des Schlupfes der Asynchronmaschine haben die a-Achse und die d-Achse unterschiedliche Winkelgeschwindigkeiten, im stationären Zustand ist

$$\omega'_R = \frac{d}{dt} (\varphi_S - \lambda) \,. \tag{132}$$

Der Raumzeiger u_{i1} der inneren Spannung eilt dem Magnetisierungsstromzeiger $i_{\mu 1}$ bzw. dem Hauptflußzeiger ψ_{h1} um 90° voraus.

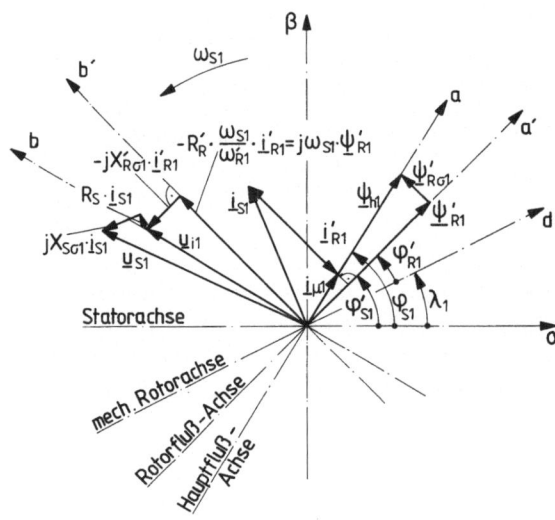

Bild 143. Raumzeigerdarstellung der Grundschwingung von Spannungen und Strömen der Drehstrom-Asynchronmaschine in Verbindung mit dem auf die Grundschwingung des Läuferflusses Ψ'_{R1} bezogenen (a', b')-Koordinatensystem

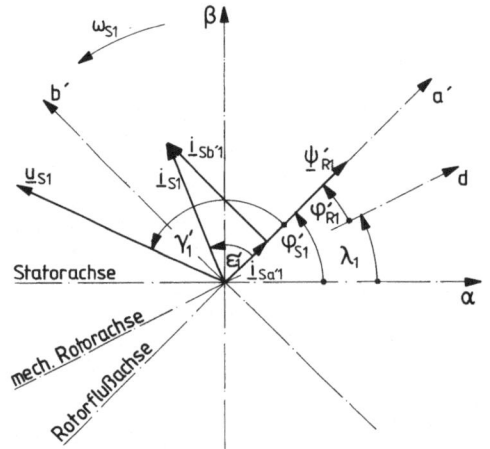

Bild 144. Raumzeigerdarstellung der Grundschwingung der Statorspannung U_S, des Rotorflusses Ψ_R, des Statorstroms I_S und der Statorstromkomponenten $I_{Sa'}$ und $I_{Sb'}$

Die Rotorspannungsgleichung (123) läßt sich umformen in

$$u_{i1} = -\underline{i}'_{R1}\left(\frac{\omega_{S1}}{\omega'_{R1}} R'_R + jX'_{R\sigma1}\right)$$

$$= j\omega_{S1}\underline{\psi}'_{R1} + j\omega_{S1}\underline{\psi}'_{R\sigma1}$$

$$= j\omega_{S1}\underline{\psi}_{h1} \,. \tag{133}$$

Der Rotorflußzeiger $\underline{\psi}'_{R1}$ eilt dem Hauptflußzeiger ψ_{h1} um die Winkeldifferenz $\varphi_{S1} - \varphi'_{S1}$ nach. Die Achse des Rotorflusses wird mit a', die darauf senkrecht stehende, die die Richtung von $-\underline{i}'_{R1}$ angibt, mit b' bezeichnet. Der Umlaufwinkel der a'-Achse gegenüber der statorfesten α-Achse ist φ'_{S1}, es gilt weiterhin

$$\varphi'_{S1} = \lambda_1 + \varphi'_{R1} \tag{134}$$

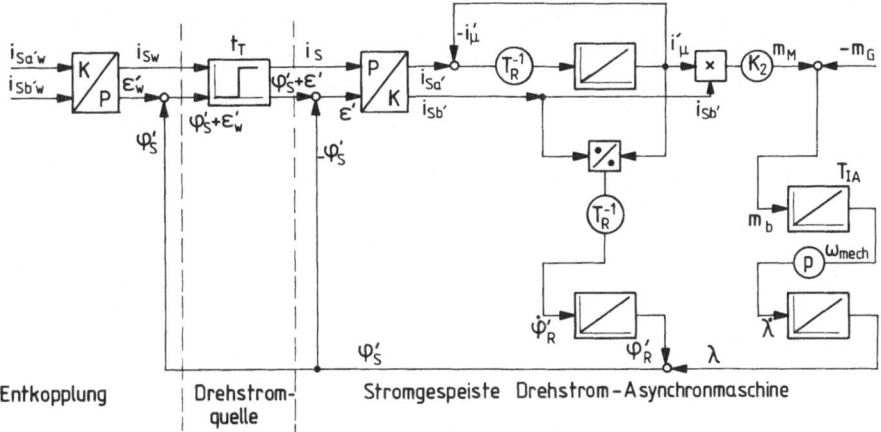

Entkopplung | Drehstrom-quelle | Stromgespeiste Drehstrom-Asynchronmaschine

Bild 145. Rotorflußorientierte Steuerung der Drehstrom-Asynchronmaschine bei meßtechnischer Erfassung des Lagewinkels φ'_S der Rotorflußachse – Strukturbild

und

$$\omega'_{R1} = \frac{d\varphi'_{R1}}{dt} \ . \tag{135}$$

Der Statorstromzeiger $\underline{i}_{S1}$ kann in die läuferflußorientierten Komponenten $i_{Sa'1}$ und $i_{Sb'1}$ zerlegt werden (Bild 144), $i_{Sa'1}$ liegt in Richtung des Rotorflußzeigers $\underline{\psi}'_{R1}$, $i_{Sb'1}$ steht senkrecht darauf. Der Winkel zwischen Statorstromzeiger $\underline{i}_{S1}$ und der a'-Achse wird mit ε'_1 bezeichnet, der des Statorspannungszeigers gegenüber der a'-Achse mit γ'_1.

Eine Strukturanalyse der aus einer Drehstromquelle gespeisten Drehstrom-Asynchronmaschine liefert die im rechten Teil des Bildes 145 dargestellte Struktur [63,105,108]. Die Drehstromquelle, üblicherweise ein Stromrichter mit der mittleren Totzeit t_T, prägt einen Statorstrom der Größe I_S und der Winkellage $\varphi'_S + \varepsilon'$ gegenüber der statorfesten α-Achse in die Statorwicklung ein. Im stationären Betrieb und bei Speisung mit sinusförmigen Statorströmen gilt

$$\frac{d\varphi'_S}{dt} = \omega_S \ ,$$

und ε' ist konstant.

In der Maschine wird der maschineneigene Umlaufwinkel φ'_S des magnetischen Rotorflußzeigers $\underline{\psi}'_R$ – seine strukturtechnische Realisierung wird weiter unten beschrieben – dem Eingangswinkel $\varphi'_S + \varepsilon'$ des Statorstromzeigers $\underline{i}_S$ gegengekoppelt, wodurch der Statorstrom in das mit der Winkelgeschwindigkeit ω_S umlaufende (a', b')-Koordinatensystem transformiert wird; der jetzt in den Polkoordinaten i_S und ε' vorliegende Statorstromzeiger $\underline{i}_S$ ist im stationären Betrieb eine zeitlich konstante Größe. Für die weiteren Überlegungen wird der Stromzeiger $\underline{i}_S$ in seine magnetisierende Komponente $i_{Sa'}$ und seine dazu senkrecht stehende Wirkkomponente $i_{Sb'}$ aufgespalten, im Strukturbild erfolgt dieser Vorgang im P.-K.-Koordinatenwandler, der die Polarkoordinatendarstellung in kartesische Koordinaten überträgt.

Aus der magnetisierenden Komponente wird über ein der Rotorzeitkonstanten T_R entsprechendes Verzögerungsglied der Magnetisierungsstrom i'_μ gebildet, der, wenn Sättigungseinflüsse vernachlässigt werden, dem Rotorfluß Ψ'_R proportional ist.

Es gilt

$$i_{Sa'} = i'_\mu + T_R \frac{di'_\mu}{dt} \ , \tag{136}$$

wobei

$$T_R = (1 + \sigma_R) \frac{L_{Sh}}{R'_R} \tag{137}$$

ist, mit der bezogenen Rotorstreuung

$$\sigma_R = L'_{R\sigma}/L_{Sh} \ . \tag{138}$$

Analog zur Gl. (105b) ergibt sich das innere Drehmoment der Asynchronmaschine zu

$$M_M = K_2 I_{Sb'} I'_\mu \ , \tag{139}$$

wobei K_2 eine Proportionalitätskonstante ist. Das Beschleunigungsmoment

$$m_b = m_M - m_G$$

wirkt über die Integrierzeit T_{IA} des Antriebs auf die mechanische Winkelgeschwindigkeit

$$\omega_{mech} = \frac{1}{p} \frac{d\lambda}{dt} \tag{140}$$

des Rotors und damit auf die Drehzahl n ein. Der Drehwinkel λ des Rotors ergibt sich durch Integration von $\dot{\lambda}$.

Aus den Größen $i_{Sb'}$ und i'_μ wird die Winkelgeschwindigkeit

$$\omega'_R = \frac{d\varphi'_R}{dt'} \tag{141}$$

der Rotorgrößen abgeleitet. Durch Integration von $\dot{\varphi}'_R$ ergibt sich der Umlaufwinkel φ'_R zwischen a'-Achse und d-Achse. Die Summe der Winkel λ und φ'_R entspricht nach Gl. (134) dem Umlaufwinkel φ'_S, der am Eingang des Maschinenstrukturbildes (Bild 145) gegengekoppelt wird.

Im Strukturbild der Asynchronmaschine sind vier Integratoren enthalten, die über die φ'_S-Rückführung gegengekoppelt betrieben werden. Das zeigt, daß die Asynchronmaschine ein schwingungsfähiges System ist. Die Aufgabe des feldorientierten Steuerverfahrens ist es, durch geeignete Steuereingriffe die Maschinengrößen i'_μ und $i_{Sb'}$ schnell und von einander entkoppelt einstellbar zu machen. Dazu wird die Wirkung der maschineninternen φ'_S-Gegenkopplung durch eine auf den Eingang der Drehstromquelle wirkende Mitkopplung, die φ'_S-Vorsteuerung kompensiert (Bild 145).

Um auf der Steuerseite die Führungsgrößen der Statorstromkomponenten $i_{Sa'}$ und $i_{Sb'}$ vorgeben zu können, muß der durch die Maschinenstruktur bedingten P.-K.-Koordinatenwandlung mit einem K.-P.-Koordinatenwandler entsprochen werden, der die in kartesischen Koordinaten feldorientiert vorgegebene Führungsgröße i_{Sw} in Polarkoordinaten transformiert. Wird zum Winkel ε' zwischen Statorstromzeiger i_S und a'-Achse noch der Drehwinkel φ'_S zwischen a'-Achse und α-Achse addiert, so wird der Drehstromquelle die Führungsgröße Statorstrom nach Größe, Winkellage und Winkelgeschwindigkeit richtig vorgegeben. Die vorstehend beschriebenen Vorgänge Koordinatenwandlung und Winkeladdition werden in der Literatur unter dem Begriff Entkopplung zusammengefaßt [105,107,108].

Unter der Voraussetzung, daß einerseits die Drehstromquelle keine Totzeit hat ($t_T \approx 0$) und es andererseits gelingt, den für die Vorsteuerung erforderlichen Drehwinkel φ_S' meßtechnisch richtig zu erfassen oder richtig zu errechnen, können die Gegenkopplungen in der Maschine durch die Mitkopplung über die Vorsteuerung vollständig kompensiert werden und die geregelte stromrichtergespeiste Drehstrom-Asynchronmaschine bekommt ein ähnlich günstiges Regelverhalten wie die stromrichtergespeiste kompensierte Gleichstrom-Kommutatormaschine. Die magnetisierende Komponente $i_{Sa'}$ und die Wirkkomponente $i_{Sb'}$ können unabhängig voneinander vorgegeben und ausgeregelt werden. Das innere Drehmoment der Drehstrom-Asynchronmaschine ist dann im stationären Betrieb dem Produkt der beiden genannten Komponenten des Statorstroms proportional.

Ein Weg zur Ermittlung des Umlaufwinkels φ_S' des Rotorflusses führt über die Messung des Hauptflusses nach Größe und Richtung im Luftspalt der Maschine [115]. Dazu sind Sensoren erforderlich, die die magnetische Flußdichte nach Größe und Vorzeichen erfassen können, z.B. Hallsonden. Letztere haben jedoch den Nachteil, daß sie mechanisch recht empfindlich sind und zu ihrem Schutz zusätzliche Nuten an der luftspaltseitigen Oberfläche des Statorblechpakets erfordern; weiterhin liegt ihre zulässige Betriebstemperatur unter der bei nach Isolierstoffklasse F isolierten Maschine zu erwartenden Zahnkopftemperatur. Da jedoch auf dem Gebiet Sensoren heute intensiv gearbeitet wird, besteht die Hoffnung, daß einmal besser geeignete Flußdichtesensoren zur Verfügung stehen werden.

Bild 146 zeigt, wie mit einer Rechenschaltung aus den im (α, β)-Koordinatensystem gemessenen Komponenten des Hauptflußzeigers $\underline{\psi}_h$ die Komponenten des Rotorflußzeigers $\underline{\psi}_R'$ bzw. des Magnetisierungsstromzeigers $\underline{i}_\mu'$ ermittelt werden können. Vom Hauptflußzeiger $\underline{\psi}_h$ ist der von der Größe des Rotorstroms abhängige Rotorstreuflußzeiger $\underline{\psi}_{R\sigma}$ abzuziehen, um $\underline{\psi}_R'$ zu erhalten (Bild 143). Die Strangströme der Maschine werden dazu zunächst von einem 3/2-Koordinatenwandler aus dem (U, V, W)-Koordinatensystem in das (α, β)-Koordinatensystem transformiert. Über die Rechenoperationen

$$i_\mu' \cos \varphi_S' = (1 + \sigma_R) i_\mu \cos \varphi_S - \sigma_R i_S \cos (\varphi_S' + \varepsilon') \qquad (142a)$$

und

$$i_\mu' \sin \varphi_S' = (1 + \sigma_R) i_\mu \sin \varphi_S - \sigma_R i_S \sin (\varphi_S' + \varepsilon') \qquad (142b)$$

werden dann die (α, β)-Komponenten des Magnetisierungsstromzeigers $\underline{i}_\mu'$ bzw. des Rotorflußzeigers $\underline{\psi}_R'$ gewonnen. Ein nachgeschalteter Vektoranalysator löst die vor-

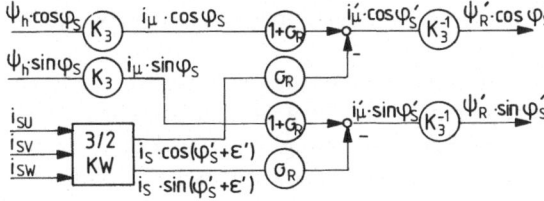

Bild 146. Ermittlung der (α, β)-Komponenten des Raumzeigers des Rotorflusses Ψ_R' aus den Statorströmen und den gemessenen Komponenten des Luftspaltflusses

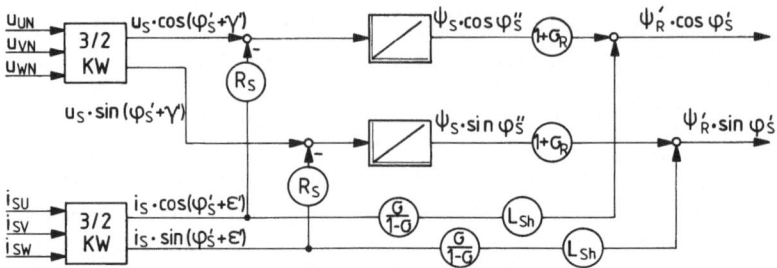

Bild 147. Ermittlung der (α, β)-Komponenten des Raumzeigers $\underline{\psi}'_R$ des Rotorflusses aus den gemessenen Stranggrößen von Statorstrom und Statorspannung über ein Spannungsmodell – Strukturmodell

stehenden Funktionen nach Betrag i'_μ bzw. Ψ'_R und den Winkelfunktionen $\cos\varphi'_S$ und $\sin\varphi'_S$ auf. Die vorstehend beschriebene Methode zur Erfassung des Magnetisierungsstroms I'_μ bzw. des Rotorflusses Ψ'_R nach Größe und Richtung hat gegenüber den mit rechentechnischen Maschinenmodellen arbeitenden Feldrechnern den großen Vorteil, daß sie einerseits von der Größe der Stratorfrequenz und andererseits von den Temperaturen sowohl der Rotor- als auch der Statorwicklung und damit von den Wicklungswiderständen der Maschine unabhängig ist.

Da der heutige Stand der Meßtechnik zur betriebsmäßigen Erfassung der magnetischen Flußdichte im Luftspalt elektrischer Maschinen aus den genannten Gründen unbefriedigend ist, werden die Raumzeiger der Größen Ψ'_R bzw. I'_μ und der Winkel φ'_S jedoch meist aus den Klemmengrößen Statorstrom und Statorspannung sowie aus der Drehzahl (Bild 150) bzw. dem Rotorpositionswinkel errechnet. Grundlage dafür sind die Maschinengleichungen (122) bis (124).

Ausgehend von der Statorspannungsgleichung (122) lassen sich die (α, β)-Komponenten des Rotorfluß-Raumzeigers $\underline{\psi}'_R$ mit der in Bild 147 dargestellten Rechenschaltung gewinnen [63], wobei

$$\sigma_S = \frac{L_{S\sigma}}{L_{Sh}} \tag{143}$$

und

$$\sigma = 1 - \frac{1}{(1+\sigma_S)(1+\sigma_R)} \tag{144}$$

zu setzen sind. φ''_S bezeichnet den Winkel zwischen dem Statorfluß-Raumzeiger $\underline{\psi}_S$ und der α-Achse. Um den Rotorfluß Ψ'_R nach Größe und Richtung hinreichend genau bestimmen zu können, müssen die Maschinenparameter L_{Sh}, $L_{S\sigma}$, $L'_{R\sigma}$ und R_S bekannt sein. Während sich die Induktivitätswerte bei Temperaturänderungen der Maschine im üblichen Bereich nur wenig ändern, ist der Statorwiderstand stark temperaturabhängig. Bei einer Änderung der Wicklungstemperatur von 100 K zwischen kalter und betriebswarmer Maschine steigt der Widerstandswert bei Kupferleitern um etwa 40 % an.

Da in der Rechenschaltung Spannungen zum Fluß integriert werden, wird sie Spannungsmodell genannt. Diese Methode hat ihren Schwachpunkt bei sehr kleinen Statorfrequenzen f_S, bei denen auch die Statorspannung U_S sehr kleine Werte annimmt. Dadurch liefert einerseits die Integration der in der Rechenschaltung um den

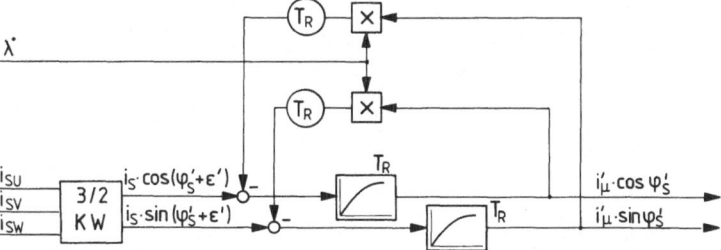

Bild 148. Ermittlung der (α, β)-Komponenten des Raumzeigers i'_μ des dem Rotorfluß entsprechenden Magnetisierungsstroms aus den Statorströmen und der Winkelgeschwindigkeit $\omega_{mech} = \dfrac{1}{p}\lambda$ des Rotors über ein Strommodell – Strukturbild

ohmschen Spannungsfall am Widerstand R_S verminderten Statorspannung U_S keine hinreichend genauen Werte, andererseits ist eben dieser Statorwiderstand R_S von der Temperatur der Statorwicklung abhängig. Wird der Widerstandswert R_S der Rechenschaltung nicht in Abhängigkeit von der Temperatur der Statorwicklung korrigiert, so wird das Rechenergebnis auch aus diesem Grunde fehlerhaft, was sich wieder insbesondere im Bereich kleiner Statorfrequenzen auswirkt.

Zusammenfassend kann festgestellt werden, daß mit Hilfe des Spannungmodells der Rotorfluß im Statorfrequenzbereich oberhalb von einigen Hz hinreichend genau nach Größe und Richtung ermittelt werden kann. Bei sehr kleinen f_S-Werten dagegen sind die Rechenergebnisse zu ungenau, um damit eine rotorflußorientierte Steuerung nach Bild 145 bei guter Entkopplung, d.h. mit richtiger Vorsteuerung über den Winkel φ'_S, verwirklichen zu können.

Bei kleinen Statorfrequenzen liefert das Strommodell (Bild 148) bessere Ergebnisse. Ausgehend von der Rotorspannungsgleichung (123) lassen sich die (α, β)-Komponenten des Magnetisierungsstrom-Raumzeigers i'_μ mit Hilfe der dargestellten Rechenschaltung aus den gemessenen Statorströmen und der gemessenen mechanischen Winkelgeschwindigkeit ermitteln. Als Maschinenparameter geht

$$T_R = (1 + \sigma_R) \frac{L_{Sh}}{R'_R}$$

in die Rechnung ein. Da der zulässige Temperaturhub des Läuferkäfigs größer ist als der der Statorwicklung, muß zwischen kalter und betriebswarmer Maschine mit einem Anstieg des Rotorwiderstands R'_R um etwa 100 % gerechnet werden. Um zu große Fehler durch eine fehlanpaßte Entkopplung zu vermeiden, muß der Widerstand R'_R der Rotorwicklung über die Rotorwicklungstemperatur ermittelt und in der Rechenschaltung nachgeführt oder durch einen sich selbst adaptierenden Regelkreis stets so verändert werden, daß die gewünschte Zerlegung des Statorstromzeigers i_S in eine magnetisierende Komponete $i_{Sa'}$ und eine Wirkkomponente $i_{Sb'}$ sichergestellt ist. Die Läuferwicklungstemperatur kann über ein thermisches Maschinenmodell errechnet, mittels eines Beobachters geschätzt [100] oder mit einem auf den Kurzschlußring ausgerichteten Strahlungspyrometer gemessen werden. Ein Verfahren, das Fehlanpassungen im Strommodell erkennt und selbsttätig korrigiert, wird in [112] beschrieben.

Beide vorstehend beschriebenen Modelle, sowohl das Spannung- als auch das Strommodell, haben ihre Schwachpunkte. Das Spannungsmodell liefert bei Statorfre-

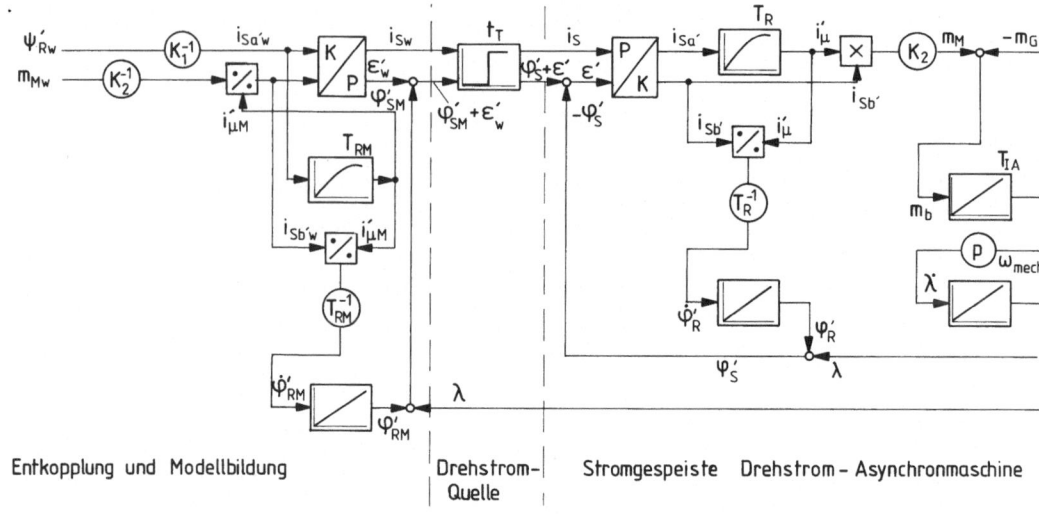

Entkopplung und Modellbildung   Drehstrom-   Stromgespeiste Drehstrom - Asynchronmaschine
                                       Quelle

Bild 149. Rotorflußorientierte Steuerung der Drehstrom-Asynchronmaschine bei Errechnung des Lagewinkels φ'_{SM} der Rotorflußachse mittels eines Entkopplungsnetzwerks – Strukturbild

quenzen um Null herum fehlerhafte Werte, die Ergebnisse des Strommodells sind in starkem Maße von der Rotorwicklungstemperatur und deren Erfassung abhängig. Es gibt Lösungen, die beide Verfahren kombinieren. Bei kleinen Statorfrequenzen liefert das Strommodell die Orientierungsgrößen, bei höheren Statorfrequenzen das Spannungsmodell. In einem Überlappungsbereich findet eine gleitende Überleitung zwischen den Ausgangsgrößen beider Modelle statt, um eine sprunghafte Änderung der Orientierungsgrößen zu vermeiden.

Neben den bisher beschriebenen Verfahren, bei denen der magnetische Rotorfluß Ψ_R' nach Größe und Richtung aus an der Maschine ermittelten Meßwerten unter Zuhilfenahme von mathematischen Operationen, die das Verhalten der Maschine modellhaft nachbilden, errechnet wird, gibt es andere Verfahren, bei denen nur der Läuferstellungswinkel λ oder die Drehzahl n bzw. die mechanische Winkelgeschwindigkeit ω_{mech} an ein Entkopplungsnetzwerk rückgeführt werden. Im übrigen werden die Führungsgrößen $i_{Sa'w}$ und $i_{Sb'w}$ gleich den Regelgrößen $i_{Sa'}$ und $i_{Sb'}$ gesetzt, es wird also eine totzeitfreie Drehstromquelle mit linearer Verstärkung vorausgesetzt [63,109,111,116].

Das Strukturbild eines derartigen Antriebs mit meßtechnischer Erfassung des Rotorstellungswinkels λ gibt Bild 149 wieder [63]. Die in der Maschine ablaufenden, anhand des Bildes 145 beschriebenen Vorgänge werden in einem Entkopplungsnetzwerk nachgebildet, das ein rechentechnisches Modell der Maschine darstellt; die in das Rechenmodell eingebrachten Maschinenparameter werden in Bild 149 durch ein M im Index gekennzeichnet, genau wie die aus dem Entkopplungsnetzwerk gewonnenen Orientierungsgrößen. Hingewiesen sei noch darauf, daß im Bild 149 im Gegensatz zum Bild 145 die Abhängigkeit des Magnetisierungsstroms i'_μ von der Statorstromkomponente $i'_{Sa'}$ vereinfachend durch die Zeitkonstantenfunktion T_R dargestellt wird. Wie beim Strommodell (Bild 148) muß auch bei diesem Entkopplungsnetzwerk die Läuferkreiszeitkonstante T_R, die nach Gl. (137) in hohem Maße von dem mit der

Rotorwicklungstemperatur veränderlichen Rotorwiderstand R'_R abhängig ist, in das Maschinenmodell eingeführt werden. Auch bei dieser Antriebsstruktur ist daher mit von der Rotorwicklungstemperatur abhängigen Fehlanpassungen zu rechnen. Diese bewirken, daß die Gegenkopplung innerhalb der Maschine durch die Vorsteuerung über den errechneten Rotorfluß-Lagewinkel φ'_{RM} nicht vollständig kompensiert wird. Um ein befriedigendes Betriebsverhalten zu erreichen, muß auch bei dieser Lösung eine von der Läuferwicklungstemperatur abhängige Adaption der Größe T_{RM} vorgenommen werden.

In Bild 149 werden als Führungsgrößen der Läuferflußsollwert ψ'_{Rw} und der Drehmomentensollwert m_{Mw} vorgegeben. Die Größen ψ'_{Rw} und $i_{Sa'}$ hängen nach Gl. (104) und die Größen m_{Mw} und $i_{Sb'}$ nach Gl. (139) voneinander ab; diese Zusammenhänge sind im Strukturbild berücksichtigt.

Entkopplungsnetzwerke mit anderen Strukturen, bei denen die Maschinendrehzahl n als Rückführgröße dient, werden in [109,111,116] eingehend beschrieben.

Neben den bisher betrachteten rein feldorientierten Verfahren, bei denen auf unterschiedliche Art und Weise der Rotorfluß ermittelt wird, gibt es noch weitere Lösungen, die als eine Kombination der im Abschnitt 3.3.3 beschriebenen Statorstrom-Rotorfrequenz-Kennliniensteuerung mit der Feldorientierung des Statorstromzeigers i_S aufgefaßt werden können [63,117]. Im Gegensatz zur reinen I_S-f_R-Kennliniensteuerung wird der Statorstrom nicht nur nach Größe und Frequenz, sondern auch nach Winkellage vorgegeben. Änderungen in der Führungsgröße m_{Mw} des Maschinendrehmoments werden dadurch nicht nur in eine Änderung der Größe des Statorstroms I_S, sondern mittels eines Differenzierglieds auch in eine Änderung des Lastwinkels ε' zwischen Statorstromraumzeiger i_S und Rotorflußraumzeiger ψ'_R umgesetzt. Dadurch gelingt es, den Rotorfluß auch bei dynamischen Vorgängen näherungsweise konstant zu halten und eine schnelle Änderung des Maschinenmoments zu bewirken.

3.3.4.2 Schaltungsbeispiele

Der grundsätzliche Schaltplan (Bild 150) zeigt, wie die Struktur einer rotorflußorientierten Antriebssteuerung nach Bild 145 schaltungstechnisch verwirklicht werden kann. Schaltungen dieser oder ähnlicher Art werden seit Mitte der 70er Jahre häufig ausgeführt, wobei für die erforderlichen Rechenoperationen zunächst analoge Bauteile eingesetzt wurden, in den letzten Jahren kommen jedoch in zunehmendem Maße Mikroprozessoren zur Anwendung.

Die Drehstromquelle des Bildes 150 wird durch einen Umrichter mit Stromzwischenkreis realisiert, dessen grundsätzliche Wirkungsweise schon anhand der Bilder 136 und 137 beschrieben wurde. Die Drehstromquelle hat zwei Führungsgrößeneingänge; an dem einen wird die Größe des Statorstroms I_S über die ihr proportionale Größe des Gleichstroms I_d im Zwischenkreis vorgegeben (siehe Gl. (117)), an dem anderen die erforderliche Winkellage $(\varphi'_S + \varepsilon')_{st}$ des Statorstroms gegenüber der statorfesten α-Achse.

Durch die im vorstehenden Abschnitt anhand des Bildes 145 beschriebene Entkopplung wird es möglich, bei der Drehstrom-Asynchronmaschine wie bei einer kompensierten Gleichstrom-Kommutatormaschine im Grunddrehzahlbereich den magnetischen Fluß über einen Flußregler konstant zu halten und die Drehzahl über einen Drehzahlregler mit unterlagertem Drehmomentregelkreis zu verstellen. Auch ein

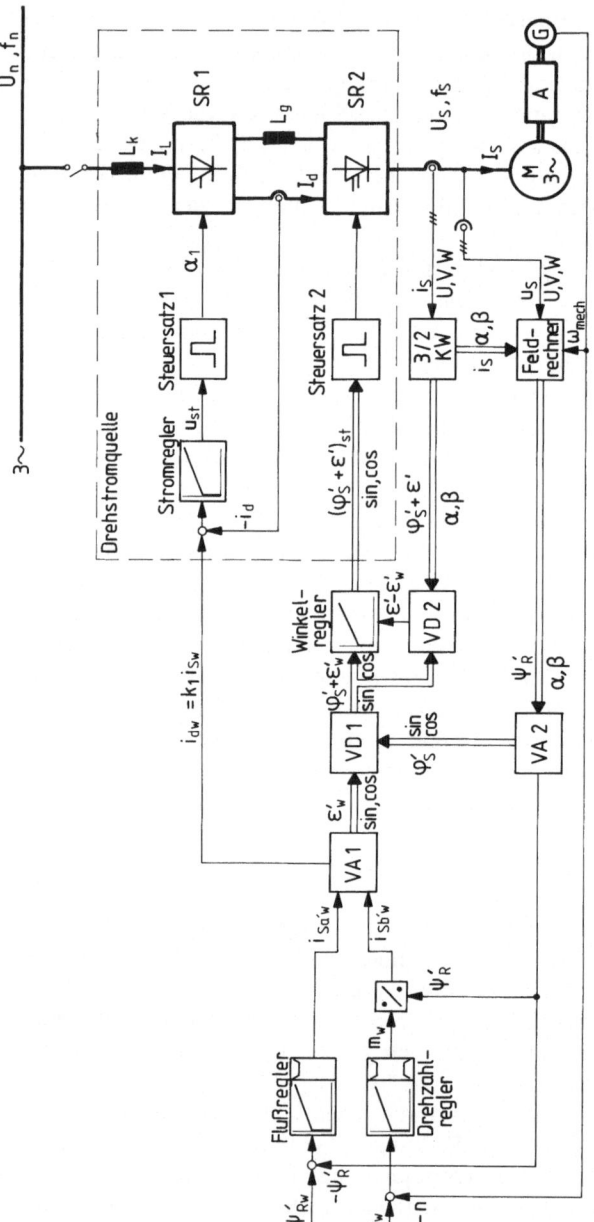

Bild 150. Drehzahlgeregelte, aus einer geregelten Drehstromquelle nach einem feldorientierten Steuerverfahren gespeiste Drehstrom-Asynchronmaschine – grundsätzlicher Schaltplan

Betrieb im Feldschwächbereich ist möglich, wobei ähnlich verfahren werden kann, wie es anhand des Bildes 47 für die Gleichstrom-Kommutatormaschine beschrieben wurde.

Auf den Flußreglereingang wirkt die Regelabweichung $\psi'_{Rw} - \psi'_R$ ein, wobei die Regelgröße ψ'_R aus den Größen Statorstrom I_S, Statorspannung U_S und mechanische Winkelgeschwindigkeit ω_{mech} ermittelt wird. Dies geschieht über den mit einem Spannungsmodell (siehe Bild 147) für den Bereich höherer Statorfrequenzen und einem Strommodell (Bild 148) für den Bereich kleiner Statorfrequenzen arbeitenden Feldrechner und den nachgeschalteten Vektoranalysator VA2. Der begrenzte Ausgang des Flußreglers gibt die Blindkomponente des Statorstroms als Führungsgröße $i_{Sa'~w}$ vor. Werden nur die Grundschwingungsgrößen berücksichtigt, so ist im stationären Betriebszustand $i_{Sa'} = i'_\mu$.

Dem Eingang des Drehzahlreglers wird die Regelabweichung $n_w - n$ zugeführt, wobei das Drehzahlsignal n ebenso wie das für den Feldrechner benötigte Signal ω_{mech} einem an die Drehstrommaschine angekoppelten Geber G entnommen wird. Der begrenzte Drehzahlreglerausgang gibt die Führungsgröße m_w des Maschinendrehmoments vor. Dieses Signal, dividiert durch die Regelgröße ψ'_R ergibt die Führungsgröße für die Wirkkomponente $i_{Sb'~w}$ des Statorstroms.

Der Vektoranalysator VA1 wirkt als K.-P.-Koordinatenwandler und rechnet die kartesischen Koordinaten $i_{Sa'~w}$ und $i_{Sb'~w}$ des Statorstromraumzeigers i_S in die Polarkoordinaten i_{Sw} und ε'_w um (siehe Bild 144). Der Lastwinkel ε'_w wird, um eine eindeutige Zuordnung sicherzustellen, mit seinen Winkelfunktionen $\sin \varepsilon'_w$ und $\cos \varepsilon'_w$ ausgegeben.

Wird der Einfluß der Stromoberschwingungen vernachlässigt, so sind im stationären Betrieb die bisher erwähnten Größen ψ'_R, n, n_w, $i_{Sa'~w}$, $i_{Sb'~w}$, i_{Sw} und ε'_w zeitlich konstant.

Die Mitkoppelung bzw. Vorsteuerung mit dem Drehwinkel φ'_S des Rotorflußraumzeigers ψ'_R erfolgt in dem Vektordreher VD1, der die Rechenoperationen

$$\cos(\varphi'_S + \varepsilon'_w) = \cos \varphi'_S \cos \varepsilon'_w - \sin \varphi'_S \sin \varepsilon'_w \qquad (145a)$$

und

$$\sin(\varphi'_S + \varepsilon'_w) = \sin \varphi'_S \cos \varepsilon'_w + \cos \varphi'_S \sin \varepsilon'_w \qquad (145b)$$

durchführt.

Mit dem Sollwinkel $\varphi'_S + \varepsilon'_w$ des Stromraumzeigers und der Führungsgröße für den Zwischenkreisstrom

$$i_{dw} = k_1 i_{Sw} \,,$$

wobei k_1 eine Proportionalitätskonstante ist, stehen die Eingangsgrößen für die Drehstromquelle nach Bild 145 unter der Voraussetzung zur Verfügung, daß die Totzeit t_T des Stromrichters SR2 vernachlässigbar klein ist. Dies ist bei der heute üblichen Ausführung der Stromrichter mit Gleichstromzwischenkreis und Blocksteuerung des maschinenseitigen Stromrichters (siehe Bild 137) nicht der Fall. Die mittlere Totzeit t_T ist nach Gl. (45) der Statorfrequenz umgekehrt proportional und somit eine innerhalb des Drehzahlregelbereichs in starkem Maße veränderliche Größe. Um den bei dynamischen Vorgängen durch die Totzeit des Stromrichters SR2 bedingten Winkelfehler

$$\Delta \varepsilon' = \varepsilon'_w - \varepsilon'$$

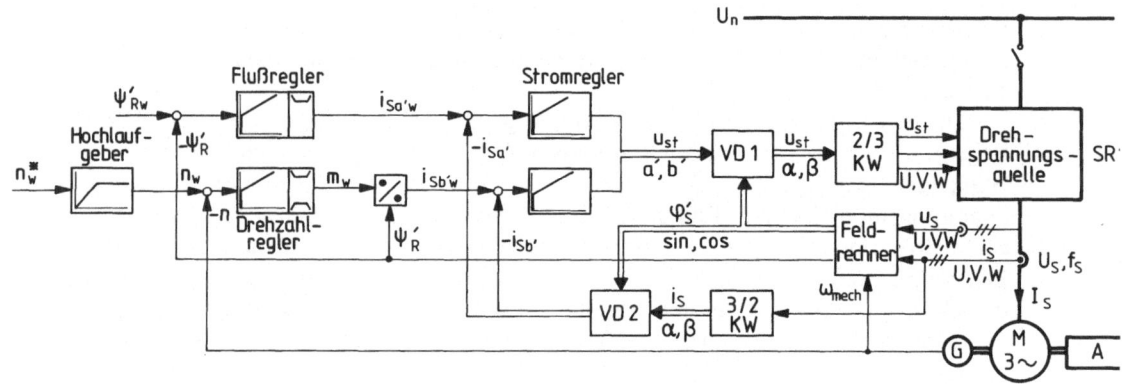

Bild 151. Drehzahlgeregelte, aus einer steuerbaren Drehspannungsquelle nach einem feldorientierten Steuerverfahren gespeiste Drehstrom-Asynchronmaschine – grundsätzlicher Schaltplan

korrigieren können, wird ein Winkelregler eingesetzt. Diesem wird die im Vektordreher VD2 aus dem Soll- und dem Ist-Drehwinkel des Statorstromzeigers gewonnene
Regelabweichung $\Delta\varepsilon'$ zugeführt; seine Aufgabe ist es, im Mittel $\Delta\varepsilon'$ zu Null zu
machen. Seine Ausgangsgröße $(\varphi'_S + \varepsilon')_{st}$ ist die Steuergröße des Steuersatzes 2, der
aus den ausgegebenen Winkelfunktionen die Steuerimpulsgabe für die elektrischen
Ventile des Stromrichters SR2 ableitet.

Der anhand des Bildes 150 beschriebene Antrieb ist ein Umkehrantrieb, der sich in
allen vier Quadranten der Drehmoment-Drehzahlebene betreiben läßt.

Steht eine Drehspannungsquelle nach Bild 108, 119, oder 122 zur Verfügung, die
mit einer gegenüber der maximalen Statorfrequenz der Maschine hohen Pulsfrequenz
arbeitet, so läßt sich mit einer sinusförmigen Steuerspannung u_{st} ein Verlauf der
Statorspannung U_S erreichen, der neben der Grundschwingung im wesentlichen nur
noch pulsfrequente Wechselanteile und deren Vielfache enthält. Da die Drehstrom-
Asynchronmaschine als eine gemischt ohmsch-induktive Last aufgefaßt werden kann,
haben diese höherfrequenten Wechselanteile in der Statorspannung nur relativ kleine,
der Grundschwingung überlagerte Wechselanteile im Strom zur Folge (siehe auch
Abschnitt 3.3.5.1), so daß mit einem praktisch sinusförmigen Strom gerechnet werden
kann. Eine hohe Pulsfrequenz bedingt darüber hinaus eine kleine Totzeit des
Stromrichters. Unter den vorstehend genannten Bedingungen ist es möglich, die
Stromregelung, die bisher als Teil der Drehstromquelle betrachtet wurde, im
rotorflußbezogenen (a′, b′)-Koordinatensystem durchzuführen; das hat den Vorteil,
daß die Eingangs- und Ausgangsgrößen des Magnetisierungsstromreglers und des
Wirkstromreglers im stationären Betrieb und bei Vernachlässigung der Oberschwin-
gungseinflüsse zeitlich konstante Größen sind (Bild 151).

Die Führungsgrößen $i_{Sa'\,w}$ und $i_{Sb'\,w}$ der entsprechenden Statorstromkomponenten
werden auf die anhand des Bildes 150 beschriebene Weise vorgegeben. Die Regelgrößen $i_{Sa'}$ und $i_{Sb'}$ werden im Vektordreher VD2 aus dem in statorfesten (α, β)-
Koordinaten vorliegenden Statorstrom-Raumzeiger, der um den Winkel φ'_S rückge-
dreht wird, errechnet. Den Winkel φ'_S liefert in bekannter Weise (siehe Bilder 147 und
148) das Spannungs- oder das Strommodell mit einem nachgeschalteten Vektoranalysator. Die Regelabweichung $i_{Sa'w} - i_{Sa'}$ wird dem Magnetisierungsstromregler, die

Regelabweichung $i'_{Sbw} - i_{Sb'}$ dem Wirkstromregler zugeführt. Die Ausgangsspannungen der beiden Stromregler liefern eine Steuerspannung u_{st} in (a', b')-Komponenten; diese sind im stationären Betrieb unter den oben genannten Bedingungen Gleichgrößen. Im Vektordreher VD1 wird diese Steuerspannung u_{st} um den Winkel φ'_s nach vorne gedreht und dadurch in das (α, β)-Koordinatensystem transformiert; die (α, β)-Komponenten sind im eingeschwungenen Zustand Wechselgrößen, die sich mit der Statorfrequenz sinusförmig ändern. In einem 2/3-Koordinatenwandler wird die Steuerspannung U_{st} schließlich in ein symmetrisches Drehspannungssystem transformiert, wie es zur Ansteuerung der Drehspannungsquelle benötigt wird.

Ist die Drehspannungsquelle rückspeisefähig, wird sie also z.B. durch Umrichter nach den Bildern 119 oder 122 verwirklicht, so kann der Antrieb nach Bild 151 als Umkehrantrieb in allen vier Quadranten der Drehmoment-Drehzahlebene gefahren werden.

Wie im Abschnitt 2.5 gezeigt wurde, hängt die Anregelzeit eines optimierten Regelkreises im starken Maß von der Totzeit des Stellglieds ab. Arbeitet die Drehspannungsquelle mit einer hohen Taktfrequenz, die es gestattet, die Statorspannung nach Größe, Frequenz und Phasenlage sehr schnell, d.h. mit kleiner Totzeit, zu verstellen, so lassen sich mit einem Antrieb nach Bild 151 Anregelzeiten in der Drehmomentregelung erzielen, die erheblich kleiner sind als die bei einer über einen netzgeführten Stromrichter gespeisten Gleichstrom-Kommutatormaschine erreichbaren; in [113] wird nachgewiesen, daß Anregelzeiten unter 100 µs durchaus verwirklicht werden können.

Eine Analyse der regelungstechnischen Struktur der Antriebe nach den Bildern 150 und 151 für Betrieb mit konstantem Rotorfluß Ψ'_R zeigt, daß es sich in beiden Fällen um eine Drehzahlregelung mit unterlagerter Statorstromregelung handelt. Beim Antrieb nach Bild 150 wird der Statorstrom getrennt nach Größe und Winkel geregelt, beim Antrieb nach Bild 151 getrennt nach Magnetisierungs- und Wirkanteil. In beiden Fällen können, wie bei der stromrichtergespeisten Gleichstrom-Kommutatormaschine (Bild 37), die Stromregelkreise durch eine Ersatzzeitkonstante t_{ei} im Strukturbild (Bild 152) berücksichtigt werden. Es zeigt sich somit, daß die stromrichtergespeiste Drehstrom-Asynchronmaschine durch eine feldorientierte Steuerung und Regelung auf die gleiche Regelkreis-Grundstruktur wie die stromrichtergespeiste Gleichstrom-Kommutatormaschine zurückgeführt werden kann [111].

Die Anregelzeit im Drehzahlregelkreis ist damit neben der Glättungszeitkonstanten t_{gn} hauptsächlich von der Ersatzzeitkonstanten t_{ei} des Stromregelkreises abhängig.

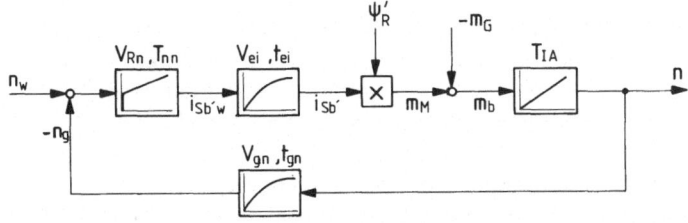

Bild 152. Vereinfachtes Strukturbild des Drehzahlregelkreises einer nach einem feldorientierten Verfahren gesteuerten Drehstrom-Asynchronmaschine für konstanten Läuferfluß Ψ'_R

Daraus geht hervor, daß sich mit dem Antrieb nach Bild 150, bei dem die Größe des Statorstroms über einen netzgeführten Stromrichter gestellt wird, etwa die gleiche Anregelzeit in der Drehzahlregelung wie bei einer entsprechenden stromrichtergespeisten Gleichstrom-Kommutatormaschine erreichen läßt. Beim Antrieb nach Bild 151 können wegen der kleineren erreichbaren Anregelzeit in der Stromregelung auch kleinere Anregelzeiten in der Drehzahlregelung verwirklicht werden.

3.3.4.3 Abschließende Bemerkungen

Den Strukturbildern 145 bis 149 kann entnommen werden, daß für die Ermittlung des Rotorflusses nach Größe und Richtung und für die Entkopplung eine große Zahl von Rechenoperationen durchzuführen sind, die ohne Verzögerung im Echtzeitbetrieb ablaufen müssen. Wie die grundsätzlichen Schaltpläne der Bilder 150 und 151 zeigen, handelt es sich im wesentlichen um die Funktionen Feldberechnen, Koordinatenwandeln, Vektordrehen und Vektoranalysieren. Diese Rechenoperationen lassen sich entweder mit entsprechenden fest verdrahteten Rechenschaltungen (Hardware-Lösung) oder mit anwendungsgemäß programmierten Mikrorechnern auf Mikroprozessorbasis (Software-Lösung) durchführen.

Die Technik der feldorientierten Steuerungen und Regelungen wurde, Ende der 60er Jahre beginnend, zunächst mit analog arbeitenden Bauelementen entwickelt. Der Trend der letzten Jahre führt jedoch ganz eindeutig zu Lösungen, bei denen die Rechen- und Regelaufgaben Mikrorechnern übertragen werden. Der Bauelementeaufwand kann dadurch drastisch reduziert werden, was die Marktchancen der Antriebe mit feldorientierter Regelung wesentlich verbessert [34,110,112,114].

3.3.5 Auswirkungen der Stromrichterspeisung auf die Drehstrom-Asynchronmaschine

Der maschinenseitige Stromrichter arbeitet im Schaltbetrieb. Unabhängig davon, ob die Drehstrom-Asynchronmaschine über einen Direktumrichter, einen Stromrichter mit eingeprägtem Gleichstrom oder einen Stromrichter mit Gleichspannungseingang gespeist wird, enthalten Statorstrom und Statorspannung neben der Grundschwingung Wechselanteile anderer Frequenzen. Dabei kann es sich um Oberschwingungen handeln, also um Schwingungen, deren Frequenz ein ganzzahliges Vielfaches der Grundschwingungsfrequenz ist, oder um Zwischenschwingungen (Interharmonics), deren Frequenz jeden Wert des Frequenzspektrums annehmen kann; letztere treten vor allem bei Speisung über Direktumrichter oder bei nicht auf die Grundschwingung synchronisiertem Pulsen eines Stromrichters mit Gleichstrom- oder Gleichspannungseingang auf.

Die als elektromechanischer Energiewandler wirkende Drehstrom-Asynchronmaschine setzt im wesentlichen nur die elektrische Grundschwingungsleistung in mechanische Leistung um. Die nicht grundschwingungsfrequenten Anteile von Statorstrom und Statorspannung verursachen hauptsächlich zusätzliche Verluste und Pendelmomente [119–122]; darüber hinaus führen sie zum erhöhten Abstrahlen von elektromagnetisch angeregtem Geräusch über die Maschinenoberfläche, insbesondere dann, wenn eine der anregenden Frequenzen mit einer mechanischen Resonanzfrequenz der Maschine zusammenfällt (siehe auch Band 1, Abschnitt 2.3.11).

3.3.5.1 Auswirkung der Stromrichterspeisung auf den Statorstrom

Ein voll ausgesteuerter, im Blockbetrieb arbeitender Stromrichter in Drehstrom-Brückenschaltung, an dessen Gleichspannungsseite eine gut geglättete Gleichspannung anliegt, erzeugt an den Eingangsklemmen der Drehstrom-Asynchronmaschine einen nahezu blockförmigen Spannungsverlauf nach Bild 134, der neben der Grundschwingung Oberschwingungen der Ordnungszahlen

$$v = n6 \pm 1 \tag{146}$$

mit

$$n = 1, 2, 3, \dots$$

enthält. Der Effektivwert der Spannungsoberschwingungen im Verhältnis zu dem der Grundschwingung ergibt sich für einen blockförmigen Spannungsverlauf zu

$$\frac{U_v}{U_1} = \frac{1}{v} . \tag{147}$$

Die in den drei symmetrischen Dreieckspannungen zwischen den Statorklemmen U, V und W der Maschine enthaltenen Oberschwingungen einer bestimmten Ordnungszahl bilden jeweils ein symmetrisches Drehspannungssystem. Wird nun vereinfachend angenommen, daß die Widerstände R_S und R'_R für die Schwingungen aller Ordnungszahlen gleich groß sind, wird also die Stromverdrängung vernachlässigt, und wird weiterhin für die Reaktanzen vereinfachend

$$X_v = v X_1 \tag{148}$$

gesetzt, so läßt sich ein für alle Teilschwingungen gültiger Ersatzschaltplan (Bild 153) angeben. Die Asynchronmaschine setzt nun jeder der Teilschwingungen einen anderen komplexen Scheinwiderstand entgegen, denn es ändert sich in Abhängigkeit von der Ordnungszahl nicht nur die Größe der Reaktanzen, sondern über den Schlupf auch der wirksame Rotorwiderstand R'_R/s_v.

Gedanklich läßt sich unter den genannten Voraussetzungen die Drehstrom-Asynchronmaschine in eine Grundschwingungsmaschine und eine unendliche Zahl von Oberschwingungsmaschinen aufteilen, die alle auf derselben Welle sitzen, also alle mit derselben Drehzahl umlaufen [93]. Jede Teilschwingungsspannung U_v speist dann die dieser Ordnungszahl zugeordnete Teilmaschine. Der zeitliche Verlauf des gesamten Statorstroms I_S ergibt sich zu

$$i_S = i_{S1} + \sum_{v>1}^{\infty} i_{Sv}. \tag{149}$$

Die Drehzahl n der Gesamtmaschine wird durch die Grundschwingungsmaschine bestimmt.

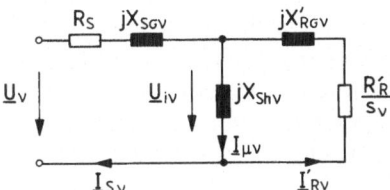

Bild 153. Einsträngiger Ersatzschaltplan für die Grundschwingungsmaschine ($v=1$) und die Oberschwingungsmaschinen ($v>1$)

Wird ein konstanter magnetischer Fluß vorausgesetzt, so ist im Bereich höherer Drehzahlen der Grundschwingungsschlupf s_1 bei Belastung im Betriebsbereich zwischen Leerlauf und dem maximalen Drehmoment sehr klein.

Die Oberschwingungen mit der Ordnungszahl v nach Gl. (146) rufen im Luftspalt der Maschine Oberwellen mit den Ordnungszahlen

$$\varrho = 1 \pm 6n \tag{150}$$

mit

$$n = 1, 2, 3, \dots$$

im magnetischen Drehfeld der Maschine hervor. Ist ϱ positiv, so hat die entsprechende Drehwelle denselben Umlaufsinn wie die Grundwelle, sie ist mitläufig. Ist ϱ negativ, so ist die Oberwelle gegenläufig.

Geht der Schlupf der Grundschwingungsmaschine gegen Null, so ist

$$n = n_{sy1} .$$

Die synchronen Drehzahlen der Oberschwingungsmaschinen ergeben sich zu

$$n_{sy\varrho} = \varrho n_{sy1} , \tag{151}$$

daraus folgt für den Schlupf der Oberschwingungsmaschinen

$$s_\varrho = \frac{\varrho - 1}{\varrho} , \tag{152}$$

d.h. mit steigender Ordnungszahl geht s_ϱ gegen 1. Kleine Änderungen im Grundwellenschlupf s_1, wie sie im Bereich zwischen Leerlauf und Belastung mit maximalem Drehmoment üblich sind, wirken sich in den Oberwellen-Schlupfwerten s_ϱ nur wenig aus. Das wiederum bedeutet, daß die Größe der Oberschwingungsströme bei konstanter Eingangsspannung nur in geringem Maße von der Maschinenbelastung abhängt, ein Zusammenhang, der aus Bild 134 deutlich zu ersehen ist. Im Leerlauf der Maschine zeigen sich die der Stromgrundschwingungen überlagerten Oberschwingungen besonders deutlich.

Der Widerstand des Rotorkreises ist für die Oberschwingungen überwiegend induktiv, da einerseits, wie oben gezeigt wurde, die Werte von s_ϱ gegen 1 gehen, andererseits die Werte der Reaktanzen mit wachsender Ordnungszahl v linear ansteigen (Gl. (148)). Weil bei üblicher Auslegung der Drehstrom-Asynchronmaschine X_{Sh} sehr groß gegenüber $X'_{R\sigma}$ ist, wird der Oberschwingungswiderstand der Hauptreaktanz groß gegenüber dem der Läuferkreises. Die im Statorstrom enthaltenen Oberschwingungen fließen somit größtenteils über den Läuferkreis.

Da zur elektromagnetischen Energiewandlung praktisch nur der Grundschwingungsstrom beiträgt, ruft die Erhöhung des Effektivwerts des Statorstroms und des Rotorstroms durch die Oberschwingungen zusätzliche Leiterverluste gegenüber der Speisung mit sinusförmigen Größen hervor. Werden Asynchronmaschinen mit Stromverdrängungsläufer eingesetzt, so ist die Verlusterhöhung in der Rotorwicklung besonders groß [123,124]. Diese zusätzlichen Verluste erfordern für gleiche Maschinenerwärmung bei mit Spannungsblöcken nach Bild 134 gespeisten Normmotoren eine Reduzierung des Nennmoments und damit der Nennleistung um etwa 15 bis 25 % gegenüber der Speisung mit sinusförmiger Spannung.

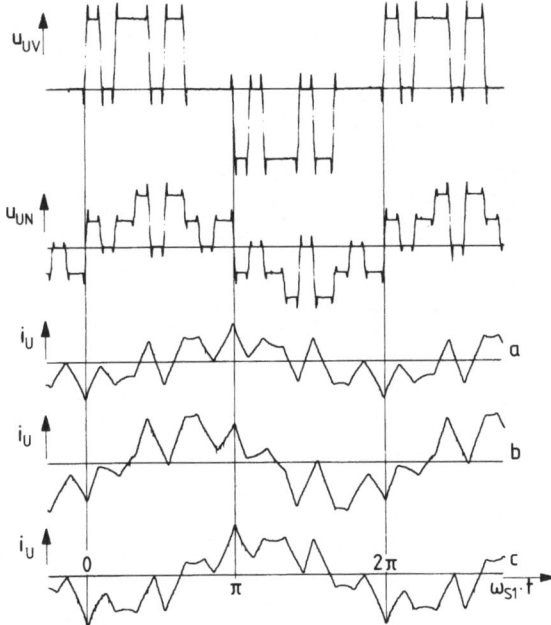

Bild 154. Zeitlicher Verlauf der Stator-Dreieckspannung U_{UV} und der Strangspannung U_{UN} sowie des Strangstroms I_U bei Dreifachtaktung ($f_{S1} = 77$ Hz). **a** Leerlauf; **b** motorischer Betrieb mit Nennmoment; **c** generatorischer Betrieb mit Nennmoment

Wird die Asynchronmaschine über einen Umrichter mit fester Zwischenkreisspannung (siehe Bild 108) gespeist, so ist die Statorspannung durch Spannungspulsen des maschinenseitigen Stromrichters SR2 in ihrer Größe zu verstellen (Bild 154). Durch entsprechende Steuerverfahren mit Pulsbreitenmodulation der Ausgangswechselspannung [20,24,125,126] lassen sich niederfrequente Spannungsoberschwingungen weitergehend unterdrücken. Bei der in Bild 154 dargestellten Dreifachpulsung z.B. kann die 5. Oberschwingung weitgehend eliminiert werden.

Der Oberschwingungsgehalt im Statorstrom bei vorgegebenem Oberschwingungsgehalt der Statorspannung läßt sich verkleinern, indem die für die Oberschwingungen wirksame Reaktanz erhöht wird. Dies kann entweder durch eine Vergrößerung der Streureaktanz der Maschine erfolgen oder durch eine Vorschaltdrosselspule. Um die Auswirkung des Oberschwingungsstroms auf die Verluste möglichst klein zu halten, empfiehlt es sich, auf weitgehend stromverdrängungsfreie Wicklungsausführungen insbesondere im Rotor zu achten.

Der Oberschwingungsgehalt des Statorstroms läßt sich auch durch den Übergang zu höheren Pulsfrequenzen des Stromrichters und der dadurch möglichen Elimination der Oberschwingungen höherer Ordnungszahlen senken [127].

Ähnliche Verhältnisse wie vorstehend beschrieben ergeben sich auch bei der Speisung einer Drehstrom-Asynchronmaschine über einen Direktumrichter nach Bild 119b. Die in der Spannung enthaltenen nicht grundfrequenten Wechselanteile haben entsprechende Wechselanteile im Statorstrom zur Folge. Der zeitliche Verlauf des Strangstroms in Bild 155 zeigt für jede Halbschwingung eine andere Kurvenform; hier macht sich der Einfluß der Zwischenschwingungen (Interharmonics) deutlich bemerkbar. Insgesamt sind in der Statorspannung und damit auch im Statorstrom

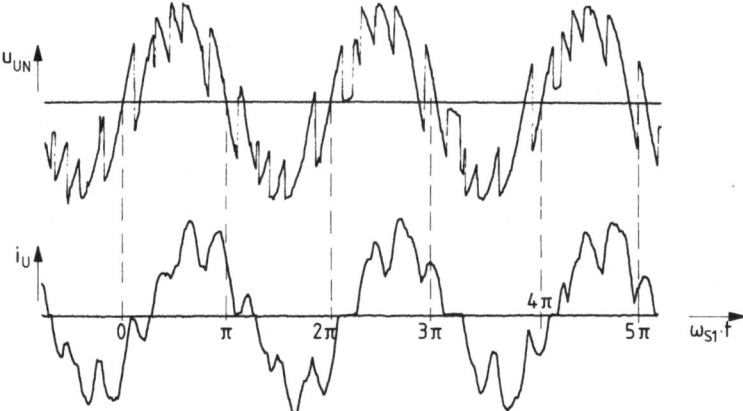

Bild 155. Zeitlicher Verlauf der Statorstrangspannung U_{UN} und des Strangstroms I_U bei Speisung über einen Direktumrichter ($f_{S1} = 24$ Hz); motorischer Betrieb mit Nennmoment

Teilschwingungen der Frequenzen

$$f_{Sv} = |6nf_n \pm (2m+1)f_{S1}| \tag{153}$$

mit $n = 1, 2, 3, \ldots$ und $m = 0, 1, 2, 3, \ldots$ enthalten [49], wenn die einzelnen Teilstromrichter SR1, SR2 und SR3 (siehe Bild 119b) sechspulig ausgeführt sind. Auch bei dieser Antriebsvariante senken eine gegenüber der normalen Maschinenauslegung erhöhte Streureaktanz und eine stromverdrängungsarme Wicklung die durch nicht grundfrequente Wechselanteile bedingten Leiterzusatzverluste.

Anders sieht es bei Speisung über einen Stromrichter mit eingeprägtem Gleichstrom und Phasenfolgelöschung aus [20,24,98,103,117], wie er anhand der Bilder 136 und 137 beschrieben wurde. Hier wird der Maschine ein näherungsweise blockförmiger Strangstrom (Bild 137) in die Statorwicklung eingeprägt. Die im Statorstrom enthaltenen Oberschwingungen fließen zum größten teil über den Läuferkreis (Bild 153) während der Magnetisierungsstrom wegen der Inpedanzverhältnisse überwiegend ein Grundschwingungsstrom ist. Das hat zur Folge, daß die Strangspannung in den kommutierungsfreien Zeiten einen fast sinusförmigen Verlauf hat.

Der Oberschwingungsgehalt in Stator- und Rotorstrom verursacht zusätzliche Leiterverluste. Beim Einsatz von Normmotoren geht für gleiche Maschinenerwärmung auch bei dieser Art von Maschinenspeisung im Gegensatz zur Speisung mit sinusförmigen Größen das zulässige Drehmoment um etwa 15 bis 25 % zurück.

Da beim Stromrichter mit Phasenfolgelöschung (SR2 in Bild 136) die Statorwicklung der Maschine im Kommutierungskreis liegt, ist es bezüglich der Höhe der während des Kommutierungsvorgangs auftretenden Spannungsspitzen und der erforderlichen Kapazität der Kommutierungskondensatoren günstig, wenn die Streuinduktivitäten möglichst klein sind. Die Kommutierungskondensatoren müssen so ausgelegt werden, daß sie die beim größten zu kommutierenden Strom in den Streuinduktivitäten gespeicherte Energie aufnehmen können, ohne daß es zu gefährlichen Überspannungen führt. Beim kleinsten Strom, dem Leerlaufstrom, dauert die während des Kommutierungsvorgangs ablaufende Umladung der Kondensatoren dann entsprechend lange. Um das Verhältnis von dem bei Belastung mit maximalem Drehmoment auftretenden Strom zum Leerlaufstrom nicht zu groß werden zu lassen, sollte die Drehstrom-Asynchronmaschine in diesem Anwendungsfall einen möglichst großen Magnetisierungsstrom und geringe Stromverdrängung haben.

Zusammenfassend läßt sich feststellen, daß optimal an die Stromrichterspeisung angepaßte Drehstrom-Asynchronmaschinen anders ausgelegt sein müssen als für den Netzbetrieb bestimmte.

3.3.5.2 Auswirkung der Stromrichterspeisung auf das Drehmoment

Die im vorstehenden Abschnitt behandelten, im Statorstrom der Drehstrom-Asynchronmaschine enthalten Ober- und Zwischenschwingungen verursachen nicht nur zusätzliche Leiterverluste, sie rufen auch Pendelmomente [128] und damit Drehzahlschwankungen hervor. Diese machen sich insbesondere bei kleinen Oberschwingungsfrequenzen, wie sie bei Speisung der Drehstrom-Asynchronmaschine mit blockförmigen Strömen nach Bild 137 und sehr kleiner Statorfrequenz auftreten, störend bemerkbar.

Bei den folgenden Überlegungen, die das Grundsätzliche herausarbeiten sollen, wird von einigen vereinfachenden Annahmen ausgegangen. Zunächst wird der zeitliche Verlauf des Statorstroms blockförmig angenommen (Bild 156). Es wird weiterhin vorausgesetzt, daß alle im Statorstrom I_S enthaltenen Oberschwingungen über den Läuferkreis fließen und somit der Magnetisierungsstrom I_μ ein reiner Grundschwingungsstrom ist. Der magnetische Hauptfluß Ψ_h der Maschine läuft daher mit konstanter Grundschwingungs-Winkelgeschwindigkeit ω_{S1} um und induziert eine sinusförmige innere Spannung U_i, die der Grundschwingung des Statorstroms I_S um den Grundschwingungs-Verschiebungswinkel φ_1 voreilt. Kann der ohmsche Statorwiderstand R_S (siehe Bild 153) vernachlässigt werden, so ist, da der Statorstrom abschnittsweise als konstant vorausgesetzt wird und somit an der Statorstreuinduktivität keinen Spannungsfall verursacht, $u_S \approx u_i$.

Die vorstehend beschriebenen Grundschwingungsgrößen lassen sich in dem Raumzeigerdiagramm des Bildes 157a veranschaulichen. Die Raumzeiger sind im auf den Zeiger ψ_h des Hauptflusses bezogenen (a, b)-Koordinatensystem dargestellt, ψ_{h1} liegt in der a-Achse, u_{i1} in der b-Achse. $\bar{\varepsilon}$ ist der Lastwinkel zwischen ψ_{h1} und i_{S1}.

Wie im Abschnitt 3.2.1.2 anhand der Bilder 79 und 80 gezeigt wurde, springt bei Speisung der Statorwicklung mit blockförmigen Strömen die elektrische Durchflutung und damit auch der Stromraumzeiger i_S bei jeder Kommutierung des speisenden Stromrichters im statorfesten (α, β)-Koordinatensystem um einen Winkel von $60°$ weiter. Wird der springende Stromraumzeiger i_S nun in das mit konstanter Winkelge-

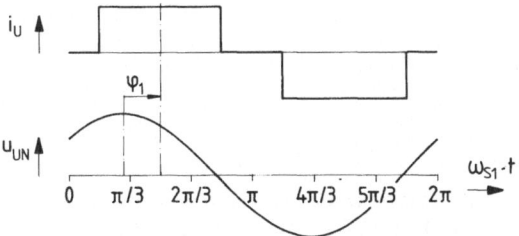

Bild 156. Idealisierter zeitlicher Verlauf der Stranggrößen Strom I_U und Spannung U_{UN} bei Speisung der Drehstrom-Asynchronmaschine über einen selbstgeführten Stromrichter mit eingeprägtem Gleichstrom nach Bild 136

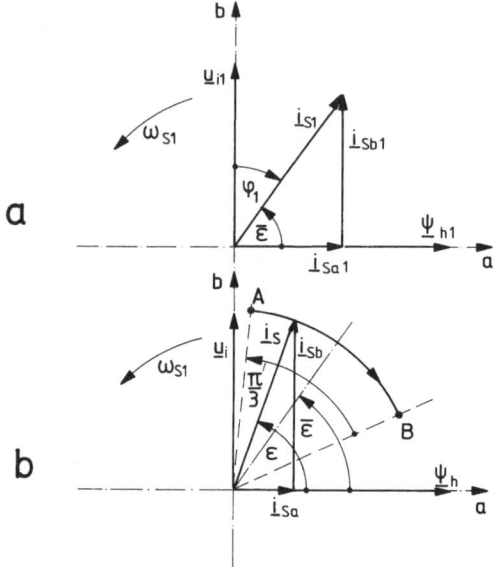

Bild 157. Raumzeigerdarstellung des Hauptflusses Ψ_h sowie des Statorstroms I_S und seiner Komponenten im auf den Hauptfluß bezogenen (a, b)-Koordinatensystem. **a** für die Grundschwingungen; **b** mit Berücksichtigung der Stromoberschwingungen

schwindigkeit ω_{S1} umlaufende (a, b)-Koordinatensystem übertragen, so führt er die in Bild 157b eingetragene Relativbewegung aus (vergleiche auch Bild 85). Bei jeder Kommutierung springt der Zeiger i_S aus dem Punkt B in den Punkt A und läuft dann, bis zur nächsten Kommutierung, mit der Winkelgeschwindigkeit ω_{S1} um $\pi/3$ zurück in den Punkt B. Da voraussetzungsgemäß U_i und Ψ_h reine Grundschwingungsgrößen sind, gilt

$$\underline{u}_i = \underline{u}_{i1}$$

und

$$\underline{\psi}_h = \underline{\psi}_{h1} \ .$$

Unter Rückgriff auf Gl. (99b) läßt sich der Zeitwert des Drehmoments angeben zu

$$m_M = K_2' \psi_h i_{Sb} \ , \tag{154}$$

wobei ψ_h voraussetzungsgemäß konstant ist, während sich i_{Sb} periodisch ändert; im Verlauf einer Periodendauer, die einem Sechstel der Grundschwingungs-Periodendauer entspricht, wird jeweils die Funktion

$$i_{Sb} = i_S \sin \varepsilon \tag{155}$$

im Bereich $\varepsilon = \bar{\varepsilon} + \pi/6$ bis $\varepsilon = \bar{\varepsilon} - \pi/6$ durchlaufen. Der Verlauf des Drehmoments über dem Drehwinkel φ_S des Flußzeigers $\underline{\psi}_h$ ist in Bild 158 wiedergegeben, wobei

$$\frac{d\varphi_S}{dt} = \omega_{S1}$$

ist. Es zeigt sich, daß dem mittleren Moment

$$M_M = \frac{3}{\pi} \hat{m} \sin \bar{\varepsilon} \tag{156}$$

ein Pendelmoment überlagert ist, dessen Grundfrequenz der sechsfachen Statorfrequenz entspricht. $\hat{m}$ ist das Drehmoment, das sich für $\varepsilon = \pi/2$ ergeben würde.

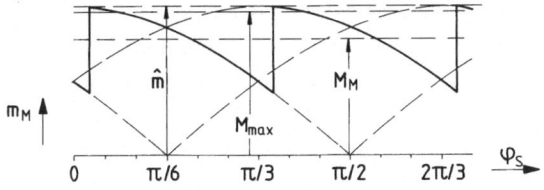

Bild 158. Verlauf des Drehmoments m_M in Abhängigkeit vom Drehwinkel φ_S des konstant angenommenen Hauptflusses Ψ_h.

$$M_{max} = \frac{\pi}{3}\hat{m}; \quad M_M = M_{max}\sin\bar\varepsilon;$$

dargestellt für $\bar\varepsilon = 55°$

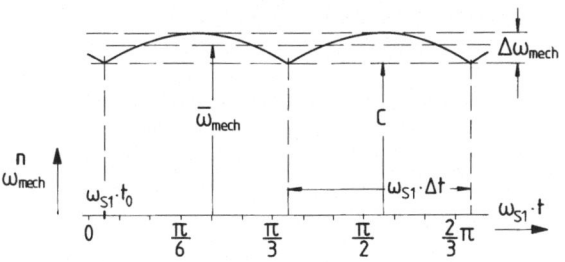

Bild 159. Zeitlicher Verlauf der Drehzahl bei einem Verlauf des Drehmoments nach Bild 158. Die Schwankungsbreite $\Delta\omega_{mech}$ ist der Statorfrequenz ω_{S1} umgekehrt proportional.
C Integrationskonstante

Ist die Arbeitsmaschine mit einem konstanten Gegenmoment M_G belastet, das dem mittleren Drehmoment M_M nach Bild 158 entspricht, so wirkt auf das Trägheitsmoment J des Antriebs ein Differenzmoment

$$m_b = m_M - M_G \tag{157}$$

ein, das zeitweise beschleunigend, zeitweise verzögernd wirkt und damit zu einer periodischen Drehzahlpendelung führt. Ausgehend von der Bewegungsgleichung

$$m_b = J\frac{d\omega_{mech}}{dt} \tag{158}$$

ergibt sich die mechanische Winkelgeschwindigkeit in einem $60°$-Abschnitt zu

$$\omega_{mech} = \frac{1}{J}\int_{t_o}^{t} m_b dt + C , \tag{159}$$

wobei

$$t_o = \frac{1}{\omega_{S1}}\left(\frac{1}{3}\pi - \bar\varepsilon\right)$$

ist (Bild 159). Der maximale Hub $\Delta\omega_{mech}$ der mechanischen Winkelgeschwindigkeit ω_{mech} während eines $60°$-Abschnitts entspricht dem Maximalwert des Integrals der Gl. (159). Bei drehzahlunabhängigem Verlauf von $m_b = f(\omega_{S1}t)$ ist somit $\Delta\omega_{mech}$ der Dauer einer Sechstelperiode

$$\Delta t = \frac{\pi}{3\omega_{S1}}$$

direkt proportional.

Je kleiner also die Statorfrequenz wird, desto größer wird $\Delta\omega_{mech}$, d.h. mit kleiner werdender Drehzahl wird deren durch die beschriebenen Pendelmomente verursachte Welligkeit größer. In der Antriebstechnik wird häufig die Forderung gestellt, daß der auf die Nenndrehzahl bezogene Drehzahlhub ($\Delta\omega_{\text{mech}}/\omega_{\text{mech N}}$)einen bestimmten Wert, z.B. 1 %, nicht überschreiten darf. Im Bereich sehr kleiner Drehzahlen wird diese Grenze von einer mit Stromblöcken nach Bild 156 gespeisten Drehstrom-Asynchron-maschine nicht eingehalten.

3.3.6 Unterdrückung der niederfrequenten Anteile des Pendelmoments bei über Stromrichter mit Phasenfolgelöschung und eingeprägtem Gleichstrom gespeisten Drehstrom-Asynchronmaschinen durch Strompulsen

Bei der Speisung einer Drehstrom-Asynchronmaschine über einen selbstgeführten Stromrichter mit eingeprägtem Gleichstrom (siehe Bild 136) ergibt sich bei der bisher beschriebenen Ansteuerung der elektrischen Ventile ein nahezu blockförmiger Verlauf der Statorströme (Bilder 137 und 156) dieser hat die im Abschnitt 3.3.5.2 geschilderte große Welligkeit der Drehzahl im Bereich kleiner Statorfrequenzen zur Folge. Wenn diese Welligkeit unzulässig ist, so kann sie im kritischen Bereich kleiner Drehzahlen durch das im Folgenden beschriebene Pulsen des Statorstroms weitgehend unter-drückt werden [129 – 131]. Beim Strompulsen über einen Stromrichter mit Phasenfol-gelöschung (Bild 160) fließt der Gleichstrom I_{d}, der für die weiteren Betrachtungen als gut geglättet angenommen wird, während eines Zeitabschnitts

$$\Delta t = \frac{2\pi}{3\omega_{\text{S1}}}$$

in der einen Brückenhälfte, im Beispiel des Bildes 161 der linken über den Ventilzweig T4, D4 und von dort in den Wicklungsstrang U. In der anderen Brückenhälfte wird der

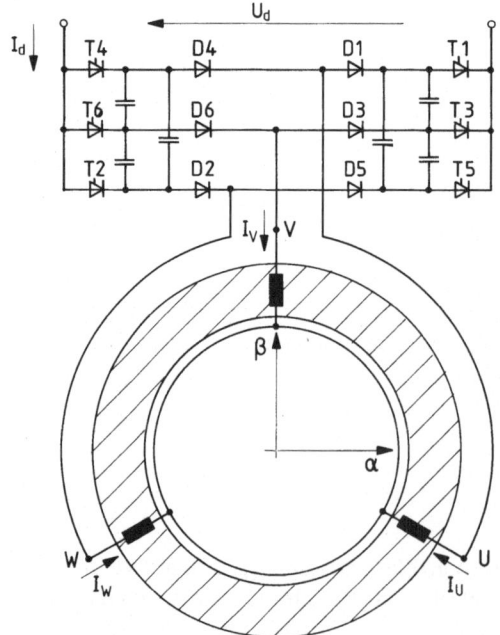

Bild 160. Schematische Darstellung der Ständerwicklung einer über Stromrichter mit eingeprägtem Gleichstrom gespeisten Asynchronmaschine

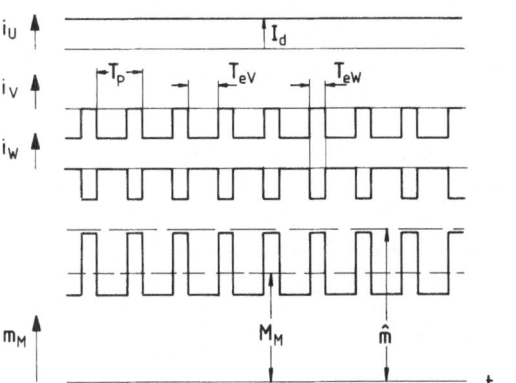

Bild 161. Zeitlicher Verlauf der Strangströme und des Drehmoments beim Strompulsen, dargestellt für Statorfrequenz $f_{S1} = 0$ und $\bar{\varepsilon} = 55°$, $T_{eV} = 2/3\,T_p$, $T_{eW} = 1/3\,T_p$

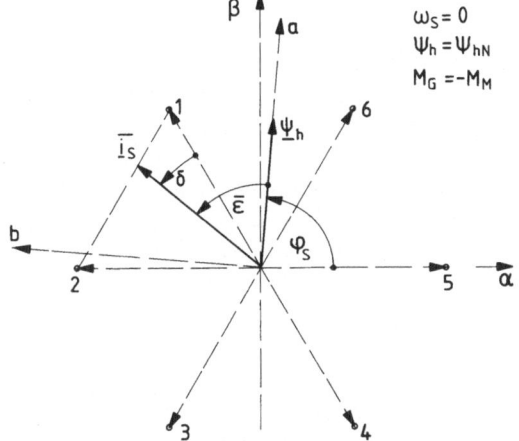

Bild 162. Raumzeigerdarstellung des konstant angenommenen Hauptflusses Ψ_h und des wirksamen Statorstroms $\bar{I}_S$ für Statorfrequenz $f_{S1} = 0$ und Pulsbetrieb zwischen den Punkten 1 und 2 entsprechend Bild 161, dargestellt für $\bar{\varepsilon} = 55°$ und $\varphi_S = 85°$

Gleichstrom zwischen den den beiden anderen Wicklungssträngen der Statorwicklung zugeordneten Brückenzweigen D3, T3 und D5, T5 hin- und hergeschaltet. Bei dem in Bild 161 betrachteten Zustand ($f_{S1} = 0$) fließt der Strom über den Stang U zum Sternpunkt und wird mit der Pulsfrequenz $f_p = 1/T_p$ auf seinem weiteren Weg zwischen den Strängen V und W hin- und hergeschaltet. An der Welle greife ein Lastmoment $M_G = -M_M$ an, was ein langsames Drehen der Maschine mit

$$\omega_{mech} = -\frac{1}{p}\,\omega'_R$$

(siehe Gl. (112)) zur Folge hat. Durch die überlagerte Regelung werde die Größe des Gleichstroms I_d so eingestellt, daß der Hauptfluß belastungsunabhängig auf seinem Nennwert gehalten wird $\Psi_h = \Psi_{hN}$). Die Pulsfrequenz f_p sei so hoch, daß sich der Magnetisierungsstrom I_μ innerhalb einer Pulsperiode nicht nennenswert ändert.

Unter den genannten Voraussetzungen gilt die Raumzeigerdarstellung des Bildes 162. Der Flußzeiger $\underline{\psi}_h$ hat eine feste Lage im statorfesten (α, β)-Koordinatensystem.

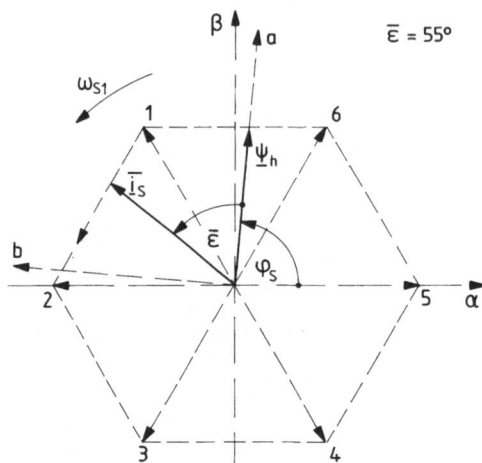

Bild 163. Raumzeigerdarstellung des konstant angenommenen Hauptflusses Ψ_h und des wirksamen Statorstroms $\bar{I}_S$ für Statorfrequenzen $f_{S1} \ll f_p$. Die eingetragene Ortskurve des wirksamen Statorstroms gilt für zeitlich konstanten Gleichstrom ($i_d = I_d$)

Der Raumzeiger $\underline{i}_S$ des Statorstroms springt zwischen den Punkten 1 und 2 im Takt der Pulsfrequenz hin und her; für das mittlere Drehmoment M_M wirksam bleibt ein mittlerer Raumzeiger $\bar{\underline{i}}_S$, der gegenüber ψ_h um den mittleren Lastwinkel $\bar{\varepsilon}$ voreilt. Das Drehmoment m_M springt zwischen zwei Werten hin und her (Bild 161), wobei der untere Wert dem Zustand $i_v = -I_d$ und $i_w = 0$ (Punkt 1 in Bild 162), der obere dem Zustand $i_v = 0$ und $i_w = -I_d$ (Punkt 2) entspricht. Die Winkellage von $\bar{\underline{i}}_S$ innerhalb des 60°-Sektors zwischen den Punkten 1 und 2 ist durch das Einschaltzeitverhältnis der Wickelungsstränge gegeben, es gilt

$$\delta = \frac{\pi}{3} \frac{T_{ew}}{T_p} .$$

Über das Einschaltzeitverhältnis läßt sich der Zeiger $\bar{\underline{i}}_S$ zwischen den Punkten 1 und 2 beliebig bewegen. Um in die anschließenden Sektoren zu gelangen, müssen andere Ventilzweige des Stromrichters herangezogen werden. Soll der Zeiger über den Punkt 2 hinaus in Richtung auf den Punkt 3 gedreht werden, so muß bei Betrieb in diesem Sektor der Strom I_d dauernd über die Ventile D5 und T5 fließen ($i_w = -I_d$) und zwischen den Brückenzweigen 4 und 6 hin- und hergeschaltet werden.

Durch stetige Änderung des Einschaltzeitverhältnisses in den getakteten Brückenzweigen zwischen den Werten 0 und 1 und durch entsprechenden Wechsel der stromführenden Brückenzweige zum Übergang in den nächsten Sektor kann der Zeiger $\bar{\underline{i}}_S$ mit der Winkelgeschwindigkeit ω_{S1} in Rotation versetzt werden. Er läuft dann auf der in Bild 163 eingetragenen Ortskurve um. Ist $f_p \gg f_{S1}$ und wird f_p konstant gehalten, so spricht man von einer asynchronen Taktung, da f_p kein ganzzahliges Vielfaches von f_{S1} ist.

Wird vorausgesetzt, daß Ψ_h zeitlich konstant ist und der Zeiger ψ_h mit ω_{S1} umläuft, so ergibt sich, wenn die pulsfrequenten Anteile vernachlässigt werden, der Verlauf des Drehmoments über dem Drehwinkel φ_S des Hauptflusses im Bereich $0 \leq \varphi_S \leq \pi/3$ zu

$$\bar{m}_M = \left[\left(1 - \frac{3\varphi_S}{2\pi}\right) \sin(\bar{\varepsilon} - \varphi_S) + \frac{3\sqrt{3}\varphi_S}{2\pi} \cos(\bar{\varepsilon} - \varphi_S) \right] \hat{m} . \tag{160}$$

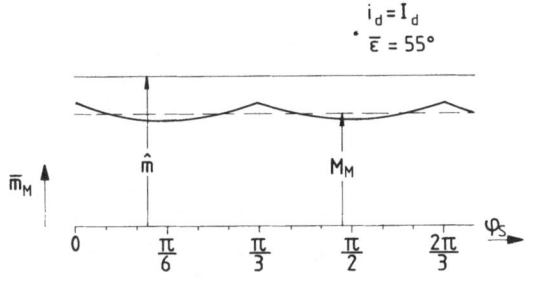

$i_d = I_d$

$\dot{\bar{\varepsilon}} = 55°$

Bild 164. Verlauf des mittleren Maschinendrehmoments $\bar{m}_M$ (pulsfrequente Anteile vernachlässigt) in Abhängigkeit vom Drehwinkel φ_S des konstant angenommenen Hauptflusses Ψ_h.

$$\bar{m}_M = \left[\left(1 - \frac{3\varphi_S}{2\pi}\right)\sin(\bar{\varepsilon} - \varphi_S)\right.$$

$$\left. + \frac{3\sqrt{3}\varphi_S}{2\pi}\cos(\bar{\varepsilon} - \varphi_S)\right]\hat{m}$$

im Bereich $\quad 0 \leqq \varphi_S \leqq \pi/3$

$$M_M = \frac{9}{\pi^2}\hat{m}\sin\bar{\varepsilon}$$

Dieser Verlauf ist in Bild 164 dargestellt. Der Mittelwert M_M des Drehmoments über einen Winkelbereich von $\pi/3$ ergibt sich zu

$$M_M = \frac{9}{\pi^2}\hat{m}\sin\bar{\varepsilon}\ . \tag{161}$$

Ein Vergleich der Bilder 158 und 164 zeigt, daß das dem mittleren Moment M_M überlagerte Wechselmoment im Falle des Pulsbetriebs bei Vernachlässigung der pulsfrequenten Anteile erheblich kleiner geworden ist. Diese kleineren Wechselanteile bewirken eine entsprechend kleinere Welligkeit in der Drehzahl und der Antrieb zeigt auch bei kleinen Statorfrequenzen einen ruhigen Lauf. Die Pulsfrequenz f_p ist so zu wählen, daß die zugehörigen pulsfrequenten Pendelmomente keine nennenswerte Welligkeit in der Drehzahl hervorrufen können.

Ein Vergleich der Gl. (156) und (161) zeigt, daß bei gleichem Scheitelwert $\hat{m}$ der Drehmomentfunktion, also gleichem Betrag des Stromzeigers i_S und damit gleicher Größe des Stroms I_d, der Mittelwert M_M beim gepulsten Betrieb um den Faktor $3/\pi$ kleiner wird. Um die gleiche Größe des Drehmoments zu erreichen, muß somit beim strompulsten Betrieb der Gleichstrom I_d und damit auch der Effektivwert I_S des Statorstroms zum Ausgleich vergrößert werden. Daraus folgt, daß sich beim Strompulsen die Leiterverluste gegenüber der Blocksteuerung des Stroms erhöhen.

Die bisherigen Überlegungen galten für den Fall des asynchronen Strompulsens mit konstanter Pulsfrequenz f_p unter der Voraussetzung $f_p > > f_{S1}$. Wird diese Bedingung nicht eingehalten, so bilden sich beim asynchronen Pulsen im Statorstrom störende Zwischenschwingungen aus. Mit Rücksicht auf die endlichen Kommutierungszeiten der Schaltung mit Phasenfolgelöschung geht man mit der Pulsfrequenz im allgemeinen nicht über 20 Hz, d.h. das asynchrone Pulsen kommt nur bei sehr kleinen Statorfrequenzen zum Tragen. Im darüber liegenden Frequenzbereich wird die Pulsfrequenz als ganzzahliges Vielfaches der Statorfrequenz gewählt, d.h. die Pulsfrequenz wird mit der Statorfrequenz synchronisiert.

Der Sinn des Strompulsens ist es, von dem blockförmigen Verlauf der Statorströme (durchgezogene Kurven in Bild 165) wegzukommen und einen weniger Pendelmomente verursachenden, z.B. einen quasi-trapezförmigen Verlauf (gestrichelte Kurve in Bild 165), oder einen Verlauf ohne niederfrequente Oberschwingungen [129], zu erreichen. In dem in Bild 165 markierten Bereich $2\pi/3 \leqq \omega_{S1}t \leqq \pi$ z.B. soll $i_U = I_d$ sein,

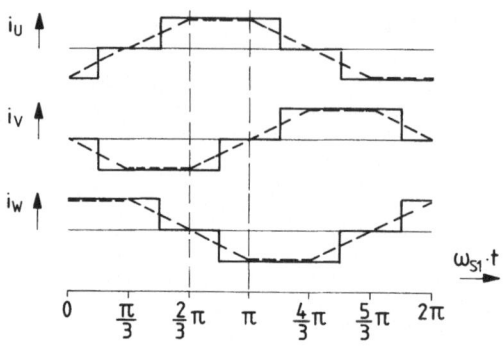

Bild 165. Zum Prinzip des auf die Winkelgeschwindigkeit ω_{S1} synchronisierten Strompulsens

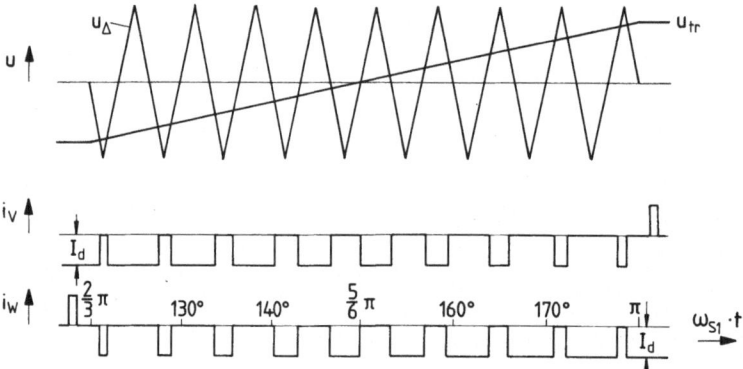

Bild 166. Gepulster Übergang des Gleichstroms I_d vom Strang V in den Strang W: Bildung des Pulsmusters und Verlauf der Ströme in den Strängen V und W im Bereich $\frac{2}{3}\pi \leqq \omega_{S1}t \leqq \pi$

während i_V von $-I_d$ auf Null ansteigen und i_W von Null auf $-I_d$ abklingen soll. Da der Stromrichter nur im Schaltbetrieb arbeiten und Ströme nicht kontinuierlich verstellen kann, muß der Strom I_d zwischen den Strängen V und W so hin- und hergeschaltet werden, daß die Einschaltdauer des Strangs V ab- und die des Strangs W zunimmt.

Bild 166 zeigt oben, wie die Umschaltzeitpunkte, z.B. durch Vergleich einer auf die Statorfrequenz f_{S1} synchronisierten Dreieckfunktion u_Δ mit einer ebenfalls synchronisierten Trapezfunktion, gewonnen werden können. Darunter ist der Verlauf der Ströme I_V und I_W dargestellt.

Auch bei dem hier beschriebenen synchronen Strompulsen kann von einem mittleren Statorstrom-Raumzeiger $\bar{i}_S$ ausgegangen werden, der auf einer sechseckigen Ortskurve (siehe Bild 163) mit der Winkelgeschwindigkeit ω_{S1} umläuft.

Für $\omega_{S1}t=2\pi/3$ sind $i_U=I_d$; $i_V=-I_d$ und $i_W=0$, d.h. der Raumzeiger $\bar{i}_S$ liegt mit seiner Spitze im Punkt 1 (Bild 167). Da auch der über eine Periodendauer der Pulsfrequenz gemittelte Wert von I_W durch Null geht, liegt zum Zeitpunkt $t=2\pi/3\omega_{S1}$ auch der Zeiger $\bar{i}_S$ im Punkt 1. Der voraussetzungsgemäß kontinuierlich mit ω_{S1} umlaufende Flußzeiger ψ_h eilt $\bar{i}_S$ um $\bar{\varepsilon}$ nach und befindet sich zu diesem Zeitpunkt im Punkt A. Im Bereich $2\pi/3 \leqq \omega_{S1}t \leqq \pi$ springt $\bar{i}_S$, dem im Bild 166 wiedergegebenen

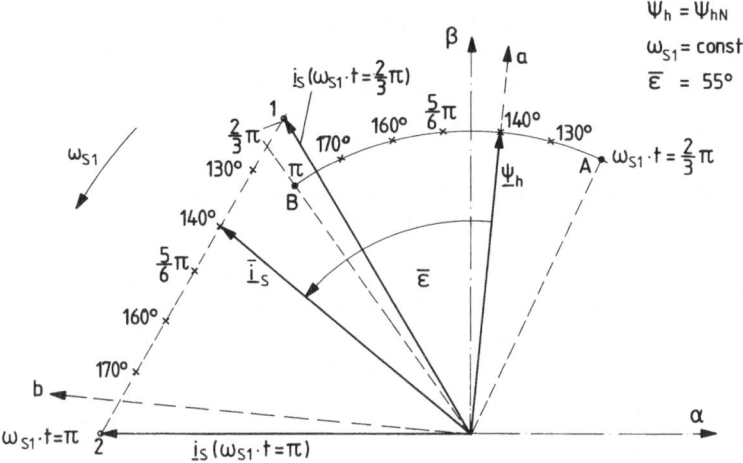

Bild 167. Zur Ermittlung des Drehmomentverlaufs im Bereich $2\pi/3 \leqq \omega_{S1}t \leqq \pi$ einer entsprechend Bild 166 stromgepulsten Drehstrom-Asynchronmaschine. Das auf den Hauptfluß Ψ_h fixierte (a, b)-Koordinatensystem bewegt sich mit konstanter Winkelgeschwindigkeit ω_{S1}. Der Raumzeiger ψ_h bewegt sich kontinuierlich von A nach B. Der Raumzeiger i_S springt nach Maßgabe des Verlaufs der in Bild 166 dargestellten Ströme zwischen den Punkten 1 und 2 hin und her

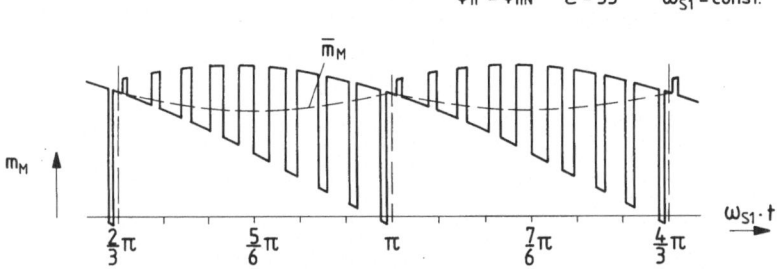

Bild 168. Zeitlicher Verlauf des Drehmoments einer entsprechend Bild 166 stromgepulsten Drehstrom-Asynchronmaschine

Verlauf der Ströme entsprechend, zwischen den Punkten 1 und 2 hin und her, während sich ψ_h kontinuierlich von Punkt A zum Punkt B bewegt und $\underline{i}_S$ vom Punkt 1 zum Punkt 2 läuft.

Unter den genannten Voraussetzungen ergibt sich der im Bild 168 dargestellte Verlauf $m_M = f(\omega_{S1}t)$. Werden die pulsfrequenten Wechselanteile herausgemittelt, so stellt sich der gestrichelt eingetragene Verlauf ein, der dem mittleren Drehmoment $\bar{m}_M$ des Bildes 164 entspricht.

In dem vorstehend anhand der Bilder 166, 167 und 168 beschriebenen Beispiel für ein synchrones Strompulsen besteht eine Halbschwingung des Stator-Strangstroms aus einem 60°-Block und 18 Einzelimpulsen. Je höher die Statorfrequenz f_S wird, desto weiter wird die Zahl der Einzelimpulse je Halbschwingung im Hinblick auf die maximal zulässige Pulsfrequenz reduziert, bis der Antrieb schließlich von der Dreifachpulsung zur Blocksteuerung übergeht.

Zusammenfassend sei festgehalten: Durch das vorstehend beschriebene Strompulsen mit Hilfe eines mit Phasenfolgelöschung arbeitenden Stromrichters kann einerseits die Welligkeit der Drehzahl bei kleinen Statorfrequenzen gegenüber der Blocksteuerung erheblich verringert werden, andererseits steigen die Leiterverluste an.

3.3.7 Speisung mit angenähert sinusförmigem Strom und angenähert sinusförmiger Spannung durch Strompulsen

Stehen für die geforderte Antriebsleistung Ventile zur Verfügung, die über den Steueranschluß abschaltbar sind und in Rückwärtsrichtung Sperrspannung aufnehmen, so kann der mit eingeprägtem Gleichstrom I_d arbeitende maschinenseitige Stromrichter SR2 gegenüber der Schaltung mit Phasenfolgelöschung vereinfacht ausgeführt werden (Bild 169) [132]. Die Ventile V21 bis V26 können z.B. durch bipolare Transistoren, über den Steueranschluß abschaltbare rückwärts sperrende Thyristoren (GTO's) oder IGT's (insulated gate transistors) realisiert werden.

Zwischen dem drehstromseitigen Ausgang des Stromrichters SR2 und den Eingangsklemmen der Maschine sind Filterkondensatoren anzuordnen, deren Kapazität C_{f2} für eine Entkopplung zwischen den gepulsten Strömen I'_{L2} und den näherungsweise sinusförmigen Statorströmen I_S der Maschine sorgt. Der maschinenseitige Stromrichter SR2 arbeitet mit Strompulsung in der an sich von den Stromrichtern mit Phasenfolgelöschung her bekannten Weise (siehe Abschnitt 3.3.6). In der ersten Sechstelperiode des in Bild 170 dargestellten Vorgangs ($0 < \omega_{s1}t < \frac{\pi}{3}$) fließt der als

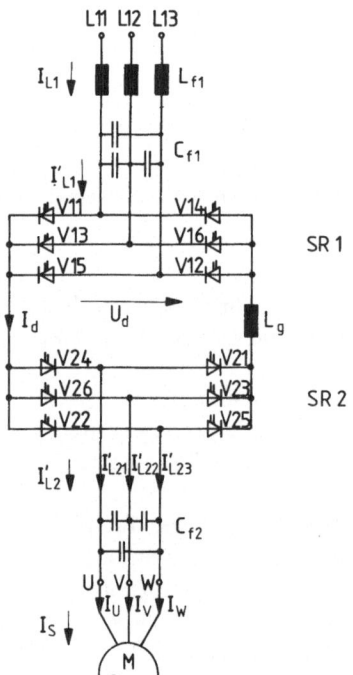

Bild 169. Über Umrichter mit Stromzwischenkreis gespeiste Drehstrom-Asynchronmaschine – grundsätzlicher Schaltplan. Die Stromrichter SR1 und SR2 sind mit abschaltbaren, rückwärtssperrenden Ventilen bestückt

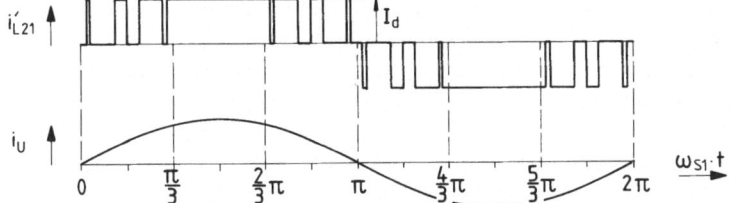

Bild 170. Zeitlicher Verlauf des gepulsten Wechselstroms I'_{L21} am Ausgang des maschinenseitigen Stromrichters SR 2 und des Statorstrangstroms I_U bei einem Antrieb nach Bild 169 – grundsätzliche Darstellung

gut geglättet angenommene Gleichstrom I_d in der rechten Brückenhälfte über das Ventil V23, während er in der linken Brückenhälfte zwischen den Ventilen V22 und V24 so hin- und hergeschaltet wird, daß die Stromführungsdauer von V22 ab und die von V24 zunimmt. Im Bereich $\pi/3 < \omega_{S1} t < 2\pi/3$ führt dann V24 durchgehend den Gleichstrom, der in der rechten Brückenhälfte zwischen V23 und V25 hin- und hergeschaltet wird, mit abnehmender Stromführungsdauer von V23. Im Abschnitt $2\pi/3 < \omega_{S1} t < \pi$ fließt der Gleichstrom über V25 und wird zwischen V24 und V26 so gepulst, daß die Stromführungszeiten von V24 kleiner werden usw.

Durch dieses vorstehend für eine Halbperiode beschriebene Strompulsen ergibt sich der zeitliche Verlauf des Ausgangswechselstroms I'_{L21} des maschinenseitigen Stromrichters SR 2 in der in Bild 170 dargestellten Weise. Das Pulsen des Stroms soll dabei so erfolgen, daß die Stromoberschwingungen mit den niedrigen Ordnungszahlen möglichst unterdrückt werden. Der maschinenseitige Filterkreis sorgt dann dafür, daß die pulsfrequenten Wechselanteile über die Filterkapazität fließen und der Statorstrom I_S nahezu sinusförmig wird (I_U in Bild 170). Ein solcher Statorstrom hat unter idealisierenden Voraussetzungen einerseits eine nahezu sinusförmige Statorspannung zur Folge, andererseits werden Pendelmomente vermieden. Die durch Oberschwingungsströme angeregten elektromagnetischen Geräusche werden mit den Stromoberschwingungen unterdrückt.

Je höher mit Rücksicht auf die Schaltzeiten und die zulässigen Schaltverluste der elektrischen Ventile die maximale Pulsfrequenz des Stromrichters SR 2 gewählt werden kann, desto kleiner können die Filterkapazitäten C_{f2} gehalten werden bzw. eine desto bessere Annäherung des Statorstroms an die Sinusform läßt sich erreichen. Da das aus den Kapazitäten C_{f2} und den Streuinduktivitäten der Maschine bestehende Filter ein Verzögerungsglied im Stromregelkreis darstellt, sollte auch aus diesem Grundes C_{f2} möglichst klein ausgelegt werden.

3.4 Netzwirkungen und Blindleistungsbedarf der umrichtergespeisten Drehstrommaschinen

Stromrichtergespeiste Drehstrommaschinen beziehen die elektrische Leistung in der Mehrzahl aller Fälle aus dem Drehstromnetz. Ausnahmen sind Antriebe, die aus einem Gleichspannungsnetz oder aus einer Batterie gespeist werden; als Beispiel seien hier Nahverkehrsfahrzeugen, Elektroautos und Flurfördermitteln erwähnt.

Wird der Antrieb aus dem Drehstromnetz gespeist, so treten, ähnlich wie für die stromrichtergespeiste Gleichstrom-Kommutatormaschine beschrieben (siehe Abschnitt 2.8), auch bei der umrichtergespeisten Drehstrommaschine Netzrückwirkungen in Form von Oberschwingungen und Spannungsschwankungen bei Blindleistungsstößen auf.

Die heute industriell gefertigten Antriebssysteme lassen sich, wie vorstehend gezeigt wurde, nach drei großen Gruppen unterscheiden: über netzgeführte Direktumrichter, über Umrichter mit Stromzwischenkreis und über Umrichter mit Spannungszwischenkreis gespeiste Drehstrommaschinen.

Elektrische Antriebe, die über einen netzgeführten Drehstrom-Direktumrichter mit Energie versorgt werden (Bild 119), haben gegenüber dem Drehstromnetz größere Rückwirkungen als die stromrichtergespeiste Gleichstrom- Kommutatormaschine,

— weil sie eine größere Steuerblindleistung aufnehmen,
— weil die Blindleistung einen Wechselanteil 6facher Statorfrequenz enthält und
— weil im Leiterstrom neben den von der stromrichtergespeisten Gleichstrom-Kommutatormaschine her bekannten Oberschwingungen mit den Ordnungszahlen

$$v_L = np \pm 1 \qquad\qquad (n = 1, 2, 3, \dots)$$

noch Teilschwingungen mit den Ordnungszahlen

$$\varrho_L = |v_L \pm 6m\frac{f_{S1}}{f_n}| \qquad\qquad (m = 1, 2, 3, \dots)$$

auftreten [133].

f_{S1} ist die Frequenz der Grundschwingung des Statorstroms der Drehstrommaschine, f_n die Netzfrequenz und p die Pulszahl des Stromrichters. Da ϱ_L im allgemeinen keine ganze Zahl ist, sind diese Teilschwingungen keine Oberschwingungen nach DIN VDE 0870 Teil 1, sondern Zwischenschwingungen (Interharmonics).

Die Frequenzen dieser Zwischenschwingungen laufen in Abhängigkeit vom Verhältnis f_{S1}/f_n über das ganze Frequenzspektrum und berühren damit auch die Rundsteuerfrequenzen, die zwischen den Oberschwingungsfrequenzen liegen. Die Rückwirkungen von Strom-Zwischenschwingungen auf die Netzspannung sind deshalb von Netzbetreibern sehr gefürchtet.

Die über Umrichter mit Stromzwischenkreis gespeiste Drehstrommaschine (siehe Bilder 96, 100, 136) hat, eine gute Entkopplung der Teilstromrichter SR1 und SR2 durch die Glättungsinduktivität L_g vorausgesetzt, bezüglich ihrer Netzrückwirkungen ein ähnliches Verhalten wie die stromrichtergespeiste Gleichstrom-Kommutatormaschine. Bei unzureichender Entkopplung können jedoch auch hier störende Zwischenschwingungen sowohl im Statorstrom als auch im Netzstrom auftreten.

Wird die Drehstrommaschine über einen Umrichter mit Spannungszwischenkreis gespeist und ist der netzseitige Stromrichter SR1 mit Dioden bestückt (siehe Bilder 101 und 108), so sind die Netzrückwirkungen geringer als bei der stromrichtergespeisten Gleichstrom-Kommutatormaschine, denn

— es tritt keine Steuerblindleistung auf und

– der Strom I_{d1} ist – Verluste vernachlässigt – der Leistung und nicht dem Drehmoment der Drehstrommaschine proportional.

Hersteller von Antrieben für kleinere Leistungen verzichten oft auf die Glättungsinduktivität L_g und auf die Kommutierungsinduktivität L_k. Der Verlauf des Netzstroms besteht dann aus zwei kurzen Stromimpulsen je Halbschwingung, ist also sehr stark oberschwingungshaltig [134].

Eine weitere Verringerung der Netzrückwirkungen läßt sich erreichen, wenn bei den Umrichtern mit Strom- bzw. Spannungszwischenkreis die netzseitigen Stromrichter selbstgeführt im Pulsbetrieb arbeiten. Der Netzleistungsfaktor λ kann auf Werte nahe 1 gebracht, die niederfrequenten Oberschwingungen im Netzstrom können weitgehend unterdrückt werden.

Eine Schaltung für die Speisung eines Stromzwischenkreises zeigt Bild 169. Die ein- und ausschaltbaren elektrischen Ventile V11 bis V16 des Stromrichters SR1 müssen in Rückwärtsrichtung Sperrspannung aufnehmen können, geradeso wie die Ventile V21 bis V26 des Teilstromrichters SR2, dessen Funktion im Abschnitt 3.3.7 schon besprochen wurde.

Die Steuerung der Größe der Gleichspannung U_d erfolgt durch Pulssteuerung des Stromrichters SR1, wobei die Pulsmuster so zu bestimmen sind, daß einerseits die niederfrequenten Oberschwingungen im Leiterstrom I'_{L1} möglichst weitgehend unterdrückt werden, so daß mit relativ geringem Aufwand für den netzseitigen Filterkreis (L_{f1}, C_{f1}) ein näherungsweise sinusförmiger Netzstrom erreicht wird. Andererseits soll der Leistungsfaktor λ des Antriebs angenähert eins werden ($\lambda \approx 1$) [135].

Beim Pulsen der Gleichspannung muß für den Zeitraum, in dem $u_d = 0$ ist (Bild 171), für den als gut geglättet angenommenen Gleichstrom I_d ein Freilaufkreis geschaffen werden; das geschieht, indem beide Ventile eines der drei Zweigpaare gleichzeitig eingeschaltet werden. Der Gleichstrom I_d wird somit im Takt der Pulsfrequenz zwischen dem Freilaufkreis und dem Drehstromeingang hin- und hergeschaltet. In Darstellung des Bildes 171 wird idealisierend ein augenblickliches Umschalten des Stroms angenommen, die Schaltzeiten der Ventile und die im Kommutierungskreis immer vorhandenen Induktivitäten werden vernachlässigt. Im

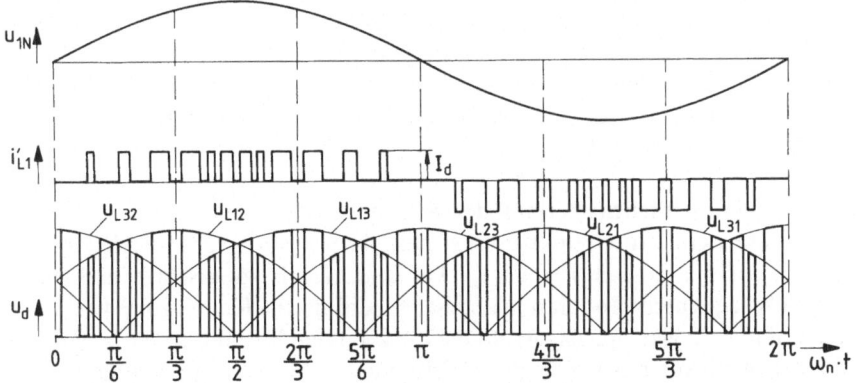

Bild 171. Zeitlicher Verlauf der Netzspannung U_{1N}, des Stroms I'_{L1} am wechselstromseitigen Stromrichtereingang und der ungeglätteten Gleichspannung U_d beim selbstgeführten Stromrichter nach Bild 169

Bild 172. Zeitlicher Verlauf des Netzstroms I_{L1} bei einem selbstgeführten Stromrichter nach Bild 169 [135]

Zeitbereich $\pi/6 < \omega_n t > \pi/2$ kann der Effekt des Spannungspulsens z.B. erreicht werden, indem wechselweise die Ventile V11, V16 ($u_d = u_{L12}$) und V11, V14 ($u_d = 0$) eingeschaltet werden. Entsprechend würden dann im Zeitbereich $\pi/2 < \omega_n t < 5\pi/6$ die Ventile V11, V12 ($u_d = U_{L13}$) bzw. V12, V15 ($u_d = 0$) Stromführen usw. Unter diesen Voraussetzungen würden sich die Strompulse der positiven Halbschwingungen von I_{L1} nur über den Bereich $\pi/6 < \omega_n t < 5\pi/6$ erstrecken können. Durch das Strompulsen zwischen den Netzphasen und und durch entsprechende Auswahl der den Netzstrom führenden Ventile läßt sich eine bessere Annäherung der Netzströme an die Sinusform erzielen. So führen im Zeitabschnitt $\pi/6 < \omega_n t < 5\pi/6$ nacheinander die folgenden Ventilpaare den Gleichstrom: V13 und V16, V11 und V16, V13 und V16, V15 und V16, V13 und V16, V11 und V16, V11 und V14, V11 und V16, V11 und V14, V11 und V12, V11 und V14, V11 und V16, V11 und V14, V11 und V12, V11 und V14, V11 und V16, V11 und V14, V11 und V12, V11 und V14, V11 und V12, V12 und V15, V13 und V12, V12 und V15, V11 und V12, V12 und V15

Die ungeglättete Gleichspannung U_d nach Bild 171 besteht aus 36 Spannungspulsen je Periode der Netzfrequenz, was bei Anschluß des Stromrichters an das 50 Hz-Netz einer Pulsfrequenz von 1800 Hz entspricht. Bild 172, das der Veröffentlichung [135] entnommen ist, zeigt den gemessenen Verlauf des Netzstroms I_{L1}, der als praktisch sinusförmig gelten kann. Je höher die Pulsfrequenz unter Beachtung der Schaltzeiten und Schaltverluste der elektrischen Ventile gewählt werden kann, desto kleiner wird der Aufwand für den Filterkreis und eine desto bessere Annäherung des Netzstroms I_L an die Sinusform ist möglich.

Einen Umrichter mit Spannungszwischenkreis, der bei hinreichend hoher Pulsfrequenz der beiden Teilstromrichter SR1 und SR2 in der Lage ist, sowohl dem Netz einen praktisch sinusförmigen Strom zu entnehmen als auch einen solchen Strom an die Drehstrommaschine abzugeben, zeigt Bild 122. Eine Spannungsregelung mit unterlagerter Netzstromregelung [136] hält die Zwischenkreisspannung U_d konstant und sorgt dafür, daß die Kurvenform des netzseitigen Umrichter-Eingangsstroms I_L bis auf die pulsfrequenten Anteile dem Netzspannungsverlauf entspricht [137]. Die pulsfrequenten Wechselanteile werden im Netzfilter weitgehend kurzgeschlossen, so daß Netzspannung und Netzstrom praktisch den gleichen zeitlichen Verlauf und die gleiche Phasenlage haben, somit also der Leistungsfaktor näherungsweise eins beträgt ($\lambda \approx 1$).

Bild 173 zeigt den zeitlichen Verlauf der Spannung U_{1N}, gemessen zwischen Netzklemme L1 und dem Mittelpunktleiter N des Netzes, sowie des zugehörigen ungefilterten Stromrichter-Eingangsstroms I_L. Aus Bild 173a ist zu ersehen, daß der Strom, von der pulsfrequenten Modulation abgesehen, die gleiche Kurvenform wie die Spannung hat und mit ihr gleichphasig ist, Bild 173b zeigt den Verlauf des Stroms bei höherer zeitlicher Auflösung, so daß die pulsfrequente Modulation deutlich zu erkennen ist. Je höher die Pulsfrequnz gewählt wird, desto kleiner kann das LC-Netzfilter gehalten werden. Für hohe Schaltfrequenzen geeignete elektrische Ventile vermindern somit den erforderlichen Filteraufwand.

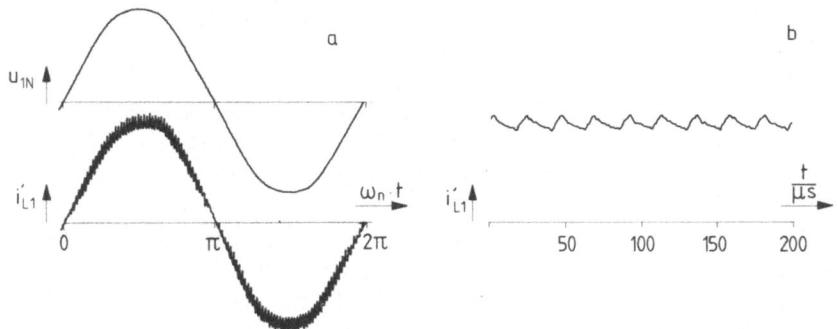

Bild 173. Zeitlicher Verlauf der netzseitigen Eingangsgrößen des Umrichters nach Bild 122. $u_{xk} = 0{,}025$; $f_n = 50$ Hz; $f_p = 50$ kHz. **a** Sternspannung U_{1N} und zugehöriger Stromrichtereingangsstrom I'_{L1}; **b** Stromrichtereingangsstrom I'_{L1} bei gegenüber **a** um den Faktor 100 gedehnten Zeitmaßstab

Die vorstehenden Überlegungen zeigen, daß sich sowohl mit Strom- als auch mit Spannungszwischenkreis-Umrichtern netzverträgliche Antriebe projektieren und bauen lassen. In beiden Fällen ist der erforderliche Aufwand für die Filterkreise und für die Zwischenkreisglättung von der Pulsfrequenz der Teilstromrichter und von den zulässigen Oberschwingungs- und Zwischenschwingungsemissionen abhängig. Bei der Antriebsoptimierung wird man in Zukunft das ganze Antriebssystem einschließlich der Steuerung und Regelung sehen müssen, wobei der Verminderung der Netzrückwirkungen mit der steigenden Anzahl der stromrichtergespeisten Antriebe eine zunehmende Bedeutung zukommen wird.

3.5 Abschließende Überlegungen

Im Abschnitt 3.1 wurde auf die Vielzahl der möglichen Varianten bei den geregelten stromrichtergespeisten Drehstrommaschinen hingewiesen; in den vorstehenden Abschnitten wurden einige der heute gebräuchlichen oder in der Entwicklung befindlichen Ausführungsformen beschrieben. Zum Abschluß dieses Kapitels sollen nun noch einige Entwicklungstendenzen geschildert werden.

Auf dem Gebiet der elektrischen Maschinen ist die Entscheidung, welche Drehstrommaschinenart die für die Stromrichterspeisung geeignetste ist, noch lange nicht gefallen. Für die Drehstrom-Asynchronmaschine sprechen der einfache, robuste Aufbau und die geringen Fertigungskosten. Beim Einsatz von Synchronmaschinen kann der Stromrichter einfacher ausgeführt und für geringere Scheinleistung ausgelegt werden. Forstschritte auf dem Gebiet der Permanentmagnete gestatten es, permanenterregte Synchronmaschinen bis zu Leistungen im MW-Bereich zu bauen; diese Maschinen haben den großen Vorteil, daß sie keine Erregerverluste haben und die Läuferverluste damit sehr klein sind. Im Vergleich zur Drehstrom-Asynchronmaschine läßt sich ein besserer Wirkungsgrad erreichen und die Entwärmung der Maschine vereinfacht sich. Neben den Asynchron- und den Synchronmaschinen sind auch Reluktanzmaschinen für den Einsatz in geregelten Antrieben im Gespräch [138,139].

An der Entwicklung von Scheiben- und Glockenläufermaschinen synchroner und asynchroner Bauart für Antriebe mit kleinem Trägheitsmoment bei sehr hohen Anforderungen an die Regeldynamik wird gearbeitet.

Auf dem Gebiet der Leistungselektronik ermöglichen neue Bauelemente Fortschritte in der Schaltungstechnik. Der Übergang von den heute bei Antrieben größerer Leistung noch allgemein im Einsatz befindlichen, nicht über den Steueranschluß abschaltbaren Thyristoren zu über den Steueranschluß abschaltbaren elektrischen Ventilen wie GTO's, bipolaren Leistungstransistoren und IGT's, ermöglicht auf der einen Seite Vereinfachungen im Leistungsteil der Schaltungen und andererseits höhere Pulsfrequenzen. Der Trend zur Entwicklung neuer, schnell- und verlustarm schaltender elektrischer Ventile größerer Leistung setzt sich fort. Die heute im Bereich kleinerer Antriebsleistungen schon erreichbaren Verbesserungen in Richtung auf näherungsweise sinusförmige Ströme auf der Maschinen- und der Netzseite werden sich auch zu größeren Leistungen hin ausdehnen lassen. Dadurch können auf der Maschinenseite die Pendelmomente und das elektromagnetisch angeregte Maschinengeräusch reduziert werden, auf der Netzseite kann der Leistungsfaktor bis nahezu eins verbessert werden, wodurch die Netzrückwirkungen der stromrichtergespeisten Antriebe [140,141] erheblich verringert werden.

Auf dem Gebiet der Antriebssteuerung und -regelung ermöglichen die absehbaren Entwicklungen bei den mikroelektronischen Bauelementen immer wieder Fortschritte in Richtung zur Verbesserung der Antriebsdynamik bei Verkleinerung des Hardware-Aufwands. Das dürfte dazu führen, daß sich auf Sicht gesehen die höherwertigen Steuer- und Regelverfahren, z.B. die feldorientierten, durchsetzen werden. Ähnlich gute Ergebnisse wie mit dem feldorientierten Regelverfahren, die schon seit längerer Zeit Eingang in die industrielle Praxis gefunden haben, lassen sich auch mit der von M. Depenbrock angegebene „Direkten Selbstregelung"[142] erreichen. Ebenso wird der Einsatz prädiktiver Regelverfahren [143] in der Antriebstechnik diskutiert.

Bei der Entwicklung und dem Einsatz von elektrischen Antriebssystemen ist dem Gesichtspunkt der elektromagnetischen Verträglichkeit hinreichend Beachtung zu schenken. Es ist z.B. darauf zu sehen, daß die durch das Schalten der Stromrichterventile ausgelösten transienten Vorgänge nicht zur Störung der eigenen Steuer- und Regelungsektronik führen. Das Antriebssystem als ganzes muß darüber hinaus so ausgelegt sein, daß es auch bezüglich der Auswirkung auf die Umwelt den Regeln der elektromagnetischen Verträglichkeit entspricht.

Aus dem vorstehenden ist zu entnehmen, daß die Entwicklung des Gebiets „Geregelte stromrichtergespeiste Drehstrommaschinen" noch in vollem Gange ist und ein allgemein anerkanntes optimales Antriebssystem in absehbarer Zeit nicht vorliegen wird. Es wird auch weiterhin eine große Anzahl von Lösungen auf dem Markt geben, die dem jeweiligen Antriebszweck, den Forderungen an die Regeldynamik und dem Entwicklungsstand des Antriebslieferanten angepaßt sein werden.

Literaturverzeichnis

1. Zischka, A.: Pioniere der Elektrizität. Gütersloh: Bertelsmann 1958
2. Meidinger, H.: Die magnet-elektrischen Maschinen und ihre Anwendungen. Karlsruhe: Braun 1882
3. Czerny, J.: Motorische Stellantriebe von Schaltwerken für die U-Bahnen. Stadtverkehr 1 (1970) 40−44
4. Lang, W.; Löbermann, L.: Ein modernes elektronisches Steuergerät für U-Bahn-Schaltwerke. Stadtverkehr 1 (1970) 44−46
5. Meyer, M.: Über einige anwendungstechnische Randgebiete der Leistungselektronik. E und M 89 (1972) 22−30
6. Bödefeld, Th.; Sequenz, H.: Elektrische Maschinen. 6. Aufl. Wien: Springer 1962, S. 474−476
7. Schenkel, M.: Technische Grundlagen und Anwendungen gesteuerter Gleichrichter und Umrichter. ETZ 53 (1932) 761−786
8. Stöhr, M.: Stromrichtermotoren für Einphasenwechselstrom beliebiger Frequenz. E und M 51 (1933) 589−595
9. Alexanderson, E.F.W.; Mittag, A.H.: The „Thyraton" Motor. Electr.Eng.53 (1934) 1517−1523
10. Kern, E.: Der Dreiphasenstromrichtermotor und seine Steuerung bei Betrieb als Umkehrmotor. ETZ 59 (1938) 467−470
11. Stöhr, M.: Vergleich zwischen Stromrichtermotor und untersynchroner Stromrichterkaskade. E und M 57 (1939) 581−591
12. Siemens Katalog DA 35. Regelbare Antriebe für Werkzeugmaschinen. Teil 7: Gleichstrom-Servomotoren. Berlin, München: Siemens AG 1981
13. Gevatter, H.-J.; Bruchmann, K.: Kennwerte für die Auslegung von Gleichstrom-Servomotoren für Nachlaufregelung. Regelungstechnische Praxis (1979) H. 8, 222−227
14. Eckhardt, H.: Grundzüge der elektrischen Maschinen. Stuttgart: Teubner 1982, S. 55−61
15. Späth, H.: Elektrische Maschinen. Berlin Heidelberg New York: Springer 1973, S. 155−157
16. Hütte, Elektrische Energietechnik. Bd. 1 Maschinen. Berlin Heidelberg New York: Springer 1978, S. 338ff.
17. Meyer, M.; Möltgen, G.; Wesselak, F.: Der Quecksilberdampf-Stromrichter als Stellglied in Regelkreisen. Siemens-Z. 34 (1960) 592−597
18. Meyer, M.; Spingler, H.: Stromrichtergespeiste, drehzahlsteuerbare elektrische Maschinen. Siemens-Z. 40 (1966) Beiheft „Motoren für industrielle Antriebe", S. 163−170
19. Hütte, Elektrische Energietechnik, Bd. 2 Geräte. Berlin Heidelberg New York: Springer 1978
20. Möltgen, G.: Stromrichtertechnik. Einführung in Wirkungsweise und Theorie. Berlin, München: Siemens AG 1983
21. Hartel, W.: Stromrichterschaltungen. Berlin Heidelberg New York: Springer 1977
22. Jäger, R.: Leistungselektronik, Grundlagen und Anwendungen. Berlin: VDE-Verlag 1977
23. Nill, R.: Blindleistung und Netzrückwirkungen bei Wechselstrombahnen. ETG Fachber. Bd. 6: Blindleistung. Berlin: VDE-Verlag 1980
24. Meyer M.: Selbstgeführte Thyristor-Stromrichter. Berlin, München: Siemens AG 1974
25. Möltgen, G.: Netzgeführte Stromrichter mit Thyristoren. Berlin, München: Siemens AG 1974

26.   Silizium Stromrichter Handbuch. Baden: BBC AG 1971
27.   Hoffmann, A.; Stocker, K.: Thyristor-Handbuch, 4. Aufl. Berlin, München: Siemens AG
      1976
28.   Dvořák, T.: Electromagnetic Compatibility 1985. Proc. 6th Symp. on Electromagnetic
      Compatibility, Zürich March 5 − 7, 1985, p. 531 − 570
29.   Fröhr, F.; Orttenburger, F.: Einführung in die elektronische Regelungstechnik. Berlin,
      München: Siemens AG 1970
30.   Fröhr F.; Orttenburger, F.: Technische Regelstreckenglieder bei Gleichstromantrieben.
      Berlin, München: Siemens AG 1971
31.   Watzinger, H.: Stromrichter-Gleichstromantriebe. Heidelberg: Hüthig 1980
32.   Pfaff, G.; Meier, Ch.: Regelung elektrischer Antriebe II. München Wien: Oldenbourg 1982
33.   Kessler, C.: Über die Vorausberechnung optimal abgestimmter Regelkreise, Teil 3: Die
      optimale Einstellung des Reglers nach dem Betragsoptimum. Regelungstechnik 3 (1955)
      40−49
34.   Kessler, C.: Das symmetrische Optimum. Regelungstechnik 6 (1958) 395−400 und
      432−436
35.   Pfaff, G.: Regelung elektrischer Antriebe I. München Wien: Oldenbourg 1971
36.   Schnieder, E.: Control of DC-Drives by Microprocessors. Proc. 2nd IFAC Symp. Oxford:
      Pergamon Press 1977, p. 603−608
37.   Gausch, F.; Hofer, A.; Schlacher, K.: Regelkreise mit Mikrorechnern − Beschreibung,
      Entwurf und Realisierung. Regelungstechnik 32 (1984) A1−A12; Automatisierungstech-
      nik 33 (1985) A1−A28, Automatisierungstechnik 34 (1986) A1−A4; wird fortgesetzt
38.   Stemmler, H.; Nadalin, W.: Programmierbarer schneller Regler für leistungselektronische
      Systeme. Brown Boveri Mitt. (1984) H. 11, 516−524
39.   Kennel, R.; Schröder, D.: Modell-Führungsverfahren zur optimalen Regelung von
      Stromrichtern. Regelungstechnik 32 (1984) 359−365
40.   Rigamonti, G.: Einsatz von Mikroprozessoren in der Antriebstechnik. Bull. Schweiz.
      Elektrotech. Ver./Verb. Schweiz. Elektrizitätsw. 76 (1985) 637−640
41.   Mansour, M.: Einige Methoden der modernen Regeltechnik. Bull. Schweiz. Elektrotech.
      Ver./Verb. Schweiz. Elektrizitätsw. (1985) 606−611
42.   Bühler, H.: Kaskaden-Zustandsregelungen. Automatisierungstechnik 33 (1985) 52−61
43.   Neuffer, I.: Stromrichterantriebe mit Momentenumkehr. Siemens-Z. 39 (1965)
      1079−1083
44.   Flöte, R.; Velte, H.: Die thyristorgespeiste Fördermaschine in Feldumkehrschaltung.
      Techn. Mitt. AEG-TELEFUNKEN 62 (1972) 254−258
45.   Mittenzwei, K.; Probst, E.: Thyristorgespeiste Fördermaschinen. BBC-Nachr. 58 (1976)
      153−160
46.   Hensel, W.: Elektrische Schiffsfahranlagen mit stromrichtergespeisten Gleichstromma-
      schinen. Techn. Mitt. AEG-TELEFUNKEN 67 (1977) 150−158
47.   Ernst, D.; Ströle, D.: Industrieelektronik. Berlin Heidelberg New York: Springer 1973
48.   Seefried, E.: Stromregelung im Lückbereich von Stromrichtergleichstromantrieben. Elek-
      trie 30 (1976) 185−188
49.   Becker, K.-P.: Dreiphasiger netzgeführter Direktumrichter zum Betrieb einer Asynchron-
      maschine bei höheren Frequenzverhältnissen. Noch unveröffentlichte Arbeit aus dem
      Elektrotechnischem Institut der Univ. Karlsruhe. Erscheint voraussichtlich 1987
50.   Kennel, R.: Prädiktives Führungsverfahren für Stromrichter. Diss. Univ. Kaiserslautern
      1984
51.   Meyer, M.; Möltgen, G.: Kreisströme bei Umkehrstromrichtern. Siemens-Z. 37 (1963)
      375−379
52.   Scherf, H.; Angelis, J.: Kompakter serienreifer Antrieb für Elektrofahrzeuge. Brown Boveri
      Technik (1985) H. 5, 229−234
53.   Zimmermann, A.; Jarne, S.: Triebwagenpendelzüge Be 4/4 + Bt der Frauenfeld-Wil-Bahn
      mit Gleichstromstellerantrieb für 1200 V Netzspannung. Brown Boveri Technik (1985) H.
      8/9, 404−413
54.   Hohmuth, G.; Klotz, H.; Uthoff, R: Gleichstromsteller für Nahverkehrsfahrzeuge. Techn.
      Mitt. AEG−TELEFUNKEN 69 (1979) 202−209

55. Wagner, R.: Nutzbremsung von elektrischen Triebfahrzeugen. Siemens-Energietechnik 2 (1980) 284—288

56. Törnerud, G.: Thyristor-Gleichstromsteller für die Stockholmer U-Bahn. Elektrische Bahnen 81 (1983) 292—298

57. Lasermann, K.; Riedel, H.: Gleichstrom-Vorschubantriebe für Werkzeugmaschinen. Siemens Energie & Automation Produktinformation 5 (1985) 56—58

58. Grötzbach, M.: Berechnung der Oberscwingungen im Netzstrom von Drehstrom-Brückenschaltungen bei unvollkommener Glättung des Gleichstromes. ETZ Arch. 7 (1985) 59—62

59. Ziogas, P.D.; Kang, Y.-G.; Stefanović, V.R.: PWM Control Techniques for Rectifier Filter Minimization. IEEE Trans. Ind. Appl. Vol IA-21 (1985) 1206—1214

60. Blaschke, F.: Das Prinzip der Feldorientierung, die Grundlage für die Transvektor-Regelung von Drehfeldmaschinen. Siemens-Z. 45 (1971) 757—760

61. Beck, H.-P.; Michel, M.: Die Sechspuls-Brückenschaltung mit gleichspannungsseitiger Kommutierung. Arch. Elektrotech. 66 (1983) 49—56

62. Eckhardt, H.: Grundzüge der elektrischen Maschinen. Stuttgart: Teubner 1982

63. Späth, H.: Steuerverfahren für Drehstrommaschinen. Berlin Heidelberg New York Tokyo: Springer 1983

64. Hosemann, G.; Kießling, G.; Meyer, W.: Raumzeigerkomponenten bei Drehstrom-brückenschaltungen. ETZ Arch. 7 (1985) 95—98

65. Bonfert, K.: Betriebsverhalten der Synchronmaschine. Berlin Göttingen Heidelberg: Springer 1962

66. Lasermann, K.; Vogt, H.: Drehstrom-Vorschubantriebe. Siemens Energie & Automation Produktinformation 5 (1985) 54—56

67. Schlegel, Th.; Weigel, W.-O.: Steugung und Regelung von Anfahrumrichtern nach dem Verfahren der Spannungstaktung. Siemens-Z. 52 (1978) 474—478

68. Buchberger, H.; Leitgeb, W.: Zur Bemessung des magnetischen Kreises permanenterregter Maschinen großer Leistung. E und M 103 (1986) 17—22

69. Lindner, J.: Beitrag zu elektrisch kommutierten Gleichstrom-Scheibenläufermotoren mit Seltenerd-Magneten. Diss. TU Berlin 1981

70. Bieniek, K.: Untersuchung der Asynchronmaschine mit drei und sechs Wicklungssträngen am stromeinprägenden Wechselrichter. Diss. TH Darmstadt 1983

71. Möltgen, G.: Stromrichtertechnik: Einführung in Wirkungsweise und Theorie. Berlin, München: Siemens AG 1983

72. Meyer, M.: Stromrichtergespeiste Drehfeldmaschinen. (VDE Buchreihe Bd. 11F.) Berlin: VDE-Verlag 1968, S. 531—558

73. Labahn, D.: Untersuchungen an einem Stromrichtermotor in sechs- und zwölfpulsiger Schaltung mit ruhender Steuerung der Stromrichterventile. Diss. TU Braunschweig 1961

74. Vogelmann, H.: Die permanenterregte stromrichtergespeiste Synchronmaschine ohne Polradlagegeber als drehzahlgeregelter Antrieb. Diss. Univ. Karlsruhe 1986

75. Späth, H.: Steuerverfahren für Drehstrommaschinen. Berlin Heidelberg New York Tokyo: Springer 1983

76. Vogelmann, H.: Digitale Drehzahlmessung mit Mikrorechner. Technisches Messen 51 (1984) 21—28

77. Zimmerman, P.: Bürstenlose Servoantriebe für Werkzeugmaschinen: Werkstattstechnik 73 (1983) 629—632

78. Andresen, E. Ch.: Einfluß von Umrichterart, Magnethöhe, Polbedeckung und Wicklungs-anordnung auf den Betrieb von Synchronmotoren mit radialen $SmCo_5$-Magneten. ETZ-Arch. 7 (1985) 263—270

79. Mayer, A.; Rohrer, H.: Berechnungen und vergleichende Messungen am System Strom-richter-Synchronmotor. Brown Boveri Technik (1985) H. 2, 71—77

80. Haböck, A.; Hofmann, H.: Anfahrumrichter für Gasturbinen- und Pumpspeichersätze. Siemens-Z. 48 (1974) 96—102

81. Peneder, F.; Suchanek, V.: Statische Frequenzumrichter für Antrieb und Hochlauf von Synchronmaschinen großer Leistungen. Brown Boveri Mitt. 9 (1980) 524—529

82. Cossie, A.: Antriebstechnik mit Motoren ohne Kommutator — die Wahl der SNCF. Elektrische Bahnen 82 (1984) 16—24

83. Tichmenev, B.N.; Kutschumow, W.A.: Der Weg zur elektrischen Lokomotive in der Sowjetunion. Elektrische Bahnen (1985) 109—114

84. Terens, L.;Bommeli, J.; Peters, K.: Der Direktumrichter — Synchronmotor. Brown Boveri Mitt. (1982) H. 4/5, 122—132

85. Fink, R.; Grumbrecht, P.; Rautz, E.: Steuerung und Regelung von direktumrichtergespeisten Synchronmaschinen. Techn. Mitt. AEG-TELEFUNKEN (1981) H. 112, 55—60

86. Salzmasnn, Th.; Wokusch, H.: Direktumrichterantrieb für große Leistungen und hohe dynamische Anforderungen. Siemens-Energietechnik 2 (1980) 409—413

87. Vogelmann, H.: Analyse einer Wechselrichterschaltung mit bipolaren Transitoren. ETZ Arch. 8 (1986) 129—136

88. Thiele, S.; Andresen, E.Ch.: Drehzahlstellbarer Synchronmotor mit integriertem Erregersystem. ETZ Arch. 7 (1985) 171—174

89. Mayer, R.; Mosebach, H.; Weh, H.: Axialfeldsynchronmaschine mit hohem Drehmoment. E und M 102 (1985) 65—71

90. Grüneburg, J.: Vierquadrantenantriebe großer Leistung mit netzgeführten Stromrichtern. ETZ 106 (1985) 210—216

91. Ziogas, Ph.D.; Khan, Sh.I.; Rashid M.H.: Some Improved Forced Commutated Cycloconverter Structures. IEEE Trans. Ind. Appl. Vol IA-21 (1985) 1242—1253

92. Orlik, B.: Regelung einer permanenterregten Synchronmaschine mit einem Mikrorechner. Automatisierungstechnik 33 (1985) 82—88

93. Kleinrath, H.: Stromrichtergespeiste Drehfeldmaschinen. Wien New York: Springer 1980

94. Bystron, K.; Meyer, M.: Kontaktlose, drehzahlregelbare Umrichtermaschine für hohe Drehzahlen. Siemens-Z. 37 (1963) 660—667

95. Krampe, D.; Menke, K.: SIMOVERT P, Transistorpulsumrichter für Norm-Asynchronmotoren. Siemens-Energietechnik 6 (1984) 182—186

96. Bose, B.K.: Adjustable Speed AC Drives — A Technology Status Review. Proc. IEEE, 70 (1982) 116—135

97. Melzer, F.: Transistorumrichter zur Frequenzsteuerung von Drehstrom-Asynchronmotoren. Elektrie 39 (1985) 46—50

98. Möltgen, G.: Simulationsuntersuchung zum Stromrichter mit Phasenfolgelöschung. Siemens Forsch.- u. Entw. Ber. 12 (1983) 166—175

99. Späth, H.: Elektrische Maschinen und Stromrichter. Karlsruhe: Braun 1983

100. Loeser, F.; Sattler, Ph.K.: Identification and Compensation of the Rotor Temperature of AC Drives by an Observer. IEEE Trans. Ind. Appl. IA-21 (1985) 1387—1393

101. Wesselak, F.: Thyristorstromrichter mit natürlicher Kommutierung Siemens-Z. 39 (1965) 199—205

102. Schönung, A.; Stemmler, H.: Geregelter Drehstrom-Umkehrantrieb mit gesteuertem Umrichter nach dem Unterschwingungsverfahren. BBC-Nachr. 46 (1964) 699—721

103. Schneider, M.; Wening, M.: Drehstromantriebe mit SIMOVERT-A-Stromzwischenkreisumrichtern. Siemens-Energietechnik 3 (1981) 13—16

104. Brüge, F.; Hohmuth, G.; Niehage, H.; Nowak, S.: Das stromgeführte Drehstromantriebssystem für Nah- und Fernverkehr. Elektrische Bahnen 80 (1982) 286—290 und 318—322

105. Blaschke, F.: Das Verfahren der Feldorientierung zur Regelung der Asynchronmaschine. Siemens Forsch.- u. Entw.-Ber. 1 (1971/72) 184—193

106. Blaschke, F.: Das Verfahren der Feldorientierung zur Regelung der Drehfeldmaschine. Diss. TU Braunschweig 1974

107. Becker, H.: Dynamisch hochwertige Drehzahlregelung einer umrichtergespeisten Asynchronmaschine. Regelungstechn. Prax. Prozeßrechentech. 15 (1973) 217—221

108. Blaschke, F.; Bayer, K.H.: Die Stabilität der Feldorientierten Regelung von Asynchronmaschinen. Siemens Forsch.- u. Entw.-Ber. 7 (1978) 77—81

109. Flügel, W.: Steuerung des Flusses von umrichtergespeisten Asynchronmaschinen über Entkopplungsnetzwerke. ETZ Arch. (1979) H. 12, 347—350

110. Gabriel, R.; Leonhard, W.; Norby, C.: Regelung der stromrichtergespeisten Drehstrom-Asynchronmaschine mit einem Mikrorechner. Regelungstechnik 27 (1979) 379—386

111. Weninger, R.: Verfahren zur dynamisch richtigen Steuerung des Flusses bei der Drehzahlregelung von Asynchronmaschinen mit Speisung durch Zwischenkreisumrichter mit eingeprägtem Strom. ETZ Arch. (1979) H. 12, 341—345

112.   Gabriel, R.: Mikrorechnergeregelte Asynchronmaschine für hohe dynamische Anforderungen. Regelungstechnik 32 (1984) 18 − 26

113.   Bauer, F.: Hochdynamischer Antrieb mit einer über MOSFET-Pulsumrichter gespeisten feldorientiert betriebenen Asynchronmaschine. ETZ Arch. 6 (1984) 347 − 352

114.   Leonhard, W.: Control of Electrical dDives. Berlin Heidelberg New York Tokyo: Springer 1985

115.   Langweiler, F.; Richter, M.: Flußerfassung in Asynchronmaschinen. Siemens-Z. 45 (1971) 768 − 771

116.   Flügel, W.: Drehzahlregelung der spannungsumrichtergespeisten Asynchronmaschine im Grunddrehzahl- und im Feldschwächbereich. ETZ Arch. 4 (1982) 143 − 150

117.   Heimke, G.; Klautschek, H.: Drehstromantriebe mit SIMOVERT-A-Umrichtern der neuen Baureihe 6 SC 22. Siemens-Energietechnik 6 (1984)100 − 103

118.   Gens, W.; Berger, K.; Probst, W.-P.: Feldorientierte Drehzahlregelung einer Drehstromaynchronmaschine mit Kurzschlußläufer. Elektrie 39 (1985) 422 − 424

119.   Auinger, H.: Einflüsse der Umrichterspeisung auf elektrische Drehfeldmaschinen, insbesondere Käfigläufer-Induktionsmotoren. Siemens-Energietechnik 3 (1981) 46 − 49

120.   Benzing, R.: Über den Einfluß von spannungseinprägenden Pulsumrichtern auf den Betrieb von Käfigläufermotoren. Diss. TH Darmstadt 1978

121.   Späth, H.: Berechnung der Ströme und Drehmomente einer von einem Umrichter mit Gleichspannungszwischenkreis nach dem Unterschwingungsverfahren gespeisten Drehstrom-Asynchronmaschine. ETZ-A 98 (1977) 444

122.   Andresen, E.C.; Bieniek, K.: On the Torques and Losses of Voltage- and Current-Source Inverter Drives. IEEE Trans. Ind. Appl. IA-20 (1984) 321 − 327

123.   Winkler, W.; Klingenberger, B.: Stromverdrängung in Asynchronmaschinen bei Umrichterspeisung. Elektrie 39 (1985) 420 − 421

124.   Bestandig, N.: Ermittlung der Ströme, Verluste und Erwärmungen eines Asynchron-Normmotors bei stationärem Betrieb am selbstgeführten Stromrichter mit konstanter Eingangsgleichspannung. Diss. Univ. Karlsruhe 1986

125.   Daum, D.: Unterdrückung der Oberschwingungen durch Pulsbreitensteuerung. ETZ-A 93 (1972) 528 − 530

126.   Pollmann, A.: A Digital Pulsewidth Modulator Employing Advanced Modulation Techniques. IEEE Trans. Ind. Appl. IA-19 (1983) 409 − 414

127.   van der Broeck, H.: Auswirkungen der Pulsweitenmodulation hoher Taktzahl auf die Oberschwingungsbelastung einer Asynchronmaschine bei Speisung druch einen U-Wechselrichter. Arch. Elektrotech. 68 (1985) 279 − 291

128.   Späth, H.; Pascas, J.M.: Berechnung der Drehmomentharmonischen einer über Stromzwischenkreisumrichter mit nichtglattem Zwischenkreisstrom gespeisten Drehstromasynchronmaschine. Arch. Elektrotech. 65 (1982) 79 − 86

129.   Lienau, W.; Müller-Hellmann, A.: Möglichkeit zum Betrieb von stromeinprägenden Wechselrichtern ohne niederfrequente Oberschwingungen. ETZ-A 97 (1976) 663 − 667

130.   Bowes, S.R.; Bullough, R.: Fast modelling techniques for microprocessorbased optimal pulse-width-modulated control of current-fed inverter drives. IEE Proc. Part B 131 (1984) 149 − 158

131.   Bowes, S.R.; Bullough, R.: PWM switching strategies for current-fed inverter drives. IEE Proc. Part B 131 (1984) 195 − 202

132.   Hombu, M.; Veda, A.; Matsuda, Y.: A New Current Source GTO Interverter with Sinussoidal Output Voltage and Current. IEEE Trans. Ind. Appl. IA-21 (1985) 1192 − 1198

133.   Salzmann, Th.: Leistungs- und Oberschwingungsverhältnisse beim netzgeführten Direktumrichter. ETG-Fachber. 6 (1980) 87 − 102

134.   Gutzeit, K.: Meßtechnische Untersuchung der Oberschwingungen in Wechselstrom und -spannung, die bei Speisung eines Stromrichters in Brückenschaltung mit Ladekondensator als Glättungsmittel aus einem Wechselstromgenerator entstehen, sowie theoretische und meßtechnische Untersuchungen dieser Größen bei Anschluß des Stromrichters an das öffentliche Netz. Diss. Hamburg 1985

135.   Ziogas, Ph.D.; Kang, Y.-G.; Stefanović, V.R.: PWM Control Techniques for Rectifier Filter Minimization. IEEE Trans. Ind. Appl. IA-21 (1985) 1206 − 1214

136. Bauer, F.: Die doppeltgespeiste Maschinenkaskade als feldorientierter Antrieb. Diss. Univ. Karlsruhe 1986

137. Clos. G.; Söhner, W.; Späth, H.: Pulsstromrichter als Einspeise- und Kompensationseinrichtung. ETZ Arch. 8 (1986) 137—142

138. French, J.R.: Switched reluctance motor drives for rail traction: relative assessment. IEE Proc. Part B 131 (1984) 209—219

139. Ray, W.F.; Davis, R.M.; Lawrenson, P.I.; Stephensen, I.M.; Fulton, N.N.; Blake, R.I.: Switched reluctance motor drives for rail traction: a second view. IEE Proc. Part B 131 (1984) 220–225

140. Tagungsband „Netzrückwirkungen". ETG-Fachber. 17 Berlin: VDE-Verlag 1986

141. Büchner, P.: Netzrückwirkungen von Drehstromantrieben mit Stromrichterstellgliedern. Elektrie 39 (1985) 424—426

142. Depenbrock, M.: Direkte Selbstregelung (DSR) für hochdynamische Drehfeldantriebe mit Stromrichterspeisung. ETZ Arch. 7 (1985) 211—218

143. Schmidt, F.; Xi, Y.: Prädiktive Regelverfahren — Theoretische Hintergründe und Anwendungsbeispiele. Automatisierungstechnik 33 (1985) 302—309

Sachverzeichnis